Das große Geffroy Top-Verkäufer-Handbuch

Edgar K. Geffroy ist erfolgreicher Unternehmer, Berater, Top-Speaker und Bestseller-Autor und einer der gefragtesten Verkaufsexperten Deutschlands. Er ist Trendbrecher und Querdenker, ein Visionär, der aus Trends die Herausforderungen für das Business von morgen erkennt.

Gemeinsam mit seinem Team stellt er Altbewährtes immer wieder in Frage. Mehr als 2 000 Auftritte vor mehr als 400 000 Menschen zeigen die Akzeptanz seiner Konzepte. Im September 2007 wurde Edgar K. Geffroy mit der Wahl in die *German Speakers Hall of Fame*® für sein Lebenswerk geehrt.

Edgar K. Geffroy

Das große Geffroy Top-Verkäufer-Handbuch

Campus Verlag
Frankfurt/New York

Bibliografische Information der Deutschen Nationalbibliothek:
Die Deutsche Nationalbibliothek verzeichnet diese Publikation in der
Deutschen Nationalbibliografie. Detaillierte bibliografische Daten
sind im Internet unter http://dnb.d-nb.de abrufbar.
ISBN 978-3-593-38664-5

Copyright © 2008 Campus Verlag GmbH, Frankfurt/Main
Umschlaggestaltung: R. M. E, Roland Eschlbeck und Rosemarie Kreuzer
Satz: Leingärtner, Nabburg
Druck und Bindung: Druck Partner Rübelmann, Hemsbach
Gedruckt auf säurefreiem und chlorfrei gebleichtem Papier.
Printed in Germany

Besuchen Sie uns im Internet: www.campus.de

Inhalt

Welche entscheidenden Verkaufshilfen können Sie für Ihren Erfolg nutzen?

Wie Sie Einkäufer noch besser verstehen können

Wie Sie Messen als eigene Verkaufsplattform nutzen können 187

Wie Sie Leistungssteigerung und Zeitgewinn im Außendienst bestens kombinieren können 201

Wie Sie Beziehungen zum Kunden aufbauen können

Vorwort

Was machen Top-Verkäufer anders? Warum sind Sie Top-Verkäufer? Das sind zwei Fragen, die mich seit Beginn meiner Karriere interessieren. Und so fing ich an, Top-Verkäufer zu begleiten. Tausende gemeinsame Kundenbesuche mit Verkäufern habe ich durchgeführt, dabei hörte ich genau zu, wie sie argumentieren. Viele faszinierende Fragen habe ich im Laufe der Jahrzehnte zusammengetragen.

Mein Ziel ist es, ein Buch für jeden Verkäufer zu schreiben, damit er oder sie die Chance hat, die Erfahrungen vieler Top-Verkäufer für die eigene Karriere zu nutzen. Viele Fragen und die erfolgreichsten Antworten, sicherlich nicht alle, sind in diesem Handbuch zusammengetragen und bieten mit der 1-Seiten-Methode schnelle Ergebnisse.

Das ist auch das Ziel: Kaufen Sie das Buch damit Sie es nicht lesen müssen. Jedenfalls nicht auf einmal.

Diese Idee verdanke ich auch einem Top-Verkäufer, der mich während einer gemeinsamen Verkaufstour kurzerhand zum schwitzen gebracht hat. Wir hatten einen wichtigen Kundentermin, und er war 30 % teurer als der Wettbewerb. Uns blieben nur noch 5 Minuten. Er fragte mich: Was können wir tun, um trotzdem den Auftrag zu bekommen? Wir haben eine Idee entwickelt und den Auftrag bekommen. Und ich hatte die Idee für dieses Buch: Jede Seite ist in weniger als 5 Minuten zu lesen. An der Ampel, im Büro, während der Wartezeit beim Kunden. 5 Minuten tägliches Trainingsprogramm bei 250 Seiten sind schon eine Superchance aus der zukünftige Top-Verkäufer-Erfolge entstehen.

Sie haben sich ja bereits entschieden.

Und Sie haben heute, mit dem Kauf dieses Buches ein weiteres elementares Gut hinzugekauft, *Zeit*! Sie werden innerhalb kürzester Zeit feststellen, dass Sie mit der Arbeit dieses Buches ein entscheidendes Maß an Zeit hinzugewinnen. Mit der 1-Seiten-Methode dieses Buches haben Sie die Möglichkeit, in nur wenigen Minuten für Sie zuvor schier unlösbare und damit zeitaufwendige Aufgaben zu lösen.

Nutzen Sie dieses Handbuch für Ihren Alltag und ich garantiere Ihnen, Sie werden es zu schätzen wissen.

Unsicherheit in schwierigen Situationen, falsche Argumentation oder leere Kalendertage gehören mit der richtigen und konsequenten Nutzung dieses Buches der Vergangenheit an.

Sie werden überrascht sein, wie einfach Sie mit diesem Handbuch zum Top-Verkäufer werden.

Ich wünsche Ihnen bei Ihren Kunden viel Erfolg und immer eine passende Antwort auf Ihre Frage!

Ihr

Edgar K. Geffroy
Geffroy.com

PS: Doch hier ist nicht Schluss, wir wollen dieses Handbuch im Internet zum Verkäufer-*Wiki* weiterentwickeln. Sie sind eingeladen Ihr Know-how mit einzubringen. So können wir alle gemeinsam unsere Top-Verkäufer-Community gestalten und aufbauen.

Wie Sie in kritischen und entscheidenden Situationen einer Verkaufsverhandlung gewinnen können

1. Was sollten Sie vor einer Besuchsvorbereitung beachten?

Bevor Sie ein Verkaufsgespräch planen, sollten Sie drei Punkte prüfen:

1. die Teilnehmer,
2. den Ort und
3. den Zeitpunkt.

Zu 1.

Verhandeln Sie mit den Entscheidungsträgern im Unternehmen, oder haben Sie die für Ihre Vorgehensweise wichtigen Leute an einen Tisch gebracht? Falls dies nicht der Fall ist, sollten Sie eine zeitliche Verlegung des Besuches erwägen.

Zu 2.

Ist der richtige Ort gewählt worden? Ein Verkaufsgespräch in den eigenen Räumen, »Heimvorteil«, kann eine entscheidende Rolle spielen.

Zu 3.

Ist es sinnvoller, erst nach dem Wettbewerber beim Kunden zu erscheinen, oder wollen Sie den Kunden von einer Lösungsmöglichkeit überzeugen, bevor der Wettbewerber erscheint?

Sind diese drei Punkte geklärt, sollten Sie eine systematische Besuchsvorbereitung durchführen.

2. Wie können Sie sich auf Verkaufsgespräche vorbereiten?

Die Vorbereitung des Verkaufsgespräches ist ein konkreter Weg, sich bereits vorher mit dem Kunden und seinen möglichen Vorstellungen auseinanderzusetzen. Denn ein großer Teil möglicher Reaktionen des Kunden ist vorhersehbar. Sie werden feststellen, dass Sie sich dann im Gespräch sicherer fühlen und in kritischen und entscheidenden Situationen souveräner reagieren können. Die investierte Zeit für die Vorbereitung wird in der Regel durch die kürzeren und gezielten Gespräche wieder gutgemacht. Inhalte einer systematischen Vorbereitung sind folgende:

Zielsetzung Definieren Sie vorher, was Sie als Ergebnis aus einem Gespräch mitnehmen wollen, zum Beispiel einen Auftrag oder die Zustimmung des Kunden in Detailfragen. Denn wer ein Ziel für ein Verkaufsgespräch hat, wird versuchen, es auch zu erreichen.

Rückzugsziel Manchmal lässt sich das gesetzte Ziel aber nicht erreichen. Sie sollten sich deshalb vornehmen: »Wenn ich den Auftrag heute nicht erhalte, will ich mindestens einen weiteren fest vereinbarten Termin«. So haben Sie bei jedem Verkaufsgespräch ein Ergebnis.

Was sind die Gesprächsthemen? Nutzen Sie jedes Gespräch, um Informationen über das Kundenunternehmen, Mitarbeiter und Entwicklungen im Kundenbereich zu erhalten, zum Beispiel: »Welche Verkaufsmöglichkeiten gibt es noch für andere Produkte?«

Wahrscheinliche Einwände Setzen Sie sich damit auseinander, welche Einwände der Kunde vorbringen kann. Das kann eine alte Reklamation sein oder der Vorteil einer Ihrer Wettbewerber gegenüber Ihrem Produkt. Im Vorfeld können Sie noch in Ruhe überlegen, welche Antwort Sie dem Kunden geben wollen.

Was ist für den Kunden wichtig? Wichtig sind Vorteile, die der Kunde nicht anzweifeln kann. Falls Sie nicht alle Bedenken des Kunden entkräften können, sollten Sie Pluspunkte nennen, die der Kunde zweifellos akzeptieren wird. Nachteil und Vorteil sind dann abzuwägen.

Wie lange soll das Gespräch dauern? Viele Verkäufer kennen die Dauer von Verhandlungszeiten abhängig von der Aufgabenstellung (Erstbesuch, Projektausarbeitung) und planen die Erreichung ihrer Ziele innerhalb dieser Zeit.

3. Wie sollte eine sinnvolle Checkliste zur systematischen Gesprächsvorbereitung aussehen?

Kunde:	Kd. Nr.:	Jahr:	Monat:
Produkte:	Wa. Gr.:	Prd. Nr.:	
Aktion:		Datei:	

Meine Ziele: _____

Rückzugsziele: _____

Benötigte Unterlagen: _____

Gesprächseröffnung: _____

Gesprächsthemen: _____

Was könnte der Engpass des Kunden sein?: _____

Mein Lösungsvorschlag: _____

Erwartete Einwände: _____

Meine Einwandbehandlung: _____

Stärken: _____

Gesprächsdauer: _____

Ergebnis: _____

Wie geht es weiter?: _____

4. Was sind gute Anfangsformulierungen für ein Verkaufsgespräch?

Einstiegsformulierungen, die sich vom gewöhnlichen Standard abheben, eignen sich hervorragend, wobei Sie zwischen Alt- und Neukunden differenzieren sollten.

Gute Einstiegsformulierungen für das Gespräch mit dem Altkunden sind:

- »Ich soll Ihnen einen schönen Gruß von Herrn .... bestellen.«
- »Herr Kunde, ich habe Ihnen etwas mitgebracht, das Sie vielleicht interessiert.« (zum Beispiel: einen Testbericht, einen Steuertipp oder ein Gutachten)
- »Ihr Hobby ist doch Tiefseetauchen. Ich habe da in einer Zeitschrift einen Artikel gelesen, den ich Ihnen mitgebracht habe. Vielleicht interessiert er Sie.«

Gute Einstiegsformulierungen für das Gespräch mit dem Neukunden:

- »Ich habe gesehen, Sie bauen draußen eine neue Lagerhalle.«
- »Kompliment, ich habe mir draußen im Flur einmal Ihr Prospekt angeschaut. Als Marktführer in dem Bereich haben Sie sich aber etwas einfallen lassen.«
- »Es ist jüngst eine Marktbefragung veröffentlicht worden, die für Sie möglicherweise interessant ist. Ich habe Ihnen eine Kopie mitgebracht.«
- »Draußen fielen mir Ihre neuen Firmen-Lkws auf. Kompliment! Die Beschriftung wirkt sehr gut.«

5. Welche Bedeutung hat der »erste Eindruck« bei einem neuen Gesprächspartner?

Der gestandene Verkäufer kennt es aus eigener Erfahrung: Man kommt zu einem Kunden, den man noch nie vorher gesehen hat, und hat ziemlich schnell ein Gefühl, ob das Gespräch etwas werden wird oder nicht.

Leider trifft dies auf die Gegenseite, oder richtiger Partnerseite, genauso zu. Grundsatzentscheidungen werden getroffen, weil man als Mensch nicht in der Lage ist, sich sein Gegenüber neutral vorzustellen. Psychologen sprechen hier vom »Ersteindruck«, der sich im Umgang miteinander sehr schnell bildet und dazu führt, entweder mit einem positiven oder negativen Vorzeichen »besetzt« zu werden. Diese Meinung ist sicherlich nicht endgültig. Sie kann sich im Verlauf einer Zusammenarbeit ändern.

Der »Ersteindruck« hat für viele Verkaufsgespräche eine wichtige Bedeutung, weil Gesprächsergebnisse davon abhängen können. Ist der Kunde eher negativ eingestellt, die Argumentation des Verkäufers sehr schnell anzuzweifeln. Da nicht jede Aussage sofort bewiesen werden kann, wirkt das Verkaufsgespräch dann bei einem überkritischen Kunden weniger überzeugend. Eine wesentliche Voraussetzung zum Auftragserhalt fehlt.

Einen positiven Ersteindruck beim Kunden können Sie mithilfe folgender Spielregeln beeinflussen:

- Konzentrieren Sie sich darauf, in der Kennenlernphase eher den Gesprächspartner reden zu lassen, weil es sympathischer wirkt.
- Finden Sie einen Gesprächsaufhänger, indem Sie sein Unternehmen, einen Gegenstand in seinem Arbeitszimmer oder einen aktuellen Anlass nehmen, um ein Gespräch zu beginnen. Bringen Sie ihm zum Beispiel einen Zeitungsausschnitt mit, der ihn möglicherweise interessieren könnte.
- Eigenschaften wie Freundlichkeit, Sympathie und Zuhören können, sind in dieser Phase eines Verkaufsgesprächs wichtige Erfolgsschlüssel.

6. Welche Fragenmethode sollten Sie als Verkäufer anwenden?

Eine zentrale Aufgabe des Verkäufers ist es, Fragen zu stellen. Sie erhalten auf diese Weise Informationen vom Kunden, die Sie brauchen, um eine Gewichtung der zu lösenden Aufgaben/Probleme aus der Sicht des Kunden vorzunehmen. W-Fragen, also Fragesätze die mit »was«, »wann«, »warum«, »wo« oder »wie« beginnen, gelten als offene Fragen. Der Kunde wird diese Fragen nicht mit »Ja« oder »Nein« beantworten können und Ihnen deshalb mehr Informationen geben.

Das Gegenteil von offenen Fragen sind geschlossene Fragen, die der Kunde in der Regel nur mit »Ja« oder »Nein« beantwortet. Ein »Ja« oder »Nein« des Kunden hilft Ihnen aber in vielen Fällen nicht weiter. Denn Sie erfahren vom Kunden nur eine Bestätigung oder Ablehnung dessen, was Sie schon wissen. Vermeiden Sie deshalb geschlossene Fragen, insbesondere am Anfang eines Verkaufsgesprächs, da Sie so viel wie möglich vom Kunden erfahren wollen. *Stellen Sie mehr W-Fragen!*

Was glauben Sie, welche Fragen werden in der Praxis häufiger gestellt? Leider nicht die offenen, sondern die geschlossenen Fragen. Verkäufer bestätigten, dass dies einfacher ist. Schwieriger ist es mit offenen Fragen, weil man hier die Antworten nicht kennt, sich darauf einstellen muss und möglicherweise das Gespräch sogar vom eigentlichen Thema abschweifen kann. Die Vorteile überwiegen jedoch. Durch offene Fragen gewonnene Informationen und Gewichtungen aus der Sicht der Kunden zählen. Sinnvoll ist das Erarbeiten eines Fragenkataloges, der über Standardfragen in Bezug auf Technik, Lieferzeit und die gewünschte Problemlösung hinausgeht.

7. Was sind Schlüsselfragen im Verkaufsgespräch?

Jede der folgenden Fragen hat in einzelnen Verkaufssituationen eine entscheidende Bedeutung:

»Herr Kunde, was ist bei einer Zusammenarbeit wichtig für Sie?« Sie erfahren mehr als nur seine Produktvorstellungen.

»Wann soll das Projekt realisiert werden?« Wird die Frage frühzeitig gestellt, wissen Sie, ob der Kunde kurzfristig entscheiden muss. Sie können Ihre Argumentation besser aufbauen.

»Wie können wir Sie bei Ihrer Entscheidung unterstützen?« Eine »weiche« Abschlussfrage, die erkennen lässt, ob der Kunde grundsätzlich mit Ihnen zusammenarbeiten will.

»Welche Pläne haben Sie mit Ihrer Firma in der Zukunft?« Stimmen unsere Annahmen über die Bedarfsmengen des Kunden? Oder gibt es bereits höhere Verbrauchs- und damit Absatzmengen?

»Worauf legen Sie persönlich besonders Wert?« Verklausuliert haben Sie mit dieser Frage die Chance, dass der Kunde Ihnen seinen wichtigsten Kaufgrund nennt.

»Wer wird später damit arbeiten?« Sie vermeiden es, nur mit dem Entscheidungsträger zu verhandeln. Lernen Sie auch den Anwender oder Benutzer Ihrer Produkte kennen.

»Welches Budget haben Sie vorgesehen?« So früh wie möglich gestellt gibt Ihnen diese Frage die Möglichkeit, das richtige Angebot für den passenden Geldbeutel auszuarbeiten. Das ist besser, als eine Ideallösung zu präsentieren, für die dann kein Geld vorhanden ist.

»Wie sind Sie zu uns gekommen?« Wenn Sie ein zufriedener Kunde weitervermittelt hat, sind Ihre Abschlusschancen höher als durch einen reinen Werbekontakt.

»Wer kommt in Ihrer Firma noch für unsere Produkte in Betracht?« In nahezu jedem Kundenkreis gibt es mindestens ein Großunternehmen, bei dem andere Abteilungen ebenfalls für die eigenen Produkte infrage kommen, wo aber ein Kontakt bisher nicht erfolgte.

8. Wie kann ein Fragenkatalog aussehen?

Ihr eigener Fragenkatalog bietet Ihnen die Möglichkeit, sich vor einem Verkaufsgespräch noch einmal die Schlüsselfragen für den jeweiligen Kunden ins Gedächtnis zu rufen. So stellen Sie sicher, dass alles Wesentliche zur Erstellung des individuellen Angebotes für den Kunden auch erfasst wird. Bitte prüfen Sie, welche der folgenden Fragen Sie direkt in Ihren eigenen Fragenkatalog übernehmen können.

Beispiel

Ein möglicher Fragenkatalog:

1. Welche Aufgaben werden Sie mit diesem Produkt lösen?
2. Wie haben Sie Ihre Aufgaben bisher gelöst?
3. Welche anderen Abteilungen in Ihrem Hause sind an dem Projekt beteiligt?
4. Wer wird mit diesem Produkt arbeiten?
5. Welche Vorkenntnisse haben Ihre Mitarbeiter auf dem Gebiet?
6. Wo sehen Sie die Schwerpunkte unserer zukünftigen Zusammenarbeit?
7. Wie stellen Sie sich die Abwicklung vor?
8. Wer sind Ihre Kunden?
9. Was erwarten Ihre Kunden von Ihren Produkten?
10. Wie sieht Ihre Produktpalette aus?
11. Was erwarten Sie von einer Firma nach dem Einkauf?
12. Welche Finanzierung können wir vorschlagen?
13. Welche zusätzlichen Anforderungen stellen Sie an ein Produkt?
14. Welche Pläne haben Sie in der Zukunft?
15. Welche Ansprechpartner sollten wir in Ihrem Unternehmen ebenfalls kontaktieren?
16. Welche Entwicklungen erwarten Sie in Ihrem Unternehmen innerhalb der nächsten 5 Jahre?
17. Wer sind unsere Mitbewerber?
18. Wie ist Ihr Unternehmen strukturiert?
19. Können Sie uns Ihr Organigramm zur Verfügung stellen?
20. Wie können wir Sie bei Ihrer Entscheidungsfindung zusätzlich unterstützen?
21. Wie sollte ein gemeinsamer Terminplan aussehen?
22. Wie gefällt Ihnen unser Konzept?
23. Haben Sie einen Zentraleinkauf oder wird dezentral entschieden?
24. Wie schnell brauchen Sie die Lösung?
25. Was halten Sie davon, gemeinsam unsere Fabrikation zu besichtigen?
26. Was müssen wir tun, um den Auftrag zu erhalten?

Kombinieren Sie die vorliegenden Fragen, soweit Sie sie übernehmen können, mit den in diesem Buch beschriebenen Schlüsselfragen, und Sie erhalten einen systematischen Fragenkatalog. Damit werden Sie die individuelle Situation des Kunden methodisch erfassen und fehlende Informationen auf ein Minimum reduzieren.

9. Mit welcher Art zu fragen, können Sie Aufträge für sich entscheiden?

Eine sehr direkte Möglichkeit, auf die Auftragsvergabe Einfluss zu nehmen, ist das Stellen von *Gegenfragen* insbesondere in Abschlusssituationen.

Beispiel

Kunde: Wann können Sie liefern?

Verkäufer: Wann brauchen Sie es denn?

Kunde: Können Sie Ihren Preis um 12 Prozent reduzieren?

Verkäufer: Würden Sie dann kaufen?

Kunde: Haben Sie auch eine Justagevorrichtung?

Verkäufer: Wofür brauchen Sie eine?

Kunde: Ich werde mir die Sache noch einmal überlegen. Rufen Sie mich dann bitte nächste Woche noch einmal an.

Verkäufer: Was hält Sie davon ab, jetzt zu kaufen?

Kunde: Darf ich Sie anrufen, nachdem ich mir Vergleichsangebote eingeholt habe?

Verkäufer: Was erwarten Sie vom Wettbewerb, was wir Ihnen nicht bieten können?

Die Vorteile der Gegenfragen sind überzeugend: Sie kommen aus kritischen Situationen heraus und haben wieder die Gesprächsführung in der Hand. Sie haben Zeit gewonnen, um eine wohlüberlegte Antwort zu geben. Sie stellen sicher, dass Sie Ihren Kunden richtig verstanden haben. Sie können den Kunden in Ihrem Sinne an sich binden und ihn zu einer Grundaussage bewegen. Am vorteilhaftesten sind Gegenfragen in Situationen, in denen alles an einem seidenen Faden hängt. Da man das Gegenfragen in solchen Phasen doch sehr schnell vergisst, sollte man es trainieren.

10. Welche kritischen Situationen gibt es in der Fragephase?

Das richtige Einschätzen der individuellen Situation des Kunden und die Gewichtung einzelner Vorteile aus Kundensicht werden durch das Stellen von Fragen und die entsprechenden Antworten erreicht. Es können allerdings Störungen auftreten, die zu kritischen Situationen führen. Zum Beispiel:

- Die Fragen wirken auswendig gelernt.
- Die Fragen werden wie in einem Verhör hintereinander gestellt.
- Es werden Fragen gestellt, ohne die vom Käufer erhaltenen Zusatzinformationen zu berücksichtigen.
- Man vermittelt den Eindruck, dass die Antworten des Kunden gar nicht mehr wichtig sind.
- Die Fragen lassen erkennen, dass man die Praxis des Kunden überhaupt nicht kennt.
- Der Kunde fürchtet, vertrauliche Informationen zu geben, die anderweitig verwendet werden.
- Der Kunde erkennt den Sinn der Fragen nicht und wird ungeduldig.
- Die Fragephase dauert zu lange.
- Der Einstieg beim Kunden verlief nicht wie vorgesehen.

Diese Situationen münden in eine kritische Haltung des Kunden und können dazu führen, dass er sich verschließt und keine weiteren Informationen gibt. Was tun?

Vermeiden Sie zu ausgedehnte Fragephasen, und wechseln Sie lieber häufiger von der Rolle des Interviewers in die Rolle des Informanten. Wenn der Kunde dann die Bereitschaft zu weiteren Informationen zeigt, wechseln Sie wieder zurück in die Rolle des Interviewers. Dieser ständige Wechsel zwischen kurzen Informationen oder Zusatzfragen Ihrerseits und der reinen Fragephase wirkt auf den Kunden natürlicher. Beherrschen Sie es dann, Ihre wesentlichen Fragen ungekünstelt, aber systematisch vorzubringen, wird auch der Kunde davon überzeugt sein, dass ausführliche Informationen seinerseits für ein maßgeschneidertes Angebot notwendig sind.

11. Wie können Sie ein systematisches Verkaufsgespräch beginnen?

Jedes Verkaufsgespräch ist individuell und hat seinen eigenen Charakter. Trotzdem gibt es Werkzeuge die Sie bewusst einsetzen können, um dadurch Ihre Erfolgschancen zu erhöhen:

Richtigkeit des Besuches prüfen

Ein Verkaufsgespräch fängt bereits vor dem ersten Kontakt an. Prüfen Sie vorher, ob Teilnehmer, Ort und Zeitpunkt stimmen.

Ergebnisse planen

Kein Verkaufsgespräch ohne Ergebnis. Legen Sie vorher fest, was Sie in dem Gespräch erreichen wollen. Die Firma vorstellen reicht nicht. Das Ziel sollte für Sie nach dem Besuch messbar sein.

Initialphase nutzen

Der erste Eindruck ist entscheidend, gerade bei Gesprächen mit unbekannten Personen. Stellen Sie sich in der Anfangsphase darauf ein, ein positives Klima zu schaffen, indem Sie zum Beispiel den Kunden loben oder einen Zeitungsartikel für den Kunden mitbringen.

Systematisch fragen

Sie sollten, bevor Sie in die aktive Rednerrolle schlüpfen, grundsätzlich vom Kunden Informationen haben, in Bezug auf seine aktuelle Situation, bestehende Wettbewerbsbeziehungen und vieles mehr. Stellen Sie in dieser Phase insbesondere W-Fragen (Wer? Wie? Was? Wo?).

Sorgfältig Bedürfnisse herausarbeiten

Sie müssen durch Ihre Fragen erfahren, was aus der Sicht des Kunden die Gründe für seinen Bedarf sind. Die nicht ausgesprochenen persönlichen Gründe des Kunden sind besonders wichtig. Für Handwerker ist zum Beispiel Zuverlässigkeit entscheidend und für manchen Anlagenbauer Karrieredenken.

12. Wie können Sie ein systematisches Verkaufsgespräch führen?

Vorteile aufzeigen

Ein Schlüsselsatz lautet: Der Kunde hört nur, was ihm nutzt. Vielfach bietet man dem Kunden alles an, was möglicherweise für ihn interessant ist. Der Kunde soll aber nicht aus 20 Vorteilen aussuchen, sondern Sie können gemeinsam mit ihm zwei, drei wesentliche Pluspunkte herausarbeiten und dramatisieren. Arbeiten Sie mit dem Kunden durch die erhaltenen Informationen Vorteile heraus, die der Wettbewerber nicht bieten kann.

Erfolgswahrscheinlichkeit prüfen

Verlassen Sie sich nicht ausschließlich auf Ihren eigenen Eindruck, ob das von Ihnen gemachte Angebot den Kern der Kundenlösung trifft. Fragen Sie in der Mitte Ihrer Verhandlung nach, ob der Kunde ebenfalls diese Vorteile sieht.

Reden lassen – zuhören

Auf Ihre Frage, ob der Kunde den angebotenen Vorteil aus seiner Sicht bestätigen kann, wird er Ihnen wieder Informationen geben. Achten Sie jetzt besonders darauf, was der Kunde Ihnen sagt. Mit aktivem Zuhören bestätigen Sie Ihren Kunden.

Sorgen/Einwände definieren

In der Regel stimmen Kunden nicht vorbehaltlos Ihrem Angebot zu. Sie haben Einwände/Ängste/Bedenken, über die sie während Ihres Gesprächs nachdenken. Sprechen Sie den Kunden offen an, welche Alternativen er noch sehen würde. Nur wenn Sie die Einwände kennen, können Sie diese auch entkräften. Vorhanden sind die Einwände so oder so.

Charakterisieren der Informationen

Sind es Scheineinwände oder echte Einwände? Will der Kunde etwas anderes erreichen oder ist er nur ein harter Verhandlungspartner? Oder ist er wirklich noch nicht überzeugt? Bringen Sie dies in Erfahrung. »Herr Kunde, wie meinen Sie das genau?« oder »Herr Kunde, können Sie mir darüber mehr erzählen?«

12.1. Wie können Sie ein systematisches Verkaufsgespräch beenden?

Hinterfragen und Festnageln

Sie sollten jetzt in Erfahrung bringen, ob Sie die Bedenken des Kunden beseitigen konnten und damit dem Auftrag ein gutes Stück nähergekommen sind. »Wenn wir eine Lösung hierfür finden, wie stehen dann unsere Chancen?«

Letzte Bedenken erfahren

Sicher haben Sie in dieser Phase des Verkaufsgesprächs ein positives Klima geschaffen. Vielleicht haben Sie bereits Ihren Auftrag, die Anfrage oder den Rahmenvertrag. Oder gibt es noch letzte Bedenken, die den Kunden zögern lassen? Fragen Sie nach: »Was lässt Sie noch zweifeln?«

Unternehmensvorteile nennen

Ein Kunde kauft selten ausschließlich nur ein Produkt. Er erwartet eine Unternehmensleistung, die eine Summe aus Produkt, Know-how, Service, Unterstützung, Mitarbeitereinsatz, Schulung und geldwerten Vorteilen darstellt. Jede Firma sollte die Einstellung haben: Ein Kunde kauft nicht unsere Produkte, sondern unsere Firma. Falls der Kunde jetzt noch Bedenken hat, sollten Sie noch einmal Ihre Gesamtangebotsvorteile der Firma auf den Tisch legen.

Systematisch Abschlussfragen stellen

Beenden Sie kein Gespräch, ohne gemeinsam mit dem Kunden eine Bewertung dieses Gesprächs vorzunehmen. »Wie hat Ihnen das Gespräch gefallen?« »Was müssen wir tun, um den Auftrag zu bekommen?« Falls Sie den Auftrag erhalten haben, sollten Sie ihn umgehend bestätigen, damit kein Wettbewerber noch eine Gefahr darstellt. Fragen Sie sofort nach der Auftragsnummer des Kunden.

13. Was bringen Vorteilslisten?

Der Ausgangspunkt dieser Checkliste liegt darin, alle Vorteile eines bestimmten Produktes aufzulisten und eine Bewertung vorzunehmen: Wie hoch ist der prozentuale Unterschied Ihrer Produktvorteile im Gegensatz zu denen Ihrer Wettbewerber? Vorteilslisten sind eine wesentliche Hilfe im Alltagsgeschäft. Sie sind eine Unterlage, die Sie immer bei sich tragen sollten. Vorteilschecklisten beinhalten die Pluspunkte Ihrer Firma und Ihrer Produkte. Vertreten Sie mehrere Produkte oder Produktlinien, so sollten Sie nach und nach für jede Produktgruppen jeweils eine Vorteilsliste entwickeln. Ihr Vorteil besteht darin, dass Sie vor einer Verkaufsverhandlung die Möglichkeit haben, aus dem gesammelten Fundus an Pluspunkten die für den Kunden geeigneten herauszusuchen. Sie haben damit Ihre wesentlichen Vorteile für den jeweiligen Kunden im Kopf und »griffbereit«. Wie schnell kann es passieren, dass man selbst die wichtigsten Vorzüge eines Produkts vergisst, dem Kunden mitzuteilen. Wie sollte eine Vorteilsliste aussehen?

Abbildung 1: Beispiel für eine Vorteilscheckliste

VORTEILSLISTE	0	10	20	30	40	50	60	70	80	90	100
Alles aus einer Hand											
Geräuscharm											
Deutsche Fertigung											
Komponenten und Systeme											
Erfahrungsvorsprung											
Weltweite Präsenz											
Zahlreiche Patente und Rechte											
Großer Marktanteil											
Kundenbetreuung											
Wirtschaftlichkeit											

Prüfen Sie alle Ihre Vorteile daraufhin, ob der Kunde einen Nutzen aus ihnen zieht. Beispielsweise nützt ein Kundendienstnetz mit 60 Serviceleuten erst etwas, wenn Sie erläutern, was dahintersteckt. Überlassen Sie es nicht dem Kunden, in die »Vorteile« hineinzuinterpretieren, was er davon haben könnte. Das Risiko von Missverständnissen ist zu groß. Die rechte Spalte der oben dargestellten Vorteilsliste gibt Ihnen die Möglichkeit abzuschätzen, zu wie viel Prozent Sie sich mit Ihrem Vorteil vom Wettbewerber unterscheiden. Denn ein Vorteil, den Ihr Wettbewerber auch bieten kann, bringt weniger als ein Vorteil, den nur Sie vorweisen können. Liegen Sie mit dem Vorteil auf gleichem Niveau wie Ihr Wettbewerber, ist Ihr Vorteil durchschnittlich, also 50 Prozent. Ist Ihr Vorteil so herausragend, dass kein Wettbewerber etwas entgegensetzen kann, erhält er 100 Prozent, und Sie haben damit die besten Chancen, eine Umsatzsteigerung zu erzielen.

14. Was bringt aktives Zuhören?

Selten ist eine Verkaufshilfe, unabhängig von Branche und Produkt, so eindeutig als Verkaufswerkzeug einzustufen wie die Zuhörtechnik. *Wie kann man aktives Zuhören praktizieren?*

Wesentliches Merkmal dabei ist, dass man »redet«. Aktives Zuhören heißt also auch, dass man etwas sagt und nicht nur, wie man annehmen könnte, einfach still zu sein. Aktives Zuhören heißt in diesem Fall, »Hm, ja, tatsächlich, verstehe, interessant«-Antworten zu geben oder die letzten Worte des Gesprächspartners sinngemäß zu wiederholen, damit er erkennt, dass Sie ihn richtig verstanden haben.

Aktives Zuhören bedeutet:

- Sich nicht zu verschließen und den Willen mitzubringen, auf den anderen einzugehen.
- Unterschiedliche Ansichten zu tolerieren. Viele Menschen haben es gerne, wenn alle um sie herum ihrer Meinung sind. Wenn man – zum Beispiel mit der Körpersprache – signalisiert, dass man mit dem gerade Gehörten nicht einverstanden ist, ist man nicht mehr in der Rolle des aktiven Zuhörers, denn dann wird der Kunde nachfragen, warum Sie nicht seiner Ansicht sind. Die Informationen, die Sie durch Zuhören erfahren wollten, bekommen Sie jetzt nicht mehr.
- Positive Signale zu geben, zum Beispiel durch Kopfnicken und Augenkontakt.
- Zu »reden« etwa mit Ermunterungen wie »ja, hm, interessant«, damit nicht der Eindruck eines Monologs auftritt.
- Wichtige Sätze mit eigenen Worten zu wiederholen.
- Sich Notizen zu machen.

15. Warum ist gerade für »alte Hasen« aktives Zuhören ein sehr wichtiges Thema?

Unter »alten Hasen« versteht man Verkäufer, die mehr als 20 oder 30 Jahre im Verkauf tätig sind. Sie haben dann viele Höhen und Tiefen mit dem Unternehmen erlebt und viele Erfahrungen gesammelt. *Oft sind sie der Ansicht, dass die Kunden nur noch selten etwas wirklich Neues erzählen.* Insbesondere, wenn es um das eigentliche Problem geht, für das das eigene Produkt eine Lösung aufzeigen soll, haben sie mehr oder weniger alles schon einmal gehört.

Und hierin liegt die Gefahr: Möglicherweise schaltet man innerlich ab, weil man bereits die Problemlösung vor Augen hat und damit die Situation des Kunden bereits einzuschätzen meint. Das aktive Zuhören wird nicht mehr praktiziert. Ganz im Gegenteil wird man sehr schnell in die Position des Sprechenden kommen, da man bereits die Problemlösung aufzeigen will. Das führt zu zwei Nachteilen:

1. Der Kunde erkennt die fehlende Bereitschaft des Zuhörers und wird weniger Informationen übermitteln.
2. Der Verkäufer läuft Gefahr, wichtige Informationen nicht zu erhalten. Besonders Details, die der Kunde oft nur in einem Nebensatz erwähnt, sind aber Voraussetzung für ein maßgeschneidertes Angebot.

Deshalb ist gerade für »alte Hasen« aktives Zuhören ein sehr wichtiges Thema, weil sonst – aller Erfahrung nach – die Ausrichtung auf die individuelle Situation des Kunden verloren gehen kann.

16. Was sollten Sie bei Ihrer kundenbezogenen Argumentation berücksichtigen?

Argumentieren Sie nicht ICH-bezogen, denn dann werden Sie als befangen angesehen!

Statt: »Ich glaube, das wird Sie interessieren ...«

»Es wird Sie interessieren ...«

Statt: »Ich bin sicher ...«

»Sind Sie sicher ...«

Statt: »Ich informiere Sie jetzt über etwas ganz Neues ...

»Für Sie ist es sicherlich interessant zu erfahren ...«

Statt: »Was ich Ihnen sage, ist eine Tatsache ...«

»Die Tatsache wird Ihr Vertrauen stärken ...«

Statt: »Mein Angebot wird Sie überzeugen ...«

»Das Angebot, das Sie von uns erhalten ...«

Ihre Aussagen, Ihre Beteuerungen werden nie mehr Gewicht haben, als wenn Sie andere zitieren oder SIE-bezogen argumentieren. *Das SIE spricht einfach mehr an.*
  ICH-bezogene Formulierungen wie: »Ich will ...«, »Meine Meinung ...«, »Ich meine ...«, »Jetzt will ich Ihnen mal was sagen ...«, »Meine Erfahrung ...« sind weniger kundenorientiert als SIE-bezogene Formulierungen wie: *»Für Sie ist es sinnvoll ...«, »Ihre Meinung ...«, »Ihre Erfahrung ...«, »Ihnen nützt ...«, »Sie sind ...«, »Wie denken Sie darüber?«, »Sie sagen es sehr treffend.«*

17. Wie führen Sie einen Erstbesuch am besten durch?

1. Versuchen Sie als Ergebnis des Gesprächs ein oder zwei Gesprächsspitzen zu erreichen.

Abbildung 2: Gesprächsverlauf mit Gesprächsspitzen

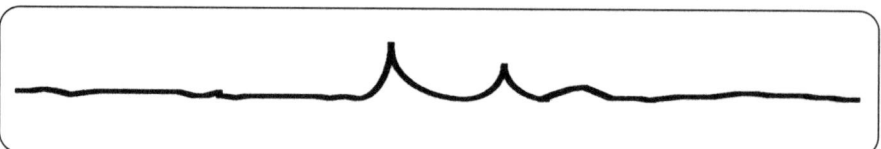

1. Gesprächsspitzen sind Vorteile Ihrer Produkte oder Firma, die der Kunde eindeutig aus seiner Sicht als wesentlich für eine mögliche Zusammenarbeit bestätigt. Heute reicht es nicht mehr aus, Vorteile aufzuzählen, vielmehr muss der wesentliche Nutzen für den Kunden herausgearbeitet und dramatisiert werden.
2. Gerade bei einem Erstbesuch ist die Frage »Was ist wichtig für Sie?« von besonderer Bedeutung. Konzentrieren Sie sich vor dem Gespräch noch einmal darauf, welche weiteren Schlüsselfragen Sie stellen werden.
3. Verkaufen Sie die Gesamtleistung Ihrer Firma und weniger das Produkt allein. Erst mit der Summe aller Vorteile lässt sich eine Abgrenzung gegenüber dem Wettbewerb erzielen. Damit lässt sich auch ein Produkt, das nicht in allen Punkten Topqualität hat, verkaufen. Stellen Sie Service, Zuverlässigkeit, Unterstützung und geldwerte Vorteile, wie Schulung oder verlängerte Garantie, heraus.
4. Denken Sie daran, Ihrem direkten Gesprächspartner Schützenhilfe für seine Argumentation beim Einkäufer zu geben. Alle Vorteile Ihrer Produkte, die sich in Rationalisierung, Kostenersparnis und Qualitätsverbesserungen ausdrücken lassen, legen Sie auf den Tisch.
5. In den meisten Unternehmen herrschen heute Kostendenken, Sparmaßnahmen und Wertanalyse vor. Rechnen Sie jeden Vorteil, der in Zahlen darzustellen ist und den Kaufpreis reduziert, dem Kunden im Detail vor. Diese wesentliche Verkaufshilfe wird erstaunlich selten praktiziert. Es reicht heute nicht mehr zu sagen: »Sie sparen Personal oder Einarbeitungszeit.« Gehen Sie davon aus, dass Zahlen besser haften bleiben.
6. Ein Beratungsgespräch ist oft zu komplett. Lassen Sie sich bewusst die »Tür offen«, um beim nächsten Telefonat oder Besuch einen weiteren überzeugenden Vorteil für den Kunden mitzubringen.

18. Was geschieht nach dem ersten Besuch?

Bitten Sie den Kunden noch während des Gesprächs darum, Ihnen eine Information, Skizze oder Zusammenstellung seiner wesentlichen Anforderungen zu geben. Sie haben somit die Möglichkeit, einen Aufhänger für ein weiteres Gespräch zu haben. Geben Sie dem Kunden nicht alle Unterlagen sofort bei Ihrem ersten Termin in die Hand, sondern schicken Sie ihm noch weitere Unterlagen zu.

Senden Sie ihm eine Zeitungsnotiz oder einen Besuchsbericht, den Sie mit Randnotizen versehen. Der Name des Kunden sollte auf dieser Unterlage stehen. Bei der nächsten Auslieferung, beispielsweise einer Maschine, machen Sie ein Foto gemeinsam mit dem neuen Kunden. Schicken Sie das Foto dem zukünftigen Kunden mit einer netten Bemerkung.

Nachdem Sie einen Auftrag für das gleiche Produkt von einem anderen Kunden erhalten haben, rufen Sie den zögernden Kunden an und berichten zum Beispiel: »Herr Kunde, ich habe gerade den gleichen Typ des Geräts, welches wir zusammen ausgesucht haben, an einen Kunden verkauft. Bitte sagen Sie mir, was ich tun soll, damit ich auch Sie als Kunden gewinnen kann.«

Bitten Sie den Kunden um Zusatzinformationen zu einem bisher nicht berücksichtigten Aspekt.

Falls Sie ein weiteres persönliches Gespräch suchen, bitten Sie den Kunden um einen neuen Termin, da Sie ihm etwas zeigen wollen. Da »zeigen« telefonisch nicht geht, erhalten Sie so leichter einen Termin. Ersuchen Sie den Kunden um seine Zustimmung, einen seiner Mitarbeiter anrufen zu dürfen. Sie haben einige Fragen, die so beantwortet werden können, ohne die kostbare Zeit des Kunden zu beanspruchen. Legen Sie dem Angebot Ihre Visitenkarte bei, und schreiben Sie: »Entspricht das Angebot Ihren Vorstellungen? Bitte rufen Sie mich doch einmal an.«

Oft ist es eine sehr wichtige Unterstützung, das Angebot persönlich beim Kunden vorbeizubringen. Argumentieren Sie, dass der Kunde so Zeit spart.

Wechseln Sie beim nächsten Gespräch den Ort oder das Besprechungszimmer. Versuchen Sie, weitere Mitarbeiter Ihres Kunden kennen zu lernen.

Berücksichtigen Sie zu jedem Zeitpunkt, dass eine systematische Angebotsverfolgung Ihren Verkaufserfolg nachhaltig steigern wird.

So vermeiden Sie kritische Situationen bei Einwänden und Bedenken Ihres Kunden

19. Welche unausgesprochenen Bedenken und Widerstände haben Kunden?

Oft gibt es Widerstände und Bedenken, die nicht offen ausgesprochen werden. Die Aufgabe des Verkäufers ist es, Hintergründe beim Kunden durch Fragen und Zuhören zu erfassen, damit Kaufhindernisse erkennbar werden.

Mögliche unausgesprochene Bedenken:

- Werde ich übervorteilt?
- Werden die Zusagen auch eingehalten?
- Ist die Qualität entsprechend?
- Wird sorgfältig gearbeitet?
- Werden die zugesagten Lieferzeiten auch eingehalten?
- Existiert die Firma so lange wie ihre Garantiezusagen?
- Habe ich mich für die richtige Firma entschieden?
- Werden die Arbeiten zügig durchgeführt?
- Werden die Preise eingehalten?
- Habe ich zum richtigen Preis eingekauft?
- Ist die Betreuung nach dem Kauf und der Inbetriebnahme zufriedenstellend?
- Wie schnell kann auf Produktänderungen reagiert werden?
- Wird unser Qualitätsanspruch eingehalten?
- Arbeitet der Anbieter mit einem professionellen Qualitäts- und Umweltmanagement?

Besonders im Hinblick auf das Umweltmanagement ist in mittelständischen und Großbetrieben das Arbeiten nach DIN ISO Norm und damit auch die Wahl eines entsprechenden Zulieferers sehr wichtig.

20. Mit welcher Methodik können Sie Einwände entkräften?

Sicher begegnen Sie einer ganzen Zahl von Einwänden mit erprobten Argumenten. Allerdings gibt es immer wieder neue Einwände, auf die der Kunde eine Antwort erwartet. Wichtig sind dabei zwei Punkte:

- Erstens sollten Einwände niemals sofort mit einer »Gegen«-Argumentation beantwortet werden, weil daraus sehr schnell eine Streitdiskussion entstehen kann. Der Kunde erwartet eine Ablehnung seiner Meinung und ist deshalb besonders kritisch eingestellt.
- Zweitens sollten Sie sicherstellen, dass Sie den Einwand auf jeden Fall schriftlich festhalten. So haben Sie die Chance, nach dem Kundengespräch in Ruhe Ihre Antwort noch einmal zu überdenken und möglicherweise zu verbessern. Sie sorgen dafür, dass beim nächsten Mal Ihr Kunde eine überlegte Antwort erhält, denn Improvisieren in einer Einwandbehandlungsphase führt zu wenig zufriedenstellenden Antworten.

Sinnvoll ist es, Einwände in drei Stufen zu beantworten:

Abbildung 3:

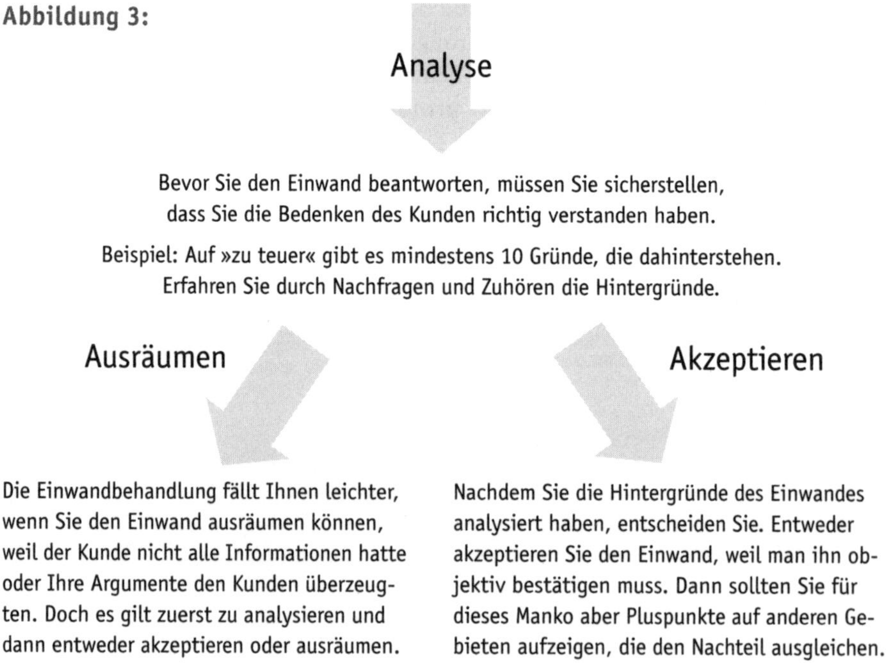

Analyse

Bevor Sie den Einwand beantworten, müssen Sie sicherstellen,
dass Sie die Bedenken des Kunden richtig verstanden haben.

Beispiel: Auf »zu teuer« gibt es mindestens 10 Gründe, die dahinterstehen.
Erfahren Sie durch Nachfragen und Zuhören die Hintergründe.

Ausräumen

Akzeptieren

Die Einwandbehandlung fällt Ihnen leichter, wenn Sie den Einwand ausräumen können, weil der Kunde nicht alle Informationen hatte oder Ihre Argumente den Kunden überzeugten. Doch es gilt zuerst zu analysieren und dann entweder akzeptieren oder ausräumen.

Nachdem Sie die Hintergründe des Einwandes analysiert haben, entscheiden Sie. Entweder akzeptieren Sie den Einwand, weil man ihn objektiv bestätigen muss. Dann sollten Sie für dieses Manko aber Pluspunkte auf anderen Gebieten aufzeigen, die den Nachteil ausgleichen.

21. Welchen Kardinalfehler sollten Sie bei der Einwandbehandlung vermeiden?

Bei vielen Einwänden glaubt man, den Einwand richtig definiert zu haben, und gibt sofort die Antwort. Wo lauert die Gefahr? Möglicherweise war es ein Scheineinwand, den Sie gar nicht aus der Welt räumen können, weil der eigentliche Grund ein ganz anderer ist.

Beispiel

Ein Verkäufer, wurde von dem Kunden gefragt: »Haben Sie eine Kalibriereinrichtung?«
Der Verkäufer versuchte sich zu verteidigen und dafür Gründe zu finden, warum man noch keine Kalibriereinrichtung als Bestandteil der eigenen Produkte im Angebot hatte. Es wurde immer schwieriger für ihn, dafür Argumente zu finden.
Plötzlich fragte er: »Wofür brauchen Sie die eigentlich?«
Antwort: »Ich brauche sie bisher nicht. Ich habe darüber nur in einer Zeitschrift gelesen.«

Vermeiden Sie direktes Beantworten, insbesondere bei Einwänden. Hinter dem Einwand »zu teuer« stehen bis zu zehn Gründe, die mit dem objektiven Einwand »zu teuer« nichts oder nur indirekt etwas zu tun haben. Prüfen Sie, bevor Sie antworten, ob der Einwand echt ist oder nur vorgeschoben und ob Sie den Einwand richtig verstanden haben. Sie vermeiden auch eine Konfrontation mit dem Kunden, der in dieser Situation besonders kritisch Ihre Reaktion prüfen wird.

Möglichkeiten sich abzusichern:

- Fragen Sie nach:
  - »Wie meinen Sie das genau?«
  - »Woher haben Sie diese Information?«
  - »Wenn Sie mir das noch einmal etwas näher erläutern könnten?«
  - »Interessant, erzählen Sie das bitte etwas genauer …«
- Notieren Sie den Einwand. Der Kunde wird oft noch zusätzliche Informationen zur Abrundung geben.
- Sprechen Sie den Kunden offen an: »Was sollte man dann tun, Herr Kunde?« oder »Wie würden Sie sich eine Lösung vorstellen?«
- Vermeiden Sie durch vorschnelle Argumente, dass sich der Kunde falsch verstanden fühlt und Sie damit den Kern des Einwandes nicht treffen.
- Bedenken Sie auch, dass mancher Einwand geäußert wird, weil man Sicherheit und Unterstützung haben will.

22. Wie können Sie Ihren Kunden korrigieren, wenn seine Argumentation nicht stimmt?

Auf jeden Fall nicht direkt!

Kunden haben Einwände, von denen sie überzeugt sind, obwohl sie nach Ihrem Kenntnisstand eindeutig falsch oder unzutreffend sind. Sie könnten diese Einwände sehr gut widerlegen. Die Gefahr besteht nur darin, dass Sie zwar die Diskussion gewinnen, aber die Chancen für den Auftragserhalt reduzieren. Denn nur sehr wenige Menschen akzeptieren es, wenn man ihnen schonungslos die Wahrheit ins Gesicht sagt. Sollte die Argumentation des Kunden einmal nicht stimmen, so ist es manchmal sinnvoller, diesen Einwand zurückzustellen oder gar nicht näher darauf einzugehen.

Ist das Beseitigen dieses Einwandes jedoch erforderlich zum Auftragserhalt, sollten Sie zuerst einige positive Bemerkungen fallen lassen, wie zum Beispiel:

- »Ich kann Ihre Argumentation durchaus verstehen, Herr Kunde. Berücksichtigt man allerdings einen weiteren Aspekt, dann …«
- »Das hat eine ganze Menge für sich, was Sie sagen. Zusätzlich sollten Sie berücksichtigen …«
- »Es ist verständlich, was Sie sagen. Einen weiteren Aspekt sollten wir diskutieren.«

Überbrücken Sie die schwierige Situation direkt nach dem Aussprechen des Einwandes durch Ihren positiven Gesprächsanfang.

Stimmt die Argumentation des Kunden nicht, erfragen Sie die Hintergründe, stellen den Einwand bis zur Klärung weiterer Einzelheiten zurück und finden in der Aussage des Kunden auch etwas Positives. Fühlen Sie sich vor allem durch den Einwand nicht persönlich angegriffen. Viele Einwände werden auch aus taktischen Gründen gesagt, um etwas anderes zu erreichen. Betrachten Sie den Einwand isoliert, laufen Sie Gefahr, den eigentlichen Kern nicht zu treffen.

23. Welche schwierigen Einwände gibt es, und wie können Sie sie beseitigen?

Einwand: Die Versuchsergebnisse des Wettbewerbers sind besser.
Antwort: Können wir die Ergebnisse einmal gemeinsam vergleichen? Welche Versuchsergebnisse meinen Sie im Einzelnen?

Einwand: Hohe Ersatzteilpreise.
Antwort: Ja, das ist auf den ersten Blick zutreffend, andererseits ... Ihnen entstehen keine Lager- und Finanzierungskosten, die gerade unsere Ersatzteilpreise mit beinhalten. Zur Erhöhung Ihrer Sicherheit sichern wir Ihnen Vorratshaltung und schnelle Lieferzeit zu.

Einwand: Schlechte Betreuung nach dem Kauf.
Antwort: Haben Sie diese Erfahrung persönlich gemacht?

Einwand: Gewährleistung ist unzureichend.
Antwort: Was sollte nach Ihrer Ansicht eine Gewährleistung beinhalten? ... Genau diese Kriterien erfüllen wir.

Einwand: Zu lange Lieferzeiten.
Antwort: Wir verstehen Ihre Reaktion. Andererseits beweist es Ihnen, dass Sie sich für das richtige Produkt entschieden haben, weil die Nachfrage nach diesem Produkt sehr groß ist.

Einwand: Schlechte Erfahrungen mit Ihren Produkten gemacht.
Antwort: Können Sie mir weitere Einzelheiten nennen? Haben Sie diese Erfahrungen persönlich gemacht?

Einwand: Produkt ist zu kompliziert.
Antwort: Was erscheint Ihnen zu kompliziert? (Argumente analysieren)

Einwand: 10 Prozent Rabatt brauchen wir mindestens.
Antwort: Angenommen wir finden eine Lösung, würden Sie dann kaufen? Auf welche Leistungen können Sie verzichten?

Einwand: Sie geben Großkundenrabatt.
Antwort: Bitte bedenken Sie einen zusätzlichen Aspekt. Das Wort »Rabatt« ist nicht ganz zutreffend, weil wir an unsere Großkunden eine Ersparnis weiterleiten, die erzielt wird durch die kostensparende Abwicklung und Bearbeitung beim Kauf größerer Mengen. Es ist also kein Rabatt, sondern eine weitergeleitete Ersparnis. Bei den gleichen Abnahmemengen erhalten Sie selbstverständlich die gleichen Konditionen.

24. Wie sieht eine sinnvolle Einwanderfassungsliste aus?

Wir haben immer wieder die Erfahrung gemacht, dass selbst Verkäufer, die schon lange Jahre ihren Beruf ausüben, keine schlagkräftigen Antworten auf bestimmte Einwände geben können. Für Sie wird das bestimmt nicht zutreffen. Aber gehen Sie trotzdem kein Risiko ein, und erfassen Sie Ihre Einwände und Antworten systematisch, selbst wenn Sie noch keine Lösungsmöglichkeit sehen. Hilfestellungen zur Lösung dieser Probleme könnten zum Beispiel Diskussionen mit Kollegen bieten.

Abbildung 4: Beispiel für eine Einwanderfassungsliste

Kunde:	Kd. Nr.:	Jahr:	Monat:
Produkte:	Wa. Gr.:	Prd. Nr.:	
Aktion:		Datei:	

Einwanderfassungsliste

Einwände:	Code	Einwandbehandlung:	Code

25. Wie können Sie Standardeinwände beantworten?

Einwand: Zu teuer.
Antwort: Im Verhältnis wozu? Womit vergleichen Sie den Preis?

Einwand: Ich werde mir das noch einmal überlegen.
Antwort: Gerne. Welcher Punkt lässt Sie denn noch so nachdenklich erscheinen?

Einwand: Ich werde es zuerst mit meinem Chef besprechen müssen.
Antwort: Wenn Sie allein zu entscheiden hätten, wie würden Sie sich entscheiden? Sie kennen ja Ihren Chef. Welche Meinung wird er nach Ihrer Ansicht haben? Welche Informationen benötigen Sie noch von uns, um Ihren Chef zu überzeugen?

Einwand: Kein Bedarf.
Antwort: Darum geht es auch bei diesem Besuch nicht. Uns ist Ihre Meinung als Fachmann zu unserem neuen Produkt wichtig. Oder … Dann haben Sie Glück. Jetzt können Sie in Ruhe die einzelnen Alternativen prüfen.

Einwand: Keine Zeit
Antwort: Nach 8 Minuten können Sie entscheiden, ob Ihnen unser Angebot Vorteile bringt. Falls es nicht der Fall ist, werde ich aufstehen und gehen.

Einwand: Wir rufen Sie wieder an
Antwort: Was lässt Sie noch zögern?

Einwand: Wir sehen nicht ein, warum wir den Lieferanten wechseln sollen
Antwort: Was schätzen Sie denn an der Zusammenarbeit mit Ihrem jetzigen Lieferanten?

Einwand: Kein Interesse
Antwort: Das ist verständlich. Deshalb rufe ich auch an. Damit Sie persönlich Ihr Interesse an unserem neuen Produkt prüfen können.

Einwand: Sie wollen mir bloß etwas verkaufen
Antwort: Wäre Ihnen das recht?
Kunde: Ja, denn es ist Ihre Aufgabe.
Verkäufer: Sehen Sie, Herr Kunde, deshalb habe ich Sie angesprochen, weil ich überzeugt bin, dass Ihnen ein Kauf Vorteile bringt. *Oder …* Kunde: Natürlich nicht.
Verkäufer: Aus diesem Grunde bin ich hier, damit Sie nach dem Gespräch in Ruhe prüfen können, ob Ihnen das Produkt zusagt. Ich werde Ihnen nur etwas verkaufen, das Ihnen persönlich gefällt.

26. Welche kritischen Situationen gibt es bei der Einwandbehandlung?

Es gibt mehrere kritische Situationen bei der Einwandbehandlung. Die schwerwiegendsten sind folgende:

Sie können den Einwand des Kunden nicht beseitigen. Wenn Sie den Einwand nicht entkräften können, muss die Summe an Vorteilen den nicht entkräfteten Einwand ausgleichen.

Kritisch wird die Situation dann, wenn der Einwand mehr und mehr zum zentralen Auftragsentscheidungsgrund gemacht wird. Vermeiden Sie in der Verhandlung von Anfang an, dass nur ein Punkt über Kauf oder Nichtkauf beim Kunden entscheidet. Das dürfte Ihnen gelingen, wenn Sie immer und immer wieder weitere Pluspunkte aus der Sicht des Kunden nennen.

Der Einwand des Kunden ist unfair und unwahr. Hierbei läuft man sehr schnell Gefahr, die Beherrschung zu verlieren und emotional zu reagieren. Mehr oder weniger versteckte Beleidigungen können den Kunden dann in Rage bringen.

Vermeiden Sie es, diese Einwände sofort zu beantworten. Erforschen Sie die Hintergründe des Einwandes. Vielleicht erkennen Sie, dass der Einwand durch eine Fehlannahme des Kunden entstanden ist.

Eine weitere kritische Situation wäre, dem Kunden zu sagen, dass sein Einwand völlig unbegründet ist und nur auf fehlendes Wissen zurückzuführen ist. Dies würde die Fronten verhärten. Eine solche Situation kann sehr schnell bei einer Diskussion zum Beispiel über technische Details entstehen, wenn der Kunde von seiner Ansicht überzeugt ist, aber für den Verkäufer offensichtlich ist, dass der Einwand auf fehlendem Wissen beruht.

Der geeignete Weg ist es dann, den Kunden die Lösung selber finden zu lassen und ihn lediglich bei der Entscheidungsfindung zu unterstützen. Klappt dieser Weg nicht, ist vor der eigentlichen Einwandbehandlung eine Formulierung notwendig, die den Kunden darin bestätigt, dass der Einwand aus der Sicht des Kunden verständlich ist. Zum Beispiel: »Ich kann sehr gut verstehen, warum Sie auf diesen Punkt großen Wert legen. Lassen Sie mich einen weiteren Aspekt in die Diskussion einbringen ...«

So rücken Sie den eigenen Preis ins richtige Licht

27. Warum verlangt Ihr Kunde einen Rabatt?

1. Weil er weiß, dass sich das Handeln am Preis lohnt und in den meisten Fällen Preiszugeständnisse auf der Verkäuferseite gemacht werden.
2. Weil der Kunde seiner Funktion als Einkäufer gerecht werden muss.
3. Weil er von dem Angebot noch nicht überzeugt ist.
4. Weil er vom Wettbewerber Sachzuwendungen erhält.
5. Weil er mit dem Verkäufer des Wettbewerbers befreundet ist.
6. Weil das Budget nicht reicht.
7. Weil gar keine Kaufabsicht dahintersteckt. Es ist nur eine Informationsanfrage.
8. Weil er nicht weiß, was der wirkliche Mindestpreis ist, zu dem Sie bereit sind, den Auftrag zu akzeptieren.
9. Er hat den subjektiven Eindruck, Ihr Angebot ist den Preis nicht wert.
10. Er verbirgt andere wichtige Widerstände, die mit dem Preis nicht direkt zusammenhängen.
11. Er darf gar nicht entscheiden und will es Ihnen nicht sagen.
12. Er hat Angst, übervorteilt zu werden.
13. Er will seine Tüchtigkeit unter Beweis stellen und den Verkäufer »besiegen«.
14. Er will wirklich günstiger kaufen.

Aus der Sicht des Kunden gibt es sehr viele Gründe beim Preis zu handeln.

Deshalb ist es wichtig, zuerst zu analysieren, welcher dieser Gründe zutreffend ist. Zeigen Sie Verständnis für seinen wahren Grund, aber lassen Sie sich auf eine Verhandlung wenn möglich nicht ein. Der Kunde sollte Ihre Dienstleistung beziehungsweise Ihr Produkt und den entsprechenden Preis bereits zu Beginn einer Geschäftsbeziehung akzeptieren.

28. Womit sollten Sie anfangen, wenn der Preisverkauf ein zentrales Thema jeder Verhandlung ist?

Überlegen Sie einmal, wie oft Sie in Ihrem Leben zu hören bekommen: *Zu teuer!*

Das kann schnell auch zu eigenen Preiswiderständen führen. Der Kunde wird versuchen, bei Ihnen grundsätzlich einen Rabatt herauszuholen, allein schon deshalb, weil er weiß, dass Preiszugeständnisse nur allzu schnell gemacht werden. Verständlich ist diese Reaktion, denn das Hartbleiben des Verkäufers, wenn es um Rabatte geht, ist ein Tanz auf dem Drahtseil. Ist man unnachgiebig, kann man Gefahr laufen, den Auftrag zu verlieren. Umgekehrt wird so mancher Auftrag unter diesem Gesichtspunkt angenommen, der sich anschließend als Verlustgeschäft herausstellt.

Prüfen Sie, ob Sie eigene Preiswiderstände haben, die Ihnen den Preisverkauf erschweren:

Eigenes Preisgefühl Nach Ihrem persönlichen Empfinden ist der Preis für das Produkt oder das Ersatzteil zu hoch. Der Kunde wird nun grundsätzlich sagen, dass der Preis zu hoch ist. Sie haben in dieser Situation die Gleichheit der Meinung. Es wird Ihnen schwerfallen, den Kunden von einem Preis zu überzeugen, wenn Sie ihn selbst als zu hoch empfinden. Analysieren Sie, warum Sie den Verkaufspreis als zu hoch einstufen, und bauen Sie den eigenen Widerstand ab.

Nur der Preis zählt Wenn Sie der Ansicht sind, dass nur der Preis zählt, und der Kunde Sie aus anderen Interessen heraus darin bestätigt, reduzieren Sie Ihre Verkaufschancen. Kein Kunde kauft nur den Preis, sondern die Summe an persönlicher Unterstützung, Produktqualität und Unternehmensleistung.

Kapitulation Manche Produkte lassen sich sehr schwer verkaufen, weil der Preis 20 Prozent und mehr über dem des Wettbewerbers liegt. Die Gefahr liegt dann auch darin, dass man nach sehr vielen ergebnislosen Versuchen kapituliert. Gerade in einer solchen Situation sind die bisherigen Verkaufsmethoden für das Produkt zu überprüfen und neue Wege zu finden. Wenn Sie Ihr eigenes Preisverständnis geprüft haben, ermitteln Sie, welche Vorteile Sie Ihrem Kunden für eine Zusammenarbeit bieten können.

Stimmt Ihr eigenes Preisverständnis und wissen Sie genügend Pluspunkte, die für Sie, Ihr Unternehmen und Ihre Produkte sprechen, dann ist das zentrale Thema Preisverkauf für Sie eine leicht lösbare Aufgabe.

29. Welche Preisverkaufstaktik entscheidet über Aufträge?

Vorweg gesagt: Auch heute noch ist bei vielen Einkaufsentscheidungen nicht der Preis Kaufgrund Nr. 1, sondern die Qualität. Der Preis ist der Kaufgrund Nr. 2, wie Einkäuferumfragen bestätigen.

Beim Preisverkauf tritt eine besonders schwierige Situation nur deshalb auf, weil der Kunde fast nie bestätigt, dass der Preis »richtig liegt« oder sogar günstig ist. Beim Preis fürchtet er immer, dass Sie noch Spielraum haben und er übervorteilt wird. Folgende Vorgehensweise hat sich bewährt:

Mehr zögern Nennen Sie den Preis so spät wie möglich. Stellen Sie Gegenfragen. Bauen Sie das Wertbewusstsein des Kunden auf. Versuchen Sie, durch Ihre Fragetechnik herauszuarbeiten, ob ein echter oder unechter Kaufwiderstand vorliegt. Prüfen Sie, ob Ihr Gesprächspartner überhaupt entscheiden darf. Stellen Sie sicher, dass der Kunde Ihre Lieferungs- und Zahlungsbedingungen akzeptiert, bevor der Preis verhandelt wird.

Mehr zergliedern Ein Kunde kauft in den wenigsten Fällen ausschließlich nur beim billigsten Anbieter. Der Preis wird im Zusammenhang mit Produkt- und Unternehmensvorteilen gesehen. Sagen Sie dem Kunden deutlich, was über die Produktqualität hinaus für Sie und Ihr Unternehmen spricht. Stellen Sie die Frage: »Was ist neben dem Preis für Sie wichtig?« Dramatisieren Sie ein oder zwei Vorteile, die der Kunde akzeptiert.

Mehr zeigen Forschungen bestätigen deutlich, dass Bilder und Zeichnungen überzeugender wirken als lediglich Worte. Arbeiten Sie deshalb mit Prospekten, Fotos und Skizzen. Zeigen Sie Bilder ausgeführter Anlagen. Zeichnen Sie Vorteile für den Kunden zum Beispiel auf ein Blatt Papier.

Mehr zitieren Lassen Sie andere für sich sprechen. Erzählen Sie dem Kunden, was ein anderer, zufriedener Kunde Ihnen kürzlich sagte. Legen Sie Referenzbriefe auf den Tisch. Geben Sie Untersuchungsergebnisse von Marktforschungsunternehmen oder wissenschaftlichen Instituten an. Nutzen Sie Aussagen, die zum Beispiel ein Wirtschaftsminister in der Öffentlichkeit in Ihrem Sinne gesagt hat. Die Argumentation über Dritte wirkt glaubhafter, als wenn Sie das Gleiche mit Ihren Worten wiedergeben.

30. Wie verkaufen Sie Ihren Preis am besten?

Ein Preis verkauft sich dann am besten, wenn die Vorteile größer sind als der Preis oder die auf Zeit gesehene Investition einen selbst tragenden Charakter hat, etwa durch eingesparte Energie- oder Wasserkosten.

Der Preis lässt sich dann sehr gut verkaufen, wenn man systematisch jeden Vorteil, der sich in Zahlen ausdrücken lässt, dem Kunden vorrechnet. In vielen Fällen sagt man nur: Sie sparen Zeit oder Personal. Das reicht heute nicht mehr. Jeder geldwerte Vorteil sollte von Ihnen in Zahlen ausgerechnet und dem Kunden auf den Tisch gelegt werden. Oft werden Schulungen kostenlos durchgeführt, oder es erfolgt eine Einweisung an den Geräten, die dem Kunden nicht berechnet wird. Jede Kostenersparnis für Personal, Strom, Arbeitsstunden, Wasserverbrauch und Materialverschleiß muss dem Kunden in Zahlen präsentiert werden. Der Kunde wird Ihnen dann seine konkreten Zahlen geben, die Sie für seine Ausrechnung benötigen.

Alle Ersparnismöglichkeiten beim Kunden sind systematisch zu erfassen und bei Preisverhandlungen einzusetzen: Qualitätsverbesserungen, die der Kunde mit Ihren Produkten erreicht, sind in Zahlen konkret auszudrücken. Höhere Preise, die Abnehmer des Kunden für spürbare Verbesserungen zu zahlen bereit sind, erleichtern den Verkauf.

Erhalten Kunden Zuschüsse vom Staat oder Land, sind diese Beträge von Ihrem Preis abzuziehen. Häufig kennen Kunden nicht einmal die Möglichkeiten, Gelder aus diesen Quellen zu erhalten.

Steuerersparnisse sind ebenfalls zu berücksichtigen.

Richtigerweise muss bestätigt werden, dass der Wettbewerber die gleichen Rechnungen für sich in Anspruch nehmen kann, allerdings siegt derjenige, der sie konsequent in die Tat umsetzt. Ansatzpunkte hierfür gibt es in vielen Branchen:

- Die Baubranche zum Beispiel kann Heizkostenersparnisse und Steuervorteile bei der Renovierung für sich in Anspruch nehmen.
- Ingenieure können Wirtschaftlichkeitsrechnungen und Forschungsgelder in der Argumentation einsetzen.
- Großhändler können eingesparte Lagerkosten für den Kunden und verlängerte Zahlungsziele errechnen.

Zusammengefasst ist eine der besten Möglichkeiten, den Preis als Zahl zu verkaufen, Zahlen entgegenzusetzen.

31. Was können Sie tun, wenn der Wettbewerb prozentual günstiger anbietet?

Lassen Sie keinen Preis als absolute Zahl stehen. Werden Sie Mathematiker. Eine der geschicktesten Möglichkeiten, selbst hohe Preisdifferenzen glaubhaft zum eigenen Vorteil darzustellen, besteht darin, den eigenen Preis zu »zerkleinern«. Verbinden Sie Ihren Preis mit einer weiteren Perspektive.

Beispiel

Rechnen Sie Ihr Produkt, das eine Nutzungsdauer von 10 Jahren hat, in Kosten pro Tag um. 80 000,– ./. 10 Jahre ./. 200 Arbeitstage = 40,– Euro/Tag.

Relativieren Sie Ihren Anschaffungspreis. Setzen Sie ihn ins Verhältnis zu den Kosten pro Tag, pro Stunde, eingespartem Personal, eingesparter Zeit, weniger Strom- oder Heizkosten. Vor Steuern oder nach Steuern. Reduzierung der Ausfallquote und Kosten: zum Beispiel relativ geringer Anschaffungspreis eines Analysegerätes im Vergleich zu den Gesamtkosten eines Labors. Rechnen Sie aus, welche zusätzlichen Einnahmen Ihr Kunde durch die Verbesserung der eigenen Produktqualität in Euro erzielt.

Lässt sich eine Amortisation errechnen, zeigen Sie diese dem Kunden. Gibt es Förderprogramme für Ihre Produkte, ziehen Sie die Ersparnisse vom Kaufpreis ab. Vergleichen Sie die Ausgaben für Ihr Produkt mit kleinen, täglichen Anschaffungen wie etwa Zeitungen oder Zigaretten. Ermitteln Sie die Preisdifferenz zwischen Ihrem und dem Wettbewerbspreis, und teilen Sie sie durch die Lebensdauer des Produkts. Bieten Sie dem Kunden eine Finanzierung oder Leasing an. Rechnen Sie dem Kunden vor, wie viel er auf der anderen Seite konkret in Euro pro Monat oder Jahr spart.

Abbildung 5: Beispielrechnung

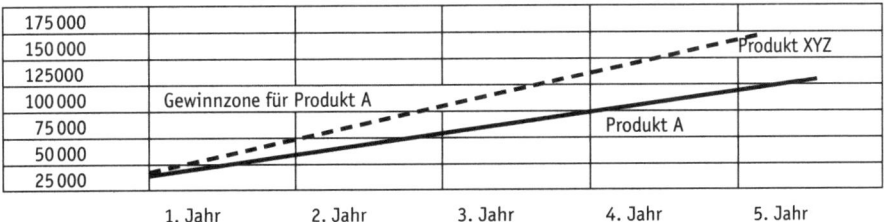

Fazit: Selbst Preisdifferenzen bis zu 30 Prozent lassen sich glaubhaft darstellen. Berücksichtigt man nur die Preisdifferenz in Euro, ergeben sich auf die Nutzungsdauer umgerechnet nur noch Cent-Beträge als Unterschiede. Dann können weitere Pluspunkte als geldwerter Vorteil in die Waagschale geworfen werden.

32. Was sagen Sie, wenn der Kunde sagt: »Zu teuer«?

Bringen Sie in Erfahrung, warum der Kunde das Argument anbringt. Mehrere Gründe sind möglich. Der Kunde hat kein Budget, will beim Wettbewerber kaufen und braucht ein Informationsangebot, oder er sieht keine Vorteile, die den Preis rechtfertigen.

Mögliche Antworten auf »zu teuer« sind:

- Warum?
- Im Verhältnis wozu sind wir zu teuer?
- Womit vergleichen Sie den Preis?
- Lassen Sie uns einmal das Preis-Leistungs-Verhältnis näher anschauen.
- Angenommen, wir finden beim Preis eine Lösung, würden Sie dann kaufen?
- Worauf sollten wir bei unseren Produkten verzichten?
- Das stimmt. Darf ich Ihnen den Grund erläutern?
- Können wir uns das Angebot des Wettbewerbers einmal gemeinsam anschauen?
- Wie viel Euro liegen wir über Ihren Vorstellungen? Wie lange glauben Sie, werden Sie das Produkt nutzen? Das macht auf ..... Jahre .... Euro am Tag. Richtig?
- Lassen Sie uns einmal untersuchen, was Sie dafür als Mehrleistung erhalten.
- Nehmen wir einmal an, wir finden eine Lösung. Was wäre neben dem Preis wichtig für Sie?
- Auf welche Leistungen wollen Sie verzichten?
- Welches Budget haben Sie für dieses Produkt festgesetzt, und wie haben Sie kalkuliert?

33. Wie können Sie auf Einwände während der Preisverhandlung reagieren?

Das situationsgerechte Reagieren bei Preisverhandlungen kann über den Auftragserhalt entscheiden. Wie können Sie auf Einwände reagieren, die gerade in der besonders kritischen Preisverhandlungsphase gestellt werden?

»Sie müssen am Preis einiges tun …«

■ »Sind alle anderen Bedingungen in Ihrem Sinne, Herr Kunde?«
■ »Wird das der einzige Punkt sein, über den wir noch sprechen müssen?« (So vermeiden Sie, anschließend weiteren Forderungen in Bezug auf Skonto, Frei-Haus-Lieferung oder verlängertes Zahlungsziel nachgeben zu müssen.)

»Zu teuer!«

■ »Was ist neben dem Preis für Sie wichtig?«
■ »Wie viel sind wir zu teuer? Wie lange glauben Sie, werden Sie das Gerät nutzen? Das macht auf ...... Jahre .... Euro am Tag. Richtig?«
■ »Stimmt … Darf ich Ihnen erläutern, warum?

»Sie müssen 12 Prozent Rabatt geben, um den Auftrag zu bekommen!«

■ »Nehmen wir einmal an, wir finden eine Lösung. Was ist neben dem Preis für Sie wichtig?«
■ »Rabatt ist möglich, welche höheren Mengen nehmen Sie uns ab?«

»Sie geben aber Großkundenrabatt.«

■ »An unsere Großkunden leiten wir eine Ersparnis weiter, die erzielt wird durch die kostensparende Abwicklung und Bearbeitung beim Kauf größerer Produktmengen. Es ist also kein Rabatt, sondern eine weitergeleitete Ersparnis.«

»Wir wollen 2 Prozent Skonto.«

■ »Sie kennen die kaufmännische Kalkulation. Ein Skonto wird immer kalkuliert. Es ist also keine Ersparnis, sondern vorher bereits kalkuliert worden.
■ »Erhalten wir dann den Auftrag?«

34. Was können Sie tun, wenn Ihr Kunde trotz aller Bemühungen den Preis nicht akzeptiert?

1. Unterscheidungsmethode

Greifen Sie ein wesentliches Detail Ihres Produkts heraus, das nicht vergleichbar mit dem Wettbewerber ist, und dramatisieren Sie es. Schaffen Sie einen eigenen Namen für dieses Detail.

2. Kompromiss einbauen

Lassen Sie sich ein Zugeständnis, das Sie vorher eingebaut haben, abringen: »Wenn wir uns in diesem Punkt einigen können, erhalten wir dann den Auftrag?« So vermeiden Sie, ohne Entscheidung die Verhandlung verlassen zu müssen.

3. »Was soll dann weg?«

Das ist eine gefährliche, aber in einigen Branchen notwendige Methode. Weisen Sie auf versteckte Kosten bei Wettbewerbsangeboten hin. Zeigen Sie Bilder schlecht ausgeführter Objekte vom Wettbewerber.

4. Beweis

Sicherheitsbeweise, die zweifelnde Kunden überzeugen können, sind: verlängerte Garantien, ein hoher Marktanteil, die Langlebigkeit des Produkts und Referenzen.

5. Sonderangebote

Entwickeln Sie eine Plusleistung für einen Kunden. Bringen Sie einen Einmaligkeitseffekt ein. Unterbreiten Sie nur ein zeitbegrenztes Angebot. Erarbeiten Sie Sonderkonditionen für die Finanzierung.

Fazit: Preisverhandlungen sind 50 Prozent länger zu planen, weil Sie sonst sehr schnell 50 Prozent des Gewinns verlieren.

35. Wie können Sie trotz einer Preisdifferenz Aufträge holen?

Abbildung 6: Drei Stufen zum Erfolg

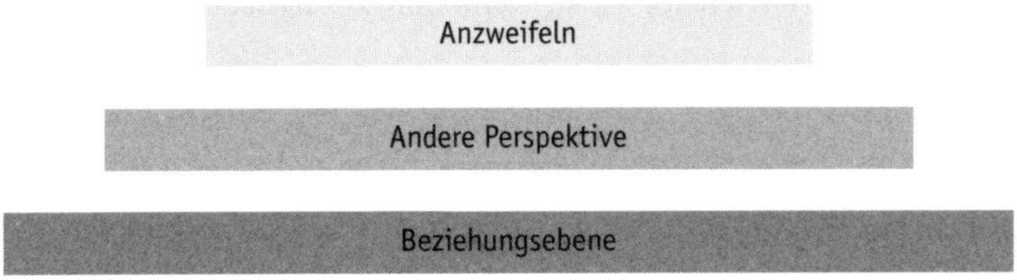

| Anzweifeln |
| Andere Perspektive |
| Beziehungsebene |

Anzweifeln

Zweifeln Sie grundsätzlich die Vergleichbarkeit Ihres Angebots mit anderen Angeboten an. Hierbei gilt es, dem Kunden auch alle Pluspunkte zu verdeutlichen, die über das Produkt hinaus für die Firma sprechen. Dazu zählen zum Beispiel Service, Beratung, Schulung und Unterstützung bei der kundeneigenen Werbung.

Andere Perspektive

Lassen Sie den Preis sowie die Liefer- und Zahlungskonditionen nicht als Entscheidungskriterium Nr. l stehen. Außerdem bietet der Preis vielfältige Möglichkeiten, in anderer Form dargestellt zu werden. Mit einer Amortisationsrechnung etwa können Sie den Anschaffungspreis relativieren. Zerlegen Sie den Preis in Kosten pro Tag oder Stunde. Ziehen Sie die Ersparnisse direkt vom Kaufpreis ab, zum Beispiel Personal oder Material. Diskutieren Sie mit dem Kunden nur noch über die Differenz zum Wettbewerbspreis und überzeugen Sie ihn, dass Ihr Produkt dafür eine Mehrleistung bietet.

Beziehungsebene

Gewinnen Sie als Mensch. Wenn Sie es schaffen, einen guten Kontakt zum Kunden aufzubauen, werden Sie die Unterstützung des Kunden haben, zusätzliche Argumente für Ihr Produkt zu finden. Zuverlässigkeit und Vertrauen im Einklang mit gegenseitiger Sympathie und Akzeptanz vereinfachen eine Lösungsfindung und rechtfertigen oftmals auch einen höheren Preis.

36. Wie können Sie Preisunterschiede relativieren?

Die Bedeutung des Wortes »relativ« ist so zu interpretieren, dass der Preisunterschied nicht mehr so entscheidend ist, wenn man zusätzliche Aspekte mit ins Gespräch bringt.

Abbildung 7: Beispielrechnung

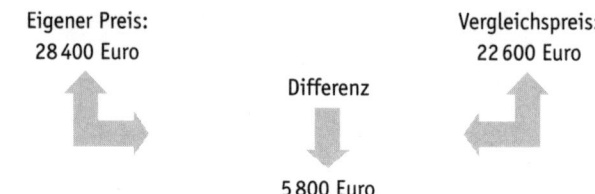

Eigener Preis:
28 400 Euro

Vergleichspreis:
22 600 Euro

Differenz

5 800 Euro
Die Differenz von 5 800 Euro wird relativiert.

Verbesserte eigene Produkte des Kunden Die möglichen Mehreinnahmen, die der Kunde durch erhöhte Produktqualität erzielt, wiegen den Mehrbetrag auf.

Eingespartes Personal Die eingesparten Kosten sollten als Beispielrechnung auf den Tisch gelegt werden.

Eingesparter Verbrauch für Strom, Wasser und Materialien Auf ein Jahr hochgerechnet lässt er ebenfalls den Preisunterschied in einem anderen Licht erscheinen.

Eingesparte Instandhaltungskosten Erstellen Sie eine Beispielrechnung, die der Kunde dann auf seine individuelle Situation übertragen kann.

Steuerrechnung Sie können argumentieren, dass sich auch der Staat beteiligt und die Preisdifferenz zu einem Teil trägt. Wird dieser Betrag nicht investiert, kann man durchaus von einer Versteuerung von bis zu 70 Prozent des Gewinns bei Unternehmen in der Bundesrepublik ausgehen.

37. Wie können Sie die Steuerrichtlinien aktiv einsetzen?

1. Über Steuerersparnisse zu reden, bringt wenig. Sie müssen dem Kunden auf dem Papier vorrechnen, welche Ersparnisse er in Euro hat.
2. Die errechnete Steuerersparnis ist von der Kaufsumme abzuziehen. Damit können Sie auch einen höheren Preis relativieren.
3. Gehen Sie davon aus, dass ein Steuersatz von etwa 40 Prozent für Privatleute realistisch ist. Bei Industrieunternehmen sind heute durch Körperschaftsteuer und Gewerbesteuer bis zu 70 Prozent realistische Steuersätze. Geben Sie Ihrem Kunden diese Information weiter.
4. Das Jahresende ist für viele ein Grund, über Steuerersparnisse nachzudenken. Steuerberater sind oft zu passiv und informieren ihre Klienten nicht gezielt über Steuersparmöglichkeiten. Viele Steuerzahler wissen nicht, welche Maßnahmen sie steuerlich absetzen können.
5. Argumentieren Sie auch hier über Dritte, und bringen Sie Beispiele für Kunden, die von der Steuerersparnis profitiert haben.
6. Sprechen Sie Ihre Verkaufsleitung an, ob Ihnen nicht eine Steuersparskala zur Verfügung gestellt werden kann, aus der für Ihr Produkt Steuerersparnisse abgelesen werden können.
7. Arbeiten Sie mit einer Beispielrechnung, wenn es aus zeitlichen Gründen nicht möglich ist, schrittweise mit dem Kunden eine genaue Rechnung vorzunehmen. Auf der linken Seite des Blattes steht Ihre Beispielrechnung, rechts ist Platz für ein Nachrechnen durch den Kunden für seine spezifische Situation und seinen Steuersatz.
8. Ein Vorschlag: Reden Sie einmal mit Ihrem Versicherungsfachmann oder Lebensversicherungsexperten. Erfahrungsgemäß sind die Kollegen im Versicherungsbereich in Bezug auf Steuerersparnisse sehr gut ausgebildet. Vielleicht können Sie hierbei etwas lernen.

38. Wozu dient eine Wertanalyse?

Mit der Wertanalyse will der Einkäufer eine Vergleichbarkeit der vorliegenden Angebote erreichen. Ein Ergebnis sieht dann so aus:

Abbildung 8: Beispiel einer Wertanalyse

KRITERIEN FIRMA	Preis pro qm	Qualität	Lieferzeit	Lagerhaltung
Müller				
Meier				
Schulze				
Schmitz				
Sommer				
Hoffmann				

Die Schwierigkeit für den Entwickler der Wertanalyse besteht darin, dass er eine Gewichtung, ausgedrückt in Punkten, vornehmen muss. Folgt der Einkäufer Ihrer Argumentation, dass Ihr Unterscheidungsmerkmal für das einzukaufende Produkt wesentlich ist, wird er zwangsläufig diesen Vorteil hoch bewerten müssen. Sie müssen demnach Ihr ganzes Gewicht und alle Beweise, die Sie bringen können, in diesen Vorteil einbringen.

39. Wie können Sie sich gegen eine Wertanalyse wehren?

Man wehrt sich vorher gegen die Wertanalyse. Ihr Ziel bei den Verhandlungen muss darauf ausgerichtet sein, keine Vergleichbarkeit zu ermöglichen. Suchen Sie systematisch bei Ihrem Angebot nach Unterscheidungsmerkmalen, die kein anderer Anbieter liefern kann.

Ihre Überzeugungskraft müssen Sie nunmehr in die Argumentation stecken, dass dieses Unterscheidungsmerkmal für das zu verkaufende Produkt eine wesentliche Rolle spielt. Gelingt es Ihnen, dann konnten Sie sich erfolgreich gegen die Wertanalyse wehren.

Manchmal ist es nicht möglich, bei den Produkten Unterscheidungsmerkmale herauszuarbeiten, weil die Produktvergleichbarkeit praktisch gegeben ist. Trotzdem bieten sich Möglichkeiten an, über die gesamte Firmenleistung Ihres Unternehmens Unterscheidungsmerkmale herauszuarbeiten. Ansätze bieten ein hoher Marktanteil (Sicherheit), Erfahrung und damit Referenzen für einen schwierigen Verwendungszweck, Anwendungs-Know-how und Lieferfähigkeit. Auch durch sicherheits- und vertrauensbildende Argumentationen wird es Ihnen gelingen, Pluspunkte bei der Wertanalyse für sich zu verbuchen.

Die Wertanalyse ist in vielen Fällen für den Einkäufer wichtiger als für den Nutzer Ihres Produkts oder Ihrer Anlage. Haben Sie in den Vorverhandlungen den Nutzer für sich gewinnen können, wird die endgültige Kaufentscheidung nicht ausschließlich nach Punkten getroffen werden. Das ist Ihre Chance als Verkäufer.

40. Welche Bedeutung haben Wirtschaftlichkeitsberechnungen?

Wirtschaftlichkeitsberechnungen werden oft nicht in bildhafter Form darge-stellt. Selbst wenn eine Analyse durchgeführt wurde, werden nur Zahlen präsen-tiert. Die Überzeugungskraft steigt aber durch eine grafische Auslegung deutlich an.

Abbildung 9: Beispiel für eine Wirtschaftlichkeitsberechnung

175 000					
150 000					Produkt XYZ
125 000					
100 000	Gewinnzone für Produkt A				
75 000				Produkt A	
50 000					
25 000					
	1. Jahr	2. Jahr	3. Jahr	4. Jahr	5. Jahr

Beschaffen Sie sich die nötigen Zahlen, um Wirtschaftlichkeitsberechnungen durchzuführen, denn sonst laufen Sie Gefahr, dass Sie an der Argumentations-oberfläche bleiben. Zum Beispiel: Der Kunde spart Zeit, oder der Kunde spart Kosten und Personal. Dieses wirkungsvolle Argument verpufft, wenn nicht Zah-len und eine Grafik folgen. Es ist deshalb wichtig, bei Produkten, Maschinen und Anlagen, die sich in einer Wirtschaftlichkeitsberechnung darstellen lassen, Personalkosten, Strom, Wasser oder durchschnittliche Zeiten für bestimmte Ar-beiten herauszubekommen. Der langjährige Stammkunde ist eine wichtige In-formationsquelle. Doch manchmal sind selbst dem Kunden die Zahlen nicht bekannt. Hartnäckiges Hinterfragen und Detailarbeit sind erforderlich.

Als Verkäufer scheut man sich davor, dem Kunden eine pauschale Wirtschaft-lichkeitsberechnung vorzulegen, da der Kunde in seiner Situation durchaus andere Zahlen annehmen muss. Hierfür bietet sich die Lösung, dass auf der linken Seite des Blattes eine Beispiellösung präsentiert wird und auf der rechten Seite dann Platz ist, um eine eigene Rechnung mit den konkreten individuellen Zahlen durchzuführen.

Fürchten Sie sich nicht vor fehlenden Zahlen. Das Hindernis haben Ihre Kolle-gen vom Wettbewerb ebenfalls. Überwinden Sie dieses Hindernis, dadurch stei-gen Ihre Chancen.

Fazit: Wirtschaftlichkeitsberechnungen sind, zu Ende gerechnet und bildhaft dargestellt, eine wirkungsvolle Verkaufshilfe. Allerdings sollte ein Produkt nicht nur unter diesem rationalen Gesichtspunkt verkauft werden. Zeigen Sie weitere Vorteile, wie beispielsweise Umweltfreundlichkeit, auf.

41. Wie verhalten Sie sich am besten bei Rabattforderungen Ihres Kunden?

Versuchen Sie vor dem Einkäufergespräch den Anwender, der mit Ihren Produkten oder Maschinen arbeiten wird, für sich zu gewinnen.

Erstellen Sie einen Argumentationsplan für Ihre Gesprächspartner. Fragen Sie sich vorher, welchen besonderen Nutzen der Kunde hat, wenn er bei Ihnen kauft.

Abbildung 10: Beispiel für einen Argumentationsplan

TEILNEHMER	Einkauf	Technik	Produktion	Abnahme	Termin verfolgen
Preis	X		X		
Lieferzeit	X	X	X	X	X
Qualität	X	X	X		
Bedienbarkeit		X	X		
Know-how	X	X	X	X	
Bewährtes Produkt	X	X	X	X	

Sie haben so die wahrscheinlichen Interessen auf einen Blick und können Ihre Argumentation darauf aufbauen.

Falls Wettbewerbsangebote bekannt sind, fragen Sie, ob Sie diese Angebote sehen können. Zweifeln Sie die Vergleichbarkeit grundsätzlich an. Fragen Sie direkt zu Beginn des Verkaufsgesprächs, ob Ihre Liefer- und Zahlungsbedingungen anerkannt werden. Damit vermeiden Sie bei cleveren Einkäufern weitere Zugeständnisse, die Sie machen müssen, nachdem der Preis festgelegt worden ist. Visualisieren Sie die Vorteile oder Ersparnisse des Kunden. Zeigen Sie Überzeugung für Ihren Preis, weil man das von einem Verkäufer vielleicht nicht erwartet.

Falls Sie wissen, dass Sie Ihre Konditionen nicht durchbringen können, bauen Sie ein Teilzugeständnis von vornherein ein. Lassen Sie sich dieses Zugeständnis jedoch abringen. Verlangen Sie vorher eine Gegenleistung. Suchen Sie sich ein Detail Ihres Produkts heraus, und beschreiben Sie die Wichtigkeit und Qualität dieser Ausstattungsvariante. Bieten Sie Finanzierungsalternativen an.

Betrachten Sie die Preisverhandlung immer und ausschließlich im Zusammenhang mit der Erzielung eines Abschlusses (Preis-Abschlussehe). Lassen Sie dem Wettbewerber nicht die Möglichkeit, nach Ihnen auf Ihren Preis einzusteigen. Falls Sie Ihre Konditionen nicht durchbringen, erbitten Sie ein Festangebot. Sie haben dann die Möglichkeit, innerhalb einer festzulegenden Zeit den Auftrag zu den vom Kunden vorgeschlagenen Konditionen zu akzeptieren oder abzulehnen. Vorteil: Der Auftrag kann in dieser Zeit nicht an den Wettbewerber vergeben werden.

42. Welche kritischen Situationen gibt es in Preisverhandlungen?

Eine kritische Situation entsteht dann, wenn alle anderen Besprechungspunkte abgehandelt sind, und der Kunde die Auftragserteilung von einem Rabatt abhängig macht, den Sie und auch Ihre Geschäftsleitung nicht mehr geben können und wollen. Vermeiden Sie, dass der Preis allein im Raum stehen bleibt.

Der Kunde wird versuchen, nur den Preis als zentral hinzustellen. Ihr Ziel ist es, mit den Produktvorteilen »vom Preis weg« zu argumentieren. Arbeiten Sie mit der in diesem Buch beschriebenen Preisverhandlungsmethode.

Bei einem Kunden, der tatsächlich nur den Preis kauft und nicht das Produkt und die gesamte Firmenleistung, werden Sie wahrscheinlich verlieren. Bis zum Zeitpunkt der Preisdiskussion müssen Sie dem Kunden deshalb verdeutlicht haben, dass neben einem günstigen Preis andere Aspekte ebenfalls von Bedeutung sind. Ausdauer in der Verhandlung zahlt sich aus.

Ein Verkäufer berichtete einmal, dass er in solch einer Situation, in der zunächst nur der billigste Preis zählte, dann doch noch den Auftrag bekommen hat. Die Voraussetzungen waren sogar denkbar ungünstig, weil der Kunde mit dem Wettbewerbsverkäufer befreundet war und der Wettbewerbspreis bei durchaus vergleichbarem Angebot 20 Prozent günstiger lag. Der Grund für den Auftragserhalt? Der Verkäufer ist überzeugt, dass er den Auftrag erhalten hat, weil er einfach nicht aufgestanden und gegangen ist, als die Preisdifferenz nicht zu überbrücken war. Nach einer weiteren Stunde und mit Überzeugung vorgetragenen Pluspunkten, die einen höheren Preis rechtfertigten, wurde der Auftrag erteilt.

Fazit: Verblüffen Sie durch Überzeugungskraft und Ausdauer!

43. Wie können Sie Preiserhöhungen durchsetzen?

Weisen Sie den Kunden bereits frühzeitig auf eine anstehende Preiserhöhung hin. Damit erhält er Gelegenheit, Bestellungen noch zu alten Preisen abschließen zu können.

Preisanpassung statt Preiserhöhung ist ein weiteres Stichwort. Nennen Sie dem Kunden glaubwürdige Gründe für Ihre neuen Preise, zum Beispiel Dollarerhöhung, Erhöhung der Strompreise und höhere Preise für die zur Produktion erforderlichen Rohmaterialien.

Preiserhöhungen wirken glaubwürdiger, wenn Sie auch bei einigen Produkten Preissenkungen bekanntgeben können. Darüber sollte der Kunde informiert werden, selbst wenn er normalerweise die Produkte nicht abnimmt.

Erklären Sie, dass die Preisanpassung nur zu einem Teil an den Kunden weitergegeben wird. Die eigenen Kosten seien zum Beispiel um 12 Prozent gestiegen, während die neuen Preise nur um 6 Prozent angepasst worden seien.

Erkundigen Sie sich vorher, welche Preiserhöhungen Ihr Kunde in der letzten Zeit bei den eigenen Produkten vollzogen hat. Wenn eine Vergleichbarkeit gegeben ist, weisen Sie darauf hin, dass Ihre neuen Preise den neuen Preisen des Kunden entsprechen. Damit haben sich beide Unternehmen nur der Marktsituation angepasst.

Legen Sie Zeitungsausschnitte vor, in denen auch Wettbewerber ihre Preiserhöhung angekündigt haben. Sie passen sich in diesem Fall dem notwendigen Markttrend an, dass Kosten weitergegeben werden müssen.

44. Wie können Sie sich ein Preisgespräch erleichtern?

Das Argumentieren über den Preis allein bringt nichts. Bereiten Sie sich stattdessen gezielt auf Preisgespräche vor, indem Sie zweckmäßige Informationen besorgen.

Als Unterstützung kann folgende Checkliste dienen. Mit ihrer Hilfe können Sie 20 Themen systematisch erarbeiten, um bei einzelnen Preisgesprächen die zutreffenden Punkte zu markieren oder auch um die einzelnen Preisgespräche jeweils individuell aufzulisten.

Abbildung 11: Preisgesprächs-Checkliste

Kunde:	Kd. Nr.:	Jahr:	Monat:
Produkte:	Wa. Gr.:	Prd. Nr.:	
Aktion:		Datei:	

Mit welchen Informationen kann ein Preisgespräch erleichtert werden?

1. _____

2. _____

3. _____

4. _____

Nutzen Sie die Abschlussphase einer Verhandlung oder eines Projekts für mehr Aufträge

45. Welche Fehler können Sie den Auftragsabschluss kosten?

- keine Zeit/Ungeduld
- schlechte Vorbereitung
- Unpünktlichkeit
- Bedarf und individuelle Vorstellung des Kunden nicht erkannt
- Kundenwünsche nicht berücksichtigt
- mit Details und Technik überfüttert
- Probleme nicht erkannt
- nicht zugehört
- zu wenig Fragen gestellt
- dem Kunden ins Wort gefallen
- Vorteile des Produkts ungenügend aufgezeigt
- nicht mit dem richtigen Entscheidungsträger gesprochen
- Sicherheit durch die eigene Firma nicht genügend herausgestellt
- eigene Firmenvorteile nicht genügend herausgestellt
- als »Besserwisser« aufgetreten und den Kunden nicht als Mensch akzeptiert
- Einwände nicht erfragt
- Bedenken und Einwände des Kunden nicht entkräftet
- zu direkt auf den Abschluss zumarschiert
- Wettbewerb schlechtgemacht
- zu früh resigniert
- ohne Ziel argumentiert
- keine Visualisierungshilfen
- fehlende Eigenüberzeugung beim eigenen Preis
- zu früh über den Preis geredet
- den Preis nicht »verkauft«
- Überheblichkeit des Verkäufers
- negative Körpersprache
- Sympathie als Hilfsmittel nicht beachtet
- zu viel geredet
- zu viele Alternativen aufgezeigt und den Kunden damit verunsichert

46. Welche Abschlusssignale des Kunden erleichtern Ihnen den Auftragserhalt?

Kunden signalisieren dem bevorzugten Verkäufer durchaus, dass sie abschlussbereit sind:

1. Der Kunde findet weitere Vorteile, die für eine Zusammenarbeit sprechen, und nennt diese gegenüber dem Verkäufer.
2. Der Kunde überlegt laut, wie er Ihren Auftrag am besten im eigenen Hause »weiterverkaufen« kann.
3. Direkte Fragen nach dem Zeitpunkt der Anschaffung bestätigen auch, dass der Kunde sich bereits gedanklich als Besitzer versteht.
4. Körpersignale senden wichtige Bestätigungen aus. Zustimmendes Kopfnicken und ein eher gelöster Gesichtsausdruck verraten Interesse.
5. Zustimmung des Kunden durch verbale Äußerungen, wie: »Das glaube ich auch« oder »Das ist schon richtig, was Sie sagen« signalisieren seine Abschlussbereitschaft.
6. Detailfragen nach der Technik, Lieferzeit und Nachverkaufsunterstützung bestätigen auch das Interesse des Kunden an einer Zusammenarbeit.
7. Die Bereitschaft, Informationen zu geben und an einer gemeinsamen Lösung mitzuarbeiten, ist ein weiteres Signal für die Abschlussbereitschaft des Kunden. Abschlusssignale werden vom Kunden nicht erst am Ende einer Verkaufsverhandlung signalisiert, sondern zu jedem Zeitpunkt des Gesprächs.

Das Ziel für Verkaufsgespräche liegt darin, dass man diese Kaufsignale erkennt, sie in die Verhandlungsführung einbaut und in Abschlussformulierungen einfließen lässt. Zum Beispiel:

- »Was kann ich als Verkäufer denn tun, damit ich Sie bei der Argumentation Ihrem Chef gegenüber noch weiter unterstützen kann?«
- »Wenn ich Sie jetzt richtig verstanden habe, Herr Kunde, gefällt Ihnen gerade dieses Detail an unserem Angebot.«

47. Wie verhalten Sie sich am besten in der Abschlussphase der Verhandlung?

Prüfen Sie in jedem Verkaufsgespräch, ob Sie nicht Gefahr laufen, aufgrund Ihrer Erfahrung, die Entscheidung, wann ein Kunde kaufwillig ist, ohne den Kunden zu treffen.

Eine weitere Gefahr liegt darin, dass es bei vielen Bedarfsfällen nicht möglich ist, sofort einen Auftrag zu bekommen (einmal abgesehen vom Direktverkäufergeschäft). Damit stellt man sich darauf ein, über längere Zeiträume mehrere Gespräche zu führen. Das erste Gespräch wird vielleicht nur als erster Schritt gesehen, dem weitere folgen müssen. Das erste Gespräch ist aber entscheidend. Deshalb konzentrieren Sie sich hierbei auf die Abschlussphase, um eine Grundsatzentscheidung mitzunehmen.

Unterschätzen Sie nicht den Abschlusswiderstand des Gesprächspartners. Formulieren Sie in der Schlussphase konzentriert die wesentlichen Vorteile, die der Kunde vorher bereits akzeptiert hat. Verdeutlichen Sie sich, dass Sie in diesen wenigen Minuten über Erfolg oder Misserfolg mitentscheiden.

Falls ein Kunde zögert, stellen Sie Fragen, um Hintergründe zu erfahren. Zeigen Sie ihm Sicherheiten in Form von Referenzen.

Erwirken Sie gerade in der Abschlussphase eine Kundenbeteiligung. Führen Sie keine Monologe. Bringen Sie den Kunden dazu, mehrfach eine positive Bestätigung für Ihre Argumentation zu geben. Falls keine Bestätigung durch den Kunden erfolgt, hinterfragen Sie seine Zurückhaltung: »Welche Alternativen sehen Sie noch?«

Vermeiden Sie eine Eigenkapitulation, falls der Kunde keine Grundsatzentscheidung treffen will. Lassen Sie sich »Türen offen«. Bieten Sie ihm Referenzbesuche, Seminare, persönliche Gefälligkeiten durch die Beschaffung von wissenschaftlichen Berichten oder Unterlagen an. Bringen Sie einen neuen Aspekt in die Diskussion ein, den Sie noch prüfen wollen. Damit haben Sie den Aufhänger für das nächste Gespräch.

48. Was bringt einen Kunden dazu, sich sofort zu entscheiden?

Es gibt Branchen, wie beispielsweise den Maschinen- und Anlagenbau, in denen nur in den allerwenigsten Fällen Sofortaufträge üblich sind. Aber selbst in diesen Branchen können grundsätzliche Entscheidungen für eine Zusammenarbeit mitgenommen werden, selbst wenn der Auftrag in Schriftform erst Tage später eingeht. Außerdem gibt es Möglichkeiten, eine Sofortentscheidung des Kunden aktiv mitzugestalten.

Was bringt einen Kunden dazu, sich sofort zu entscheiden?

- Vertrauen durch den Ruf der Firma
- Referenzen, die überzeugend sind
- Zeitnot durch Lieferzeitfragen (Termine müssen eingehalten werden)
- Zeitnot im privaten Bereich, zum Beispiel durch Steuertermin zum Jahresende
- Zeitnot durch auslaufendes Budget
- anstehende Preiserhöhungen
- überzeugende Beratung mit sicherem sympathischen Auftreten
- zusätzlicher zeitlich begrenzter Anreiz wurde geboten
- Vermeidung eines größeren Schadens am Haus oder an der Maschine
- Mund-zu-Mund-Propaganda, die bereits vorher für Sie positiv ist
- über Dritte argumentieren, die mit Ihrem Unternehmen gute Erfahrungen gemacht haben
- Vorstellungen des Kunden genau getroffen
- Schlechtwetterperiode naht (Bausektor)
- Risiken und Folgeschäden entstehen durch noch längeres Warten

49. Mit welchen Mitteln versucht ein Kunde, den Auftragsabschluss aufzuschieben?

Gerade in der Abschlussphase ist die Konzentration des Verkäufers noch einmal auf das Höchste gefordert, denn der Kunde bringt Einwände, um den Auftragsabschluss aufzuschieben. Damit steigt die Gefahr, dass der Auftrag an den Wettbewerb vergeben wird. Nachfolgend einige mögliche Einwände und die entsprechenden Antworten:

»Ich muss erst mit dem Chef oder Mitarbeiter reden.«
»Aber wenn Sie selbst zu entscheiden hätten, wie würden Sie sich denn entscheiden?«

»Das Angebot ist zu teuer.«
»Was ist denn abgesehen vom Preis für Sie wichtig?«
   (Ein Kunde kauft niemals nur einen Preis. Deshalb wird er auch bereit sein, Ihnen zu sagen, was über den Preis hinaus wichtig für ihn ist. Das ist Ihr Ansatzpunkt, den Preis zu relativieren.)

»Ich warte auf weitere Angebote.«
»Was erwarten Sie vom Wettbewerb, was wir Ihnen nicht bieten können?«

»Ich werde darüber schlafen.«
»Was ist morgen anders als heute?«

»Die Finanzierung ist noch unklar.«
»Wie können wir Sie dabei unterstützen?«

»Ich habe mit einer kleineren Investitionssumme gerechnet.«
»Wie kommen wir trotzdem zu einer Lösung, Herr Kunde?«

»Ich werde zuerst noch Referenzobjekte ansehen.«
»Gerne. Angenommen die Referenzen sagen Ihnen zu. Wie geht es denn weiter? Wann sollen wir den gemeinsamen Termin vereinbaren?«

»Es war lediglich eine Informationsanfrage.«
»Dann wissen Sie bereits jetzt, welches Angebot Ihnen am meisten zusagt. Wie ist Ihre Entscheidung?«

»Ich habe noch keine Zeit gehabt, mich mit dem Angebot auseinanderzusetzen.«
»Damit Sie Zeit sparen, werde ich Ihnen das Angebot persönlich erläutern. Wann passt es Ihnen am besten?«

50. Was können Sie am Ende einer Verkaufsverhandlung sagen, um eine Entscheidung des Kunden zu bekommen?

- Herr Kunde, wie geht's weiter?
- Wenn wir eine Lösung finden, erhalten wir dann den Auftrag?
- Was können wir tun, um Ihnen die Entscheidung zu erleichtern?
- Wie hat Ihnen das Gespräch gefallen?
- Wenn es mir gelingen sollte, dieses Zugeständnis von meinem Geschäftsführer für Sie zu erreichen, sind wir uns dann in allen Punkten einig?
- Was könnte Sie veranlassen, unserem Angebot zuzustimmen?
- Die Entscheidung liegt, wie Sie betonen, nicht allein bei Ihnen. Wenn Sie jedoch allein entscheiden würden, wie wäre dann Ihre Meinung?
- Nehmen wir an, wir könnten Sie von der Wichtigkeit dieses Vorteils voll überzeugen. Würden Sie dann diese Lösung wählen?
- Wie entspricht das Angebot Ihren Vorstellungen?
- Wie hoch ist die Chance, den Auftrag zu bekommen?
- Konnte ich Sie überzeugen?
- Gibt es Ihrerseits noch Rückfragen?

51. Wie können Sie am besten Einfluss auf die Kaufentscheidung des Kunden nehmen?

Je höher Ihr persönliches Ansehen beim Kunden ist, desto mehr Einfluss können Sie bei der Entscheidungsfindung des Kunden erwarten. Ihre Persönlichkeit als Verkäufer und damit das in Sie gesetzte Vertrauen und die Sicherheit einer bekannten Zusammenarbeit geben Ihnen die Möglichkeit, die Entscheidung aktiv zu beeinflussen. *Setzen Sie sich selbst als Trumpf in Verhandlungen ein.*

Eine weitere Möglichkeit ist, den Kunden dazu zu bringen, sich möglichst intensiv mit Ihnen und Ihrem Gesamtangebot auseinanderzusetzen. Je mehr ein Kunde sich auch mit Ihnen beschäftigt und damit Zeit für Sie investiert, wenn Sie ihm nicht gegenübersitzen, desto weniger Zeit bleibt ihm für Ihre Wettbewerber.

Abbildung 12: Schlagen Sie eine Brücke zum nächsten Termin

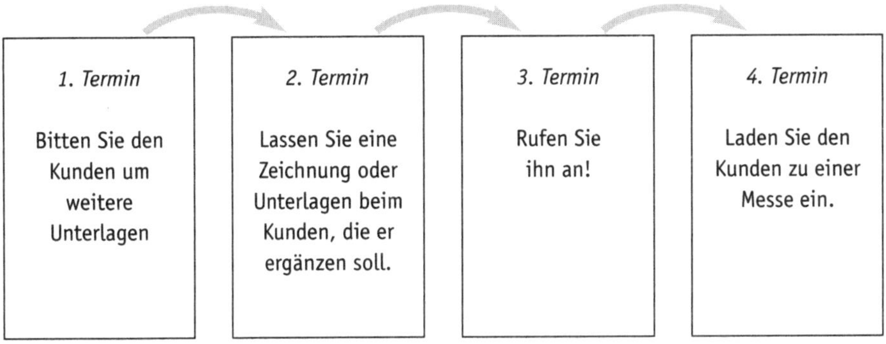

1. Termin	*2. Termin*	*3. Termin*	*4. Termin*
Bitten Sie den Kunden um weitere Unterlagen	Lassen Sie eine Zeichnung oder Unterlagen beim Kunden, die er ergänzen soll.	Rufen Sie ihn an!	Laden Sie den Kunden zu einer Messe ein.

52. Wie halten Sie sich eine Tür offen, damit der Auftrag nicht an andere vergeben wird?

Das Ziel sind: 1000 Anstöße

Abbildung 13: 1000 Anstöße als Zeichen für Engagement.

Durch Ihr Engagement können Sie den Kunden zeitlich mehr an sich binden.

Je mehr Zeit der Kunde für Sie investiert, umso enger wird die Zusammenarbeit bereits in der Vorphase der Auftragserteilung sein und umso deutlicher kann der Kunde bereits Ihr Engagement bewerten.

Ohne Zweifel ist nach wie vor der persönliche Kontakt zum Kunden eine der besten Möglichkeiten zur Auftragssicherung. Je mehr sich dabei private und persönliche Interessen verbinden lassen, umso vorteilhafter werden Ihre Chancen sein. So bauen zum Beispiel gemeinsame Tennisspiele, Jagdwochenenden oder Stammtischgespräche persönliche Beziehungen auf. Entscheidende Vorinformationen können Sie dann bereits vor offizieller Bekanntgabe erhalten.

Ist dieser Weg nicht gangbar, sind Anstöße in kleinen Schritten erforderlich.

- Geben oder fordern Sie Zusatzinformationen an, zum Beispiel per E-Mail, Brief oder Fax.
- Geben oder fordern Sie grafische Darstellungen an, etwa über Grundrisse.
- Legen Sie Amortisationsrechnungen in grafischer Form vor.
- Präsentieren Sie Zeitungsartikel, die in Ihrem Sinne positiv geschrieben sind.
- Eine Ihrer Unterlagen sollte sich immer auf dem Schreibtisch des Kunden befinden.
- Verkaufen Sie über Dritte, und setzen Sie »Verbündete« ein, die in Ihrem Sinne aktiv werden und den möglichen Kunden anrufen oder sogar treffen. Führen Sie gemeinsame Referenzbesuche durch.
- Ist Ihr Kunde in einer größeren Firma tätig, setzen Sie Mitarbeiter dieser Firma ein, die bereits erfolgreich mit Ihnen zusammenarbeiten.
- Führen Sie eine Werksbesichtigung durch.
- Erweitern Sie bei größeren Firmen die Anzahl der Kontakte zu dieser Firma, damit der Auftrag nicht nur von einer Entscheidungsperson abhängt.

53. Wie werden Sie der letzte Gesprächspartner Ihres Kunden, bevor er abschließt?

Moralisch verpflichten Persönliche Versprechungen können einen entscheidenden Informationsvorsprung bringen: »Herr Kunde, wir haben gemeinsam eine ganze Menge Zeit investiert. Können Sie mir die Zusage geben, dass Sie vor einer endgültigen Entscheidung noch einmal mit mir sprechen?«

- »Ja!« »Danke!«
- »Nein!« »Welche Gründe sprechen dagegen?«

Eine »Hintertür« einbauen Ein mögliches Schlusszugeständnis in der vorletzten Verhandlung signalisieren. Lassen Sie durchblicken, dass Sie möglicherweise mit einem Zugeständnis von einem Ihrer Unterlieferanten rechnen oder es eine Sonderaktion geben kann. Bitten Sie um den äußersten Termin, und reizen Sie diesen Termin bis zum Letzten aus.

Selbst am Ball bleiben Halten Sie systematisch den Kontakt zum Kunden – durch persönliche Gespräche, per Telefon, E-Mail, Brief oder Fax. Viele Aufträge gehen verloren, weil in den Zwischenphasen zu wenig passiert. Bitten Sie den Kunden um ein weiteres Gespräch, weil zum Beispiel Ihr Geschäftsführer oder Verkaufsleiter mitkommt.

»1000 Entschuldigungen für Preisnachlässe« Kalkulieren Sie Preiszugeständnisse ein. Verschleiern Sie kaufmännische Einzelheiten, damit Sie später eine Zugeständnismöglichkeit haben. Arbeiten Sie beispielsweise mit sinkenden oder steigenden Preisen für Roherzeugnisse. Denken Sie auch an Währungsschwankungen. Verlangen Sie ein Zugeständnis des Kunden, damit Sie den Preis reduzieren können und … stellen Sie sicher, dass der Kunde diesen Preisnachlass als einmalig und nur in dieser Situation möglich akzeptiert.

Nach dem Auftrag fragen! Hartnäckigkeit in jeder Phase der Verhandlung ist gefragt. »Wenn … dann«-Fragen stellen (zum Beispiel »Wenn wir dieses Zugeständnis von unserer Geschäftsleitung bekommen, erhalten wir dann den Auftrag?«).

Keine Mühe scheuen Bringen Sie das Schlussangebot persönlich vorbei. Informieren Sie sich über die Verhandlungstermine Ihrer Wettbewerber.

54. Was können Sie tun, wenn der Auftragsabschluss beim heutigen Kundenbesuch nicht möglich ist?

Viele Verkäufer sind nicht hartnäckig genug und verschenken damit mögliche Auftragschancen beim Kunden.

Nachfolgend sei angenommen, dass kurzfristig wirklich kein Auftrag möglich ist. Nutzen Sie das Gespräch dann zum Finden weiterer Verkaufschancen. *Möglichkeiten sind:*

1. Welche weiteren Abteilungen im Unternehmen des Kunden, in dem Sie sich zurzeit befinden, kommen noch für Ihre Produkte infrage? Gerade bei Großkunden kann damit weiteres Absatzpotenzial erschlossen werden.

2. Der Informationsaustausch unter Kunden ist oft größer als angenommen, da zum Beispiel häufiger Verbandstagungen oder andere Treffen stattfinden. Mögliche Projekte bei anderen Kunden können Sie über Ihren jetzigen Gesprächspartner erfragen. Wenn Sie Ihre Kunden nicht darauf ansprechen, erhalten Sie die Information oft nur zufällig.

3. Legen Sie den nächsten Termin für konkrete Verhandlungen fest, damit eine »Zeitbrücke« zum nächsten Gespräch gelegt wird.

4. Versuchen Sie, Informationen über das Kundenunternehmen, Personen und Entwicklungen zu bekommen, damit Sie diese Informationen später nutzen können.

5. Versuchen Sie, eine Besichtigung der »Arbeitsumgebung« Ihres Gesprächspartners durchzuführen, falls das Gespräch an einem anderen Ort stattfindet. Sehen Sie sich die Lagerhalle, das Labor oder die Maschinenhalle an. Ihre Frage zeigt Interesse für die Arbeit des Kunden, und Sie erhalten einen persönlichen Überblick.

Fazit: Kein Gespräch ohne Ergebnis. Ist kein Auftrag möglich, sind Informationen ebenfalls ein akzeptabler »Return on Investment« für die eingesetzte Zeit.

55. Welche kritischen Situationen gibt es in der Abschlussphase?

Sie werden sicherlich bestätigen, dass die Abschlussphase nicht erst in der Endphase einer Verkaufsverhandlung beginnt, sondern bereits in der ersten Minute. Dann gilt es, Abschlusssignale zu erkennen und für die eigene Verhandlung zu nutzen. Selbst unter Berücksichtigung dieser Aspekte wird die kritische Situation trotzdem die Endphase sein.

Der Kunde zögert mit der Auftragserteilung. Was sind die Gründe? Gerade in dieser Phase werden oft Argumente vorgeschoben, bewusst oder unbewusst, die nicht der Grund für die fehlende Entschlussbereitschaft sind. »Ich muss noch mit meinem Chef sprechen« oder »Ihr Preis ist zu hoch« sind zum Beispiel oft nur vorgeschobene Gründe.

In dieser Phase ist der Verkäufer stark gefordert. Nach einer Verhandlung, die konzentriert geführt sicherlich Kraft gekostet hat, sind jetzt noch einmal Höchstleistungen gefragt.

Sie müssen nun erkennen, ob echte oder Scheinwiderstände vorgebracht werden und ob sich der Kunde seiner eigenen Widerstände bewusst ist oder nicht.

Der Kunde verschiebt die Kaufentscheidung auf einen späteren Zeitpunkt. Verschiebt der Kunde die Kaufentscheidung auf einen späteren Zeitpunkt, entsteht für Sie eine kritische Situation, weil dem Wettbewerb dadurch Chancen eingeräumt werden. Solange Sie mit dem Kunden noch in einem Raum am Verhandlungstisch sitzen, haben Sie einen Vorteil gegenüber den Wettbewerbern. Auch hier ist es erforderlich, sehr genau zu analysieren, ob die Verschiebung der Einkaufsentscheidung eine taktische Maßnahme ist.

Kommen Sie zu dem Schluss, dass Sie sofort abschließen können, sollten Sie die beschriebenen Abschlusstechniken gezielt einsetzen.

Gelangen Sie hingegen zu dem Schluss, dass aus nachvollziehbaren Gründen die Auftragserteilung nicht möglich ist, sollten Sie versuchen, dem Wettbewerber einen »Riegel« vorzuschieben und die Voraussetzungen für einen intensiven Kontakt zum Beispiel per Brief, Telefon und persönlichem Besuch bis zum endgültigen Entscheidungstermin zu schaffen.

56. Was können Sie zum Abschluss des Verkaufsgesprächs sagen, wenn Sie den Auftrag erhalten haben?

Kein Verkaufsgespräch ohne Ergebnis. Das ist eine Maxime für jedes Verkaufsgespräch. Erhalten Sie den Auftrag: Glückwunsch! In diesem Fall sollten Sie den Kunden in der Richtigkeit seiner Entscheidung noch einmal bekräftigen. Es mag erstaunlich sein, aber der Kunde ist in dieser Phase sogar erfreut über die Bekräftigung seiner richtigen Entscheidung. Da er sich der Alternativen durchaus bewusst ist, ist er gerne bereit, die Bestätigung seiner Entscheidung zu hören.

»Herr Kunde, Sie haben sich richtig entschieden« überzeugend vorgebracht, rundet ein systematisches Verkaufsgespräch harmonisch ab und hinterlässt einen positiven Gesamteindruck. In dieser Phase ist es sehr oft auch nützlich, nach weiteren Verkaufsmöglichkeiten in anderen Abteilungen der Kundenfirma zu fragen oder nach weiteren Kontaktpersonen, wie Vorgesetzten oder Kollegen in anderen Bereichen. Oft erhält man dann nützliche Informationen.

57. Wie sollten Sie sich zwei Wochen nach Auftragserhalt verhalten?

Verstehen Sie die zwei Wochen als ein Beispiel. Das Zeitintervall kann in Ihrer Situation durchaus länger oder kürzer sein. Wichtig ist, dass in einem bestimmten Zeitraum nach dem Auftragserhalt der Kunde noch einmal bewusst angesprochen wird. Bestenfalls sollte sogar ein persönlicher Besuch erfolgen. Sie haben dann deutliche Vorteile:

1. Ist der Kunde bereits im Besitz des gekauften Produkts, wird er Ihnen zusätzliche Vorteile nennen können, die aus seiner Praxis heraus für das Produkt sprechen. Wenn Sie diese Vorteile auflisten, erhalten Sie in kürzester Zeit eine ausgezeichnete und ausführliche Vorteilsliste für Ihre Produkte.
2. Sie können in dieser Phase noch sehr gut gegensteuern, falls einmal wider Erwarten etwas schiefgelaufen ist.
3. Der Kunde ist bereit, Ihnen ein Referenzschreiben zu geben, das Sie wiederum für Ihre Akquisition einsetzen können.
4. Der Kunde ist jetzt auch bereit, weitere Produkte von Ihnen zu kaufen. Falls kein aktueller Bedarf besteht, wird er Ihnen trotzdem zuhören.
5. Bitten Sie den Kunden um die Namen weiterer potenzieller Abnehmer, die für Ihre Produkte oder Dienstleistungen infrage kommen. In dieser Phase ist der Kunde bereit, Sie zu unterstützen. Je mehr Bekannte oder Kollegen sich für das gleiche Produkt entscheiden, umso mehr wird er auch von allen anderen darin bestärkt, dass er eine richtige Einkaufsentscheidung getroffen hat.

58. Was können Sie tun, wenn Sie einen Auftrag verloren haben?

Betrachten Sie das Ganze aus zwei verschiedenen Blickwinkeln: erstens aus der Sicht des Kunden und zweitens aus Ihrer eigenen Sicht.

Aus der Kundensicht Der Kunde ist insbesondere nach der Kaufentscheidung in einer Phase, in der er sich eindeutig auf die Seite des Wettbewerbers schlagen wird, der den Auftrag erhalten hat. Nun seine Entscheidung anzuzweifeln, ist nicht zielführend. Je größer oder je weittragender die Entscheidung ausfällt, umso mehr fühlt sich der Kunde direkt nach der Entscheidung mit dem neuen Lieferanten verbunden.

Gelingt es dem Wettbewerber, die Erwartungen zu erfüllen, müssen Sie diesen Auftrag als endgültig verloren betrachten.

Erfüllt Ihr Wettbewerber die Erwartungen nicht, haben Sie nochmals eine Chance. Um sie nutzen zu können, müssen Sie auch nach dem Auftragsverlust zu dem Kunden Kontakt halten. Entscheiden Sie, ob der Kunde oder das Projekt den Zeitaufwand rechtfertigen.

Müssen Sie den Auftrag überhaupt als verloren betrachten? Selbst wenn Kunden bestätigen, dass der Auftrag anderweitig vergeben ist, haben Sie noch Chancen. Wechseln Sie die Hierarchieebene, schlagen Sie eine Sonderlösung vor, oder schalten Sie Ihre eigene Geschäftsführung ein. Entscheiden Sie, ob der Kunde möglicherweise darauf eingehen wird.

Aus der eigenen Sicht Verlorene Aufträge beinhalten auch die Chance, daraus zu lernen. Gehen Sie verlorenen Aufträgen nach, und fragen Sie bestenfalls persönlich den Kunden nach den Gründen.

Die Antwort: »Sie waren zu teuer« wischen Sie vom Tisch, indem Sie fragen: »Und davon einmal abgesehen?« Erkennt der Kunde, dass Sie ein ehrliches Interesse daran haben, daraus zu lernen, wird er bereit sein, Ihnen weitere Informationen zu geben. Zusammengefasst haben Sie mehrere Vorteile:

- Sie schlagen beim Kunden nicht die Tür zu.
- Sie erfahren Schwächen, die sonst wahrscheinlich nicht ausgesprochen worden wären.
- Die Konsequenzen daraus können Ihnen helfen, bei anderen Kunden Aufträge zu erhalten.
- Der Kunde hat das Gefühl, dass Sie sehr sorgfältig arbeiten und wird das bei der nächsten Verhandlung berücksichtigen.

59. Was sind Gründe für verlorene Aufträge?

Prüfen Sie eine Zeit lang die Ergebnisse Ihrer Besuche anhand der Ziele, die Sie sich vorher gesteckt haben. *Mögliche Gründe für fehlende Ergebnisse können sein:*

- der falsche Gesprächspartner,
- die »Chemie«, die zwischen Ihnen und dem Kunden nicht stimmte,
- fehlende Verhandlungssteuerung,
- keine Abschlussorientierung auch bei Informationsgesprächen,
- die Bedarfssituation des Kunden ist nicht genügend erforscht worden,
- keine überzeugende Einwandbehandlung,
- falscher Zeitpunkt,
- fehlende Entschlussbereitschaft beim Kunden,
- das eigene Produkt passt nicht.

Das sind nur einige Beispiele für Hindernisse beim Auftragserhalt. Andererseits wissen wir, dass die Auftragsrealisierungsquote bei etwa 20 Prozent liegt und damit noch 80 Prozent Reserven vorhanden sind.

Ein Teil der Aufträge wird durch den Preis verloren. Oft ist der Preis aber nur ein vorgeschobener Einwand, hinter dem sich die tatsächlichen Gründe verbergen.

Die 5-minütige »Bordsteinkonferenz« nach dem Kundenbesuch mit sich selbst hilft Ihnen, sich mit dem gerade geführten Gespräch auseinanderzusetzen und Verbesserungsansätze für zukünftige Besuche abzuleiten. *Stellen Sie sich folgende Fragen:*

- Was ist mir bei diesem Besuch besonders gelungen?
- Wobei hatte ich die höchste Aufmerksamkeit beim Kunden?
- War das Ergebnis zufriedenstellend?
- Sind die richtigen weiteren Schritte besprochen worden?
- Warum habe ich den Auftrag oder die Zusage zur Zusammenarbeit (nicht) erhalten?
- Was hat dem Kunden weniger gefallen?
- Was hätte man besser machen können?

Sie werden feststellen, dass Sie diese Fragen bald verinnerlicht haben und Ihre positiven und negativen Erfahrungen zu einer weiteren Verbesserung Ihrer Verkaufsgespräche führen werden.

60. Wie profitieren Sie selbst noch von einem verlorenen Auftrag?

Man zieht seinen Nutzen daraus, indem man die Gründe für den verlorenen Auftrag erforscht.

Beispielsweise wurde dieser Brief in etwas abgewandelter Form an einen Kunden verschickt:

Beispiel

Angebot zur Vorreinigung mit Bleichung

Sehr geehrter Herr Meier,

Ihre Absage vom 20.02. auf unser Angebot über 100 tato-Anlagen zur Vorreinigung mit Bleichung haben wir mit Bedauern zur Kenntnis genommen. Dies um so mehr, da dieses Angebot Ihrem individuellen Bedarfsfall entsprechend berechnet und erarbeitet wurde. Sie können versichert sein, dass wir die Fortführung der bisherigen guten Zusammenarbeit und Kooperation zwischen Ihnen und uns sehr hoch schätzen und wir würden uns freuen, bei einem zukünftigen Bedarfsfall für Sie arbeiten zu können.
Damit wir Ihre zukünftigen Vorstellungen treffen können, würden wir uns über eine kurze Mitteilung freuen, ob das Projekt anderweitig vergeben wurde oder ob die Ihnen vorgelegte Konzeption Ihren Investitionsplanungen nicht entsprach.

Der Kunde hat diesen Brief schriftlich sehr ausführlich beantwortet. Natürlich ist ein persönliches Nachfassen bei verlorenen Aufträgen entweder telefonisch oder noch besser durch einen Besuch der bessere Weg, Informationen zu erhalten. Ist Ihnen dieser Weg jedoch verschlossen, kann selbst ein Brief wertvolle Dienste leisten.

Sicherlich werden viele Kunden als Erklärung zuerst den hohen Preis als Grund aufführen. Sie sind aber auch bereit, bei hartnäckigem Hinterfragen weitere Informationen zu geben.

Fazit: Akzeptieren Sie nicht den Einwand »zu teuer« als Erklärung für den verlorenen Auftrag. Investieren Sie Zeit, und besuchen Sie den Kunden, bei dem Sie den Auftrag verloren haben, persönlich. Wichtig ist es, Hintergrundinformationen zu erhalten.

Wie Sie Gruppenverhandlungen souverän führen können

61. Wie können Sie sich auf Gruppenverhandlungen vorbereiten?

Abbildung 14: Interessenmatrix

KRITERIEN / FIRMA	Preis pro qm	Qualität	Lieferzeit	Lagerhaltung
Müller				
Meier				
Schulze				
Schmitz				
Sommer				
Hoffmann				

Versuchen Sie herauszuarbeiten, welche Themenbereiche bei allen Teilnehmern auf ein großes Interesse stoßen. Das sind die zentralen Themen. Die Vorbereitung für diese Besprechungspunkte muss besonders sorgfältig erfolgen. Bildhafte Darstellungen wie Skizzen, Grundrisse und Fotos sind gerade bei Gruppenverhandlungen wichtige Hilfsmittel. Überlegen Sie, wie Sie die Teilnehmer auf der Kundenseite aktivieren können. Bitten Sie die Gesprächspartner darum, Ihre Ansicht zu einem bestimmten Punkt auf Papier zu bringen. Damit es zeitlich passt, können auch Antwortbögen verwendet werden, die nur angekreuzt werden müssen.

Je detaillierter Ihre Informationen über die teilnehmenden Gesprächspartner sind, umso gezielter können Sie argumentieren. Wissenswert ist, ob Ihre Gesprächspartner beispielsweise eher sicherheitsorientiert oder risikofreudig sind, ob eher Teamentscheidungen oder Einzelentscheidungen getroffen werden. Sie erhalten die Information zum Beispiel durch »Verbündete« im Unternehmen des Kunden.

Werden von Ihrer Seite weitere Mitarbeiter teilnehmen, ist eine gemeinsame Abstimmung in Bezug auf die Rollenverteilung sowie Verhandlungsmindest- und -höchstziele festzulegen. Trainieren Sie bestenfalls die zu führende Verhandlung mit »Was wäre, wenn der Kunde sagt«-Fragen und -Antworten. Sie stellen sich dann bereits gedanklich auf die Verhandlung ein und werden ein sicheres Gespräch führen.

Fazit: Finden Sie den gemeinsamen Interessennenner Ihrer Gesprächspartner und lernen Sie, Ihr Gegenüber als Mensch vorher einzuschätzen.

62. Was sollten Sie beachten, wenn Sie mit mehreren Kollegen zu Ihrem Kunden gehen?

Immer häufiger trifft man auf der Kundenseite mehrere Gesprächspartner, insbesondere bei Abschlussverhandlungen oder Rahmenverträgen. Auf der Verkäuferseite wird dann ein Gegengewicht zu bilden sein, da man die Spezialisten direkt an einem Tisch haben will.

So bildet sich auf der Verkäuferseite zum Beispiel ein Team aus Geschäftsleitung, Verkaufsleitung, Verkäufern, Vertretern und Fachleuten. Die Aufgabe des Zweier- oder Dreierteams besteht nun darin, aus der anstehenden Verhandlung im Unternehmenssinne das Maximum zu erreichen.

Zwar sind die Vorinformationen meist mehr oder weniger komplett, doch das beauftragte Team trifft oft erst in der letzten Minute zusammen. Mancher Auftrag ist verloren gegangen, weil die Abstimmung und Vorbereitung aller beteiligten Verhandlungspartner auf der Verkäuferseite nicht geregelt war oder es sogar zu Diskussionen untereinander während der Verhandlung kam. Dass dann der in vielen Situationen so wichtige Teamgedanke aus der Sicht des Kunden zu kurz kommt, ist offensichtlich. *Besonders folgende Punkte sollten Sie bei Vorbereitung systematisch beachten:*

- Legen Sie ein eindeutiges Ziel fest, das Sie erreichen wollen. Dieses Ziel muss messbar sein. Legen Sie auch ein »Rückzugsziel« fest, das Ihr Mindestergebnis für diese Verhandlung sein wird.
- Besprechen Sie vorher die Rollenverteilung: Wer sagt was zu welchem Thema?
- Bitten Sie den Teilnehmer, der mit dem Projekt am meisten vertraut ist, vorher noch einmal darum, die wesentlichen Punkte, Ergebnisse und Schwierigkeiten zusammenzufassen.
- Legen Sie fest, wer als »Sprecher« fungiert, damit er Zusammenfassungen während der Verhandlung vornimmt und auf die Zeiteinhaltung achtet.
- Wer wird Protokoll führen?
- Sie haben die Möglichkeit, Zeichen festzulegen, die Ihnen die Verständigung untereinander erlauben, ohne den Raum verlassen zu müssen. Eindeutige Körpersignale oder Zeichen unterstützen Sie bei Ihrer Entscheidung, bis zu welchem Punkt Sie bereit sind, Zugeständnisse zu machen.

Fazit: Bereiten Sie insbesondere Gruppenverhandlungen gezielt vor.

63. Wie können Sie mit Einkaufsgruppen verhandeln?

Eine Erkenntnis ist notwendig: Eine Gruppe wird noch während der Verhandlung Ihnen gegenüber keine Entscheidung über Kauf oder Nichtkauf treffen, bevor sie sich nicht allein beraten hat. Bieten Sie in solchen Situationen von sich aus an, den Verhandlungsraum zu verlassen und draußen zu warten. Sie können dann anschließend noch einmal argumentieren und Fragen beantworten. Sie haben den Vorteil, keinen neuen Termin akzeptieren zu müssen, denn in der Zwischenzeit kann der Wettbewerber möglicherweise den Auftrag für sich gewinnen. Und darüber hinaus haben Sie keinen Verhandlungspartner in die Verlegenheit gebracht, Ihnen gegenüber eine Entscheidung treffen zu müssen, ohne sich vorher mit den Kollegen abgestimmt zu haben. *Was gibt es darüber hinaus zu beachten?*

1. Falls Sie mit mehreren Teilnehmern auf Ihrer Seite beim Kunden erscheinen, legen Sie vorher fest, wer welche Rolle in der Verhandlung übernimmt. Legen Sie auch den Gruppensprecher fest.
2. Definieren Sie das Ziel, das Sie erreichen wollen. Legen Sie aber auch fest, bis zu welchem Rückzugsziel Sie gesprächsbereit sind.
3. Ist diese Verhandlung von besonderer Bedeutung, sollte sie vorher trainiert werden, um sich auf mögliche kritische Situationen einstellen zu können. Auch Einkaufsgremien bereiten sich bei besonders hohen Einkaufssummen in ähnlicher Art und Weise vor.
4. Versuchen Sie, so viel Vorinformation über die Gesprächspartner in Erfahrung zu bringen, wie es Ihnen möglich ist. Dazu zählen Stellung, Erfahrung und die charakterliche Einschätzung.
5. Arbeiten Sie mit optischen Hilfsmitteln, wie zum Beispiel multimedialen Präsentationen, Flipchart und Overheadprojektor.
6. Sprechen Sie jeden Teilnehmer in der Verhandlung an. Es sollte keiner die Verhandlung verlassen, ohne gesprochen zu haben. Aktivieren Sie durch die Fragetechnik.
7. Verstehen Sie sich in der Rolle des Beraters oder Sachverständigen. Ergreifen Sie bei Diskussionen keinesfalls Partei, weil Ihre Stellungnahme eine Person unterstützt, die andere aber vor allen anderen bloßstellt.
8. Bitten Sie wichtige Gesprächspartner noch während der Verhandlung um einen Gefallen, etwa um die Übersendung einer Skizze. Schicken Sie diesen Teilnehmern unmittelbar danach eine E-Mail: »Vielen Dank …«

64. Welche Sitzordnung gibt es bei Verhandlungen?

Die Sitzordnung ist eine auch von Einkäufern gewählte taktische Maßnahme, um Vorteile in der Verhandlung zu erreichen. Sitzen Sie zum Beispiel eher im Schatten, können Sie Ihren Verhandlungspartner besser beobachten, umgekehrt aber nicht.

Noch wichtiger wird die Beachtung der Sitzordnung bei Gruppenverhandlungen. Manchmal stellt man den Verkäufer wie vor ein Tribunal.

Sie sollten einen Platz wählen, von dem Sie zentral alle Verhandlungsteilnehmer beobachten können.

Fazit: Keine Frontenbildung und keine schlecht zu beobachtenden Teilnehmer.

Abbildung 15: Beispiele für Sitzordnungen

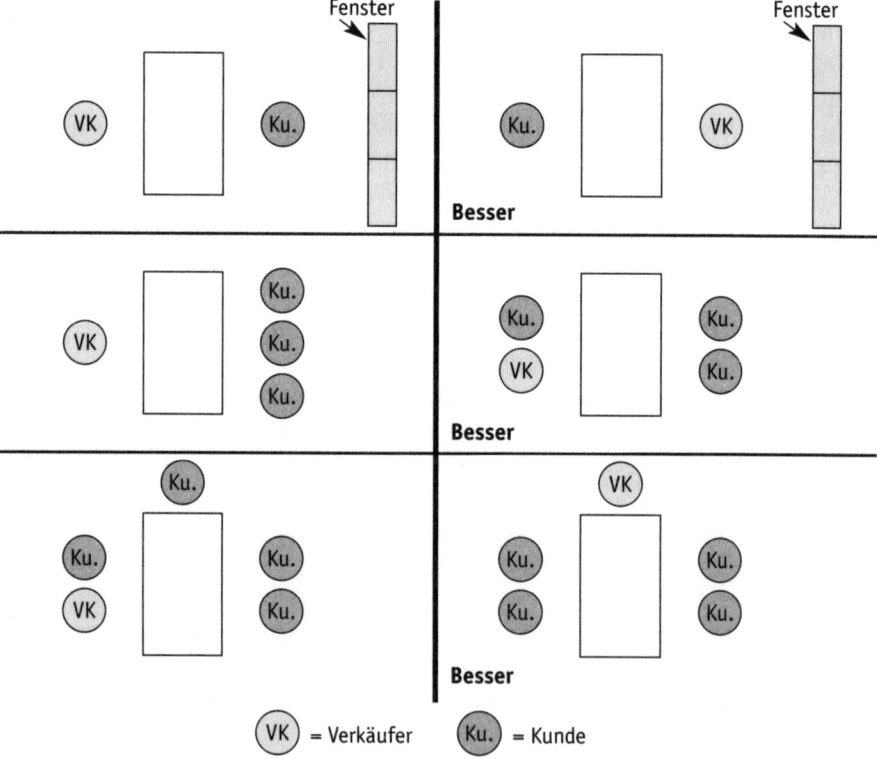

65. Welche Gefahr gibt es bei langen Kundensitzungen?

Verhandlungen, die über 90 Minuten dauern, bergen ein besonderes Risiko: Die Konzentration der Beteiligten lässt nach. Der eine oder andere Punkt wird zum wiederholten Male diskutiert, ohne dass eine Entscheidung erkennbar ist. Die Merkfähigkeit nach der Verhandlung wird bei der Fülle der zu verarbeitenden Informationen reduziert sein. *Wie kann man darauf Einfluss nehmen?*

- Arbeiten Sie bildhaft mit den gängigen Präsentationstechniken.
- Alle Verhandlungsteilnehmer sollten sich noch aktiver beteiligen.
- Schlagen Sie Unterbrechungen vor.
- Bauen Sie ein gemeinsames Mittagessen ein.
- Setzten Sie gemeinsame Etappenziele zwischen Kunden und Verkäufer, die innerhalb einer festzulegenden Zeit erreicht werden sollen.
- Fassen Sie den augenblicklichen Verhandlungsstand öfter zusammen.
- Bitten Sie gezielt mehr Teilnehmer während der Verhandlung um ihre Meinung, da sie die Situation mit ihren Ansichten beleben können.
- Arbeiten Sie in Teams.
- Legen Sie von vornherein ein Zeitfenster fest.

66. Welche kritischen Situationen kann es bei Gruppenverhandlungen geben?

Verhandlungen mit mehreren Teilnehmern auf der Kundenseite, ob es eine Präsentation oder eine Abschlussverhandlung ist, können sehr schnell in kritischen Situationen münden.

Die Teilnehmer auf der Kundenseite sind uneins. Als Verkäufer sitzt man zwischen den Stühlen, da eine Partei nicht Ihre Unterstützung finden wird. Versuchen Sie, in solchen Situationen keine Stellungnahmen abzugeben. Wenden Sie sich an die Verhandlungsgruppe auf der Kundenseite, mit der Bitte, gemeinsam alles Für und Wider durchzusprechen, damit die Gruppe dann allein ihre Entscheidung treffen kann. Verstehen Sie sich in dieser Situation mehr als objektiver Berater.

Ein Teilnehmer dominiert in der Gruppe. Er lässt die anderen Teilnehmer nicht zu Wort kommen. Die anderen Teilnehmer der Gruppe fühlen sich gegenüber dem dominierenden Kollegen zurückgesetzt.

Steuern Sie schon während der Verhandlung gegen, indem Sie sich mit Fragen direkt an die Teilnehmer wenden. Bitten Sie sie um zusätzliche Informationen, und fragen Sie sie nach Ihrer Meinung zu bestimmten Themen.

Die Gruppe trifft keine Entscheidung. Es ist häufig der Fall, dass sich eine Gruppe erst ohne die Anwesenheit des Verkäufers beraten will. Diese Situation kann kritisch werden, da bis zur nächsten Verhandlung zu viele Unwägbarkeiten eintreten können.

Erzwingen Sie keine Grundsatzentscheidung, ohne dass die Gruppe vorher allein diskutieren konnte. Geschickt ist es, den Verhandlungspartnern anzubieten, den Raum für 20 oder 30 Minuten zu verlassen. Anschließend würden Sie für mögliche sich ergebende Fragen zur Verfügung stehen. Ihr Ziel ist es aber, dann die Grundsatzentscheidung oder noch besser den Auftrag mitzunehmen.

Wie Sie das Großkundenmanagement als Mittel zur Verkaufssteigerung nutzen können

67. Wer ist Ihr Alliierter?

Man gewinnt keine Firma als Kunden, sondern Menschen. Bei schwierigen Auftragsverhandlungen, wenn es um harte Forderungen vom Kunden geht, vergisst man schnell, dass es nicht um die Lösung dieses Sachproblems, sondern um die Erreichung eines Zieles aus der Sicht des Kunden geht.

»Der Kunde« kann auch sehr schnell aus mehreren Personen bestehen. Dann gilt es, unterschiedliche Interessen zu berücksichtigen, die mehr oder weniger mit Ihren Interessen im Einklang sind. Suchen Sie gezielt nach Verbündeten oder Alliierten, die mit Ihnen gleiche oder zumindest annähernd gleiche Interessen haben.

Möglichkeiten sind zum Beispiel:

1. Bitten Sie Ihren Gesprächspartner offen um Unterstützung.
2. Versuchen Sie, durch Fragen in Erfahrung zu bringen, welche vertraulichen Informationen man bereit ist Ihnen zu geben.
3. Laden Sie Ihren Gesprächspartner zu einem Essen oder einem Werksbesuch ein.
4. Fragen Sie Ihren Gesprächspartner gezielt nach anderen Personen im Unternehmen des Kunden. Je offener die Informationen sind, umso mehr haben Sie jetzt den Beweis, dass Sie einen Alliierten gewonnen haben.

Wichtig: Stellen Sie ebenfalls sicher, dass Sie Ihre »Feinde« identifizieren, denn Wettbewerber haben auch »Freunde«.

68. Wozu dient eine Analyse des Entscheidungsprozesses?

Zuerst der Hintergrund: Entscheidungen durchlaufen mehrere Zwischenstationen, bis es zur endgültigen Auftragsvergabe kommt.

Beispiel

Der Bauherr beauftragt den Architekten, ein Traumhaus zu einem akzeptablen Preis zusammenzustellen. Der Architekt veranlasst eine Ausschreibung, die sich für die einzelnen Gewerbe versteht. Jetzt kann der Architekt mehr oder weniger genaue Vorgaben machen, die den anbietenden Handwerkern erlauben, ihre Angebote abzugeben.

Abbildung 16: Entscheidungsprozess

Es ist erforderlich herauszuarbeiten, in welcher Stufe die Einflussnahme am größten ist. *Je mehr Einfluss Sie in der vorgelagerten Entscheidungsstufe haben, umso größer sind Ihre Chancen, den Auftrag zu erhalten.*

Beispielsweise kann durch einen guten Kontakt zum Architekten die Ausschreibung so ausgelegt sein, dass zwar nicht Ihr Firmenname genannt wird, aber durch die festgelegte Technik der Handwerker bei Ihnen kaufen muss. Die gleiche Situation finden Sie im Unternehmen, da auch hier mehrere Bereiche an der Entscheidungsfindung mitwirken.

Abbildung 17: Abwicklungsprozess

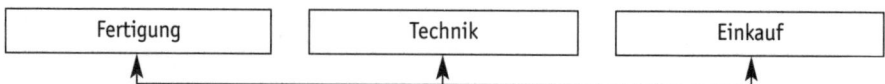

Auch für die Entscheidungsstrukturen innerhalb des Unternehmens gilt: Je mehr Einfluss Sie auf die vorgelagerte Stufe nehmen können, umso größer sind Ihre Chancen des Auftragserhalts.

Fazit: Prüfen Sie für Ihren Bereich, ob ein Engagement im vorgelagerten Entscheidungsprozess Ihre Einflussnahme vergrößert. Interviewen Sie beispielsweise Ihre Gesprächspartner: »Wie ist die Entwicklung?« Oder bieten Sie ein Informationsseminar im Kundenunternehmen an.

69. Wie können Sie bei Großprojekten »hautnah« verkaufen?

Bei den oft über Monate dauernden Verhandlungen sind meist ganze Interessengruppen im Kundenunternehmen für sich zu gewinnen.

Die nachfolgende Checkliste ist zur Prüfung der erforderlichen Schritte gedacht. Die Skala von 0 bis 100 dient Ihnen dazu, den Prozentsatz der Erreichung zu markieren. 100 Prozent bedeutet dann voll erreicht, 50 Prozent lediglich Durchschnitt und damit verbesserungswürdig.

Abbildung 18: Checkliste für hautnahes Verkaufen

	0	10	20	30	40	50	60	70	80	90	100
Persönliche Firmenbeziehung	■	■	■	■	■						
Informationsstand Ihrer Kundenstruktur Situation/Organisation bekannt	■	■	■	■	■	■	■	■	■	■	
Entscheidungsstrukturen (MAN) Technik – Einkauf	■	■	■	■	■	■					
Persönliche Gespräche mit betroffenen Abteilungen + Personen geführt	■	■									
Interesse der einzelnen Bereiche und Personen bekannt	■	■	■	■	■	■					
Freunde gewonnen	■	■	■	■	■	■	■	■			
Alliierte gewonnen	■	■	■	■	■	■	■				
»Gegener« identifiziert, Wettbewerber haben auch »Freunde«	■	■	■	■	■	■					
Sympathieaktivitäten durchgeführt, z. B. Einladungen ins Werk	■	■	■	■	■	■	■	■	■	■	
Entscheidungsbeeinflusser gewonnen	■	■	■	■	■	■					
Persönliches Engagement für alle Beteiligten offensichtlich	■	■	■	■	■	■	■	■	■		
Beweise gebracht für Zuverlässigkeit und Vertrauen. Referenzen, Bilder, eingehaltene Versprechen	■	■	■	■	■	■	■	■	■		
Empathiewillen beweisen, z. B. auch Zuhören können	■	■	■	■	■	■	■	■	■	■	
Gemeinsamkeiten herausgearbeitet	■	■	■	■	■	■	■	■			

70. Wie halten Sie bei einer Großkundenakquisition ständig Kontakt?

Eine Großkundenakquisition dauert in der Regel Monate oder sogar Jahre. Darin liegt auch die Schwierigkeit. Über das Tagesgeschäft hinaus den Kontakt zum ausgesuchten Großkunden zu halten, obwohl zurzeit kein konkretes Projekt ansteht. Möglichkeiten für ständige Kontakte:

Zeitungsartikel Schicken Sie dem Kunden Zeitungsartikel mit Themen, die für ihn interessant sind. Markieren Sie mit einem Stift die für ihn wichtigen Stellen.

Einzelgespräche Bitten Sie von Zeit zu Zeit um einen Gesprächstermin, damit Sie den persönlichen Kontakt halten und ausbauen können. Viele Informationen werden insbesondere im Großunternehmen nur im persönlichen Gespräch weitergegeben.

Prospekte Auch Prospekte von neuen Produkten sollten dem Kunden zugeschickt werden. Damit kann ebenfalls die Kontaktkontinuität gesichert werden.

Neuproduktvorstellungen Laden Sie den Kunden zu Neuproduktvorstellungen gezielt ein. Ein persönliches Gespräch wird sich ergeben.

Geburtstagsgrüße Schicken Sie Ihrem Kunden Geburtstagsgrüße. Er wird es sich merken.

Geschenke Bestenfalls schenken Sie dem Kunden etwas, was ihn persönlich interessiert und außerhalb der traditionellen Geschenkzeit überreicht wird.

Präsentation Sobald Sie die Möglichkeit haben, im Unternehmen des Großkunden mehrere Mitarbeiter zusammenzurufen, sollten Sie die Gelegenheit für eine Präsentation im Kundenunternehmen nutzen. Sie können neue Informationen vermitteln und erweitern insbesondere Ihre Plattform für mehr persönliche Kontakte.

71. Wie agieren Sie bei einer Großkundenakquisition in der »heißen« Verhandlungsphase?

Eine Großkundenakquisition ist normalerweise sehr langwierig. Keine Risiken darf man in der Endphase eingehen. Alle Reserven des eigenen Unternehmens müssen mobilisiert werden, um das Großunternehmen zu gewinnen. Einige Vorschläge:

Seminarveranstaltung Veranstalten Sie im Unternehmen des Kunden ein Seminar, oder laden Sie dazu in Ihre eigenen Räume ein. Seminare bieten sich an für neue Produkte, Trainings neuer Techniken oder Anwendungen und Wissensvermittlung.

Werksbesichtigungen Laden Sie den Kunden zu einer Werksbesichtigung in Ihr eigenes Unternehmen ein. Sie können den Kunden dann noch besser von Ihrem Unternehmen und Ihren Produkten überzeugen.

Außerbetriebliche Treffen Ist der Kunde in einem Verband, und haben Sie die Möglichkeit, an Verbandstagungen teilzunehmen, sollten Sie sich direkt mit dem Kunden verabreden.

Mittagessen Einladungen zum gemeinsamen Mittagessen schaffen Ihnen mehr persönliche Kontakte und Informationen.

Vertriebsleiter Setzen Sie Ihren Vertriebsleiter als Verkaufshilfe ein. Er kann für Sie der Türöffner zu einem weiteren Gespräch auf einer höheren Hierarchiestufe sein.

Geschäftsführer/Vorstand Nicht wenige Großkunden sind gewonnen worden, weil zum richtigen Zeitpunkt an der richtigen Stelle die richtigen Leute zusammengekommen sind. Scheuen Sie sich nicht, ein Gespräch auf Vorstands- oder Geschäftsführerebene in die Wege zu leiten.

Messeeinladung Eine Messe ist eine gute Gelegenheit, den Kontakt mit Großkunden zu halten. Der Mitarbeiter im Großunternehmen wird persönlich eingeladen und von Ihnen auf der Messe betreut.

Kundenbefragungsaktion Laden Sie den Kunden zu einem Erfahrungsaustausch ein und lassen Sie den Kunden erkennen, dass Sie seine Erfahrung wichtig nehmen. Damit versteht sich der Kunde als Partner.

Wie Sie Ihre Wirkung auf Kunden steigern können

72. Wie präsentieren Sie professionell?

Anders gefragt: *Was bleibt beim Zuhörer am meisten haften?* Den höchsten Merkund Lerneffekt erreicht man durch eigenes Tun oder Handeln (etwa 90 Prozent).

Abbildung 19: Wahrnehmungskanäle

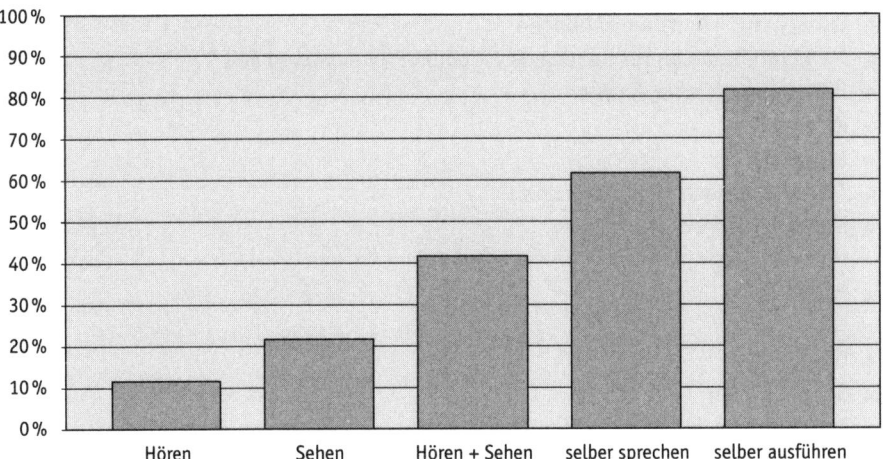

Darauf aufbauend kann eine professionelle Präsentation nur eine weitestgehende aktive Beteiligung der Gesprächspartner auf der Kundenseite bedeuten. Deshalb: *Keine Vorträge!* Gerade bei größeren Zuhörerkreisen sind eine aktive Beteiligung und der Einsatz visueller Hilfsmittel ein Muss. Professionell Präsentieren bedeutet:

1. Bitten Sie die Teilnehmer vor Beginn der Präsentation um ihre Stellungnahme zu offenen Fragen. Erfassen Sie die Informationen systematisch, und gehen Sie bei ihrer Präsentation darauf ein.
2. Bitten Sie die Teilnehmer, auf vorgefertigten Karten oder einen großen Bogen Papier ihre Meinung oder Information aufzuschreiben. Sie können darauf Bezug nehmen und für Sie ist es ein »Spickzettel« für eine kundenorientierte Präsentation: Der Kunde hört nur, was ihm nützt!
3. Bauen Sie Diskussionen gezielt ein. Sie sollten die Fragen an die Teilnehmer bereits vorbereitet haben.
4. Zeigen Sie Bilder, Fotos, Filme, Grafiken und Teilstücke von Produkten oder Anlagen.

73. Was können Sie alles bildhaft darstellen?

Prüfen Sie für Ihr Aufgabengebiet, was sich in Form von Bildern und Grafiken darstellen lässt. Sie haben dann eine zusätzliche überzeugende Verkaufshilfe.

Beispiel

- Wirtschaftlichkeitsberechnungen
- Marktanteilszahlen für die eigenen Produkte im positiven Fall
- Bilder ausgeführter Anlagen
- Referenzen
- Lagepläne
- Technische Auslegungsdiagramme
- Maßzeichnungen
- Materialmuster
- Prospekte
- Fotos
- Grundrisse
- Schnittmuster
- Explosionszeichnungen

74. Wie visualisieren Sie am besten?

Ein Bild sagt mehr als tausend Worte. Die Merkfähigkeit durch Visualisierung ist eindeutig höher als durch das gesprochene Wort.

Sie wissen, dass die Identifikation mit der Problemlösung dann am größten ist, wenn man es schafft, ein »Wir sitzen im gleichen Boot«-Gefühl beim Kunden aufzubauen. Das erreichen Sie dadurch, dass der Kunde an der Entwicklung des Projekts mitwirken kann.

Arbeiten Sie zum Beispiel mit Ihrer eigenen Präsentationsmappe für den Kunden, die auch einige Blankoblätter enthält. Ein Pluspunkt hierbei ist, Sie können gemeinsam mit dem Kunden zeichnen, rechnen oder etwas entwickeln, da Blankoblätter Ihnen diesen Spielraum lassen.

Stellen Sie alle Vorteile, die sich visualisieren lassen, auch in dieser Form dar.

Abbildung 20: Beispiel: Der Ölverbrauch reduziert sich um 20 %

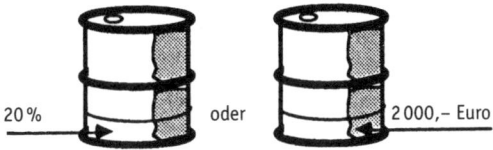

Nutzen Sie jede Gelegenheit, Ihre Worte mit Bildern zu untermauern. Falls Sie die Möglichkeit dazu haben, setzen Sie Präsentationsfilme ein. Vergessen Sie dabei jedoch nicht, dass der Kunde immer seinen aktiven Beitrag in Form von Antworten oder Fragen leisten muss. Visualisieren heißt, das Wesentliche aus der Sicht des Kunden wiedergeben und weniger eine perfekt vorgeführte Show wie im Fernsehen oder Kino zu zeigen.

75. Wie setzen Sie Zahlenmaterial ins rechte Licht?

Sehr viele Zahlenkolonnen bieten die Möglichkeit einer bildhaften Darstellung in Form von Säulen-, Balken-, Torten- oder Liniendiagrammen. Prüfen Sie vorher die überzeugendste grafische Darstellung, die beim Kunden einen Aha-Effekt erzeugen könnte.

Abbildung 21: Zahlen grafisch darstellen

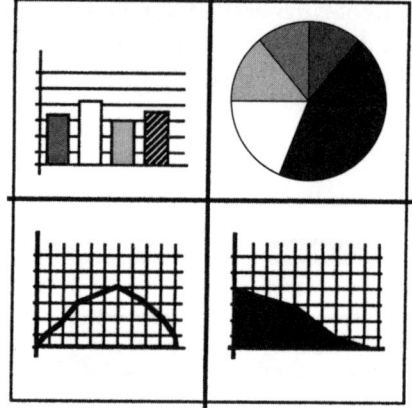

76. Was sollten Sie mit Prospekten tun, bevor Sie sie herausgeben?

Abbildung 22: Beispiel Prospekt

Versehen Sie das Prospekt mit Randnotizen:

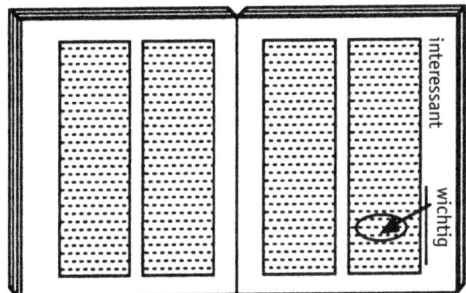

Geben Sie keinen Prospekt heraus, ohne Ihre Visitenkarte anzuheften.

Legen Sie einen Zettel bei, um den Kunden auf etwas aufmerksam zu machen.

> Lieber Herr Franz,
>
> nach unserem Gespräch bin ich über-
> zeugt, dass insbesondere die Seite 7
> für Sie interessant sein kann.
>
> Ihr
> Winfried Scholz

Benutzen Sie einen Markierstift, um bestimmte Stellen im Text hervorzuheben.

77. Wie können Sie mit dem Stift verkaufen?

Bildhafte Darstellungen sind einprägsamer als Worte. Auch bleibt beim Kunden mehr haften. Prüfen Sie deshalb Ihre gesprochenen Worte darauf hin, ob sie nicht auch in Bildern ausgedrückt werden können. Eigentraining ist dazu erforderlich.

Abbildung 23: Aktives Verkaufsgespräch

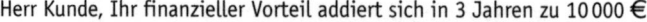

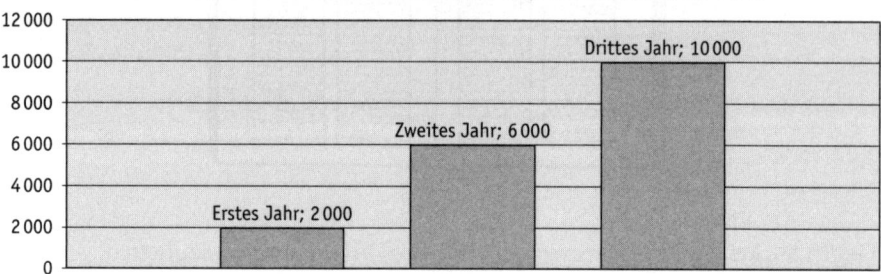

Wenn Sie es schaffen, den Kunden in die Entstehung dieser Zeichnung mit einzubeziehen, haben Sie eine gemeinsame Lösung zu Papier gebracht, die verbindet.

78. Wie führen Sie Kundenseminare am besten durch?

Die Durchführung von Seminaren ist ein interessantes Instrument, um Kunden an sich zu binden und eine Mehrleistung gegenüber dem Wettbewerber zu bieten. Kundenseminare bieten sich an:

- bei einer Neuprodukteinführung zur Vorführung oder zur besseren Nutzung der eigenen Produkte
- zur Vermittlung von speziellem Fachwissen
- zur Ausbildung des kundeneigenen Personals, zum Beispiel im Großhandel

Einige Regeln sollten Sie bei der Durchführung beachten:

1. Es ist wichtig, termingerecht anzufangen.
2. Treten Verzögerungen auf, nennen Sie den neuen Anfangstermin.
3. Es sollte bereits vor dem Beginn etwas passieren. Beispiel: Die Teilnehmer füllen einen Fragebogen aus, den sie in der nächsten Pause abgeben.
4. Die Zuhörer sollen sich auf die Vorträge und das Seminar konzentrieren. Deshalb ist mit der Ausgabe von schriftlichen Unterlagen vor dem Beginn äußerst sparsam umzugehen. Sie laufen sonst Gefahr, dass der Kunde bereits während des Seminars beginnt, die schriftlichen Informationen durchzulesen.
5. Der Zuhörer sollte durch Fragen und aktive Beteiligung in den Vortrag mit einbezogen werden.
6. Praktische Demonstrationen während des Seminars sind sinnvoll.
7. Die Präsentationsseiten sollten möglichst wenig Information enthalten, dafür sehr gut lesbar sein. Sie können die einzelnen Seiten dann interpretieren.
8. Werden Bilder von Produkten gezeigt, dann bitte nicht nur perfekte Fotos vom Gerät, sondern auch Menschen, die daran arbeiten. Damit kann sich der Zuhörer besser identifizieren.
9. Die Vorteile eines Gerätes oder einer bestimmten Anwendung sollten zum Schluss noch einmal zusammengefasst werden.
10. Sollte ein Kunde bei einer Neuprodukteinführung nach dem Preis fragen, dann entscheiden Sie, ob der richtige Moment zur Nennung des Preises bereits erreicht ist. Falls nicht, verschieben Sie besser die Bekanntgabe des Preises.
11. Jeder Teilnehmer sollte nach dem Seminar noch einmal einen Brief mit den wesentlichen Höhepunkten erhalten.
12. Kunden, die sich angemeldet haben, aber nicht erschienen sind, erhalten eine Zusammenfassung der Vorträge.

Wie Sie eine sinnvolle Taktik gegenüber Wettbewerbern entwickeln können

79. Was können Sie tun, wenn Ihr Kunde Sie fragt: Nennen Sie mir Wettbewerber?

Es gibt Fälle in der Verkäuferpraxis, in denen der Kunde ganz offen nach weiteren Wettbewerbern fragt. Bevor Sie eine Antwort geben, sollten Sie zuerst prüfen, welche Qualität Ihre Zusammenarbeit mit dem Kunden hat.

Ist die Zusammenarbeit eher unterdurchschnittlich, ist das Nennen eines Wettbewerbers ein Risiko, da der Kunde mit der Bekanntgabe zusätzliche Gedankenanstöße bekommen kann, die Ihren Auftragsabschluss gefährden könnten. In einem solchen Fall ist eine ausweichende Antwort sinnvoller. Man nennt dann die Wettbewerber, die branchenbekannt sind.

Ist die Zusammenarbeit gut oder sogar überdurchschnittlich, können Sie den Kunden offen fragen, wofür er den Namen des Wettbewerbers braucht. In solchen Situationen ist es manchmal üblich, dass die Einkaufsleitung des Kunden grundsätzlich drei Angebote zu Vergleichszwecken fordert. Hat sich Ihr Kunde für Sie entschieden, kann ein Wettbewerber gewählt werden, der nur eine »Alibifunktion« für Sie und für Ihren Kunden zu erfüllen hat. Wählen Sie einen Wettbewerber, der Ihrem Leistungsangebot unterlegen ist.

80. Was unternehmen Sie bei aggressiven Wettbewerbern?

Wie können Sie als Verkäufer reagieren, wenn Sie feststellen, dass Sie zunehmend Aufträge an einen bestimmten Wettbewerber verlieren?

In diesem Fall ist das Einholen von gezielten Informationen über den Wettbewerber eine erforderliche Aufgabe. Befragen Sie systematisch Ihre Kunden über diesen Wettbewerber. Zufriedene Kunden, zu denen Sie ein persönliches Verhältnis haben, sind bereit, Ihnen Auskunft zu geben.

Informieren Sie Ihre Verkaufsleitung. Dort kann geprüft werden, ob eine bundesweite oder sogar weltweite Aktion läuft. Erhält die Verkaufsleitung frühzeitig Daten und Informationen, können Gegenmaßnahmen ergriffen werden.

Eine weitere Möglichkeit wird seltener genutzt: Sprechen Sie Ihren Kollegen beim Wettbewerber persönlich an. Oft erhält man die eine oder andere Information.

Sie sollten Ihre Aktivitäten gegenüber Ihren Kunden noch weiter verstärken. Zusätzliche »Dienstleistungen«, die finanziell nicht honoriert werden, aber Gefälligkeitsdienste sind, stehen jetzt im Vordergrund.

Parallel zu diesen Aktivitäten per Telefon, Brief oder persönlicher Verhandlung sollten verstärkt Neukundenbesuche durchgeführt werden. Hierbei sollte man ruhig auch die Kunden gezielt ansprechen, von denen man weiß, dass sie Kunden des aggressiven Wettbewerbers sind.

Sollten Ihnen Kunden abspringen, was nicht ausgeschlossen werden kann, haben Sie die Möglichkeit der Kompensation durch neue Kunden.

Erkennen Sie Frühwarnsignale, damit Sie frühzeitig gegensteuern können.

81. Wie können Sie gegen Wettbewerber argumentieren?

In einigen Branchen gilt es als sicher, dass Wettbewerber bewusst oder unbewusst falsche Angaben machen. Der seriöse Verkäufer muss sich immer deutlich davon abgrenzen.

Was tun? Versucht man direkt, dem Wettbewerber unkorrekte Angebote oder auch nur falsche Argumentation vorzuwerfen, stellt man oft fest, dass der Kunde den Wettbewerber versuchen wird zu verteidigen, als wäre er Angestellter des Wettbewerbers. So mancher Überzeugungsversuch endet dann in einer Verteidigungsrede für das eigene Angebot, weil der Kunde jetzt ganz gezielt versucht, die Schwächen des eigenen Angebotes herauszustellen. Gerechtigkeitssinn des Kunden für den nicht anwesenden Wettbewerber oder auch nur geschickte Argumentation, um andere Ziele beim Verkäufer zu erreichen, sind mögliche Hintergründe für ein solches Handeln des Kunden.

Sprechen Sie den Namen des Wettbewerbers nie direkt aus. Es gibt keinen Grund, den Namen des Wettbewerbers durch Wiederholung beim Kunden auch noch bekannter zu machen.

Vergleichen Sie die Angebote. Versuchen Sie, das schriftliche Angebot des Wettbewerbers gemeinsam mit dem Kunden durchzuarbeiten. Der Kunde kann den Preis verdecken. Ihnen geht es um die grundsätzliche Vergleichbarkeit des Angebotes.

Sprechen Sie ganz bewusst positiv von Ihrem Wettbewerber. Mancher Kunde kann so viel Lob für den Wettbewerber nicht akzeptieren und wird Ihnen sagen, dass auch dieser seine Schwächen hat.

Argumentieren Sie über Dritte. Erstens ist es glaubwürdiger und zweitens stellen nicht Sie die Behauptung auf, sondern eine andere Person. Legen Sie Prüfungsberichte, Gutachten, persönliche Schreiben von anderen Kunden und Artikel in Fachzeitschriften vor. Je nach Notwendigkeit kann auch einmal ein Angebot des Wettbewerbers, das Ihnen ein Kunde zur Verfügung gestellt hat, bei dem jetzt vorliegenden konkreten Fall gezeigt werden – natürlich im Vergleich zu Ihrem eigenen Angebot.

82. Was müssen Sie tun, um dem Wettbewerber »einen Riegel« vorzuschieben?

Eine sehr wesentliche Frage in einer Zeit, in der die Bemühungen des Einkaufs, Angebote zu vergleichen und Preisvorteile herauszuhandeln, immer massiver werden. Es ist jedoch auch eine Zeit, in der persönliche Kontakte und Beziehungen eine immer größere Rolle spielen.

Die Mitarbeiter im Kundenunternehmen, Ihre Verhandlungspartner, stehen unter einem zunehmenden Zeitdruck. Mit den Mitarbeitern sind nicht nur die Einkäufer gemeint, sondern auch Abwickler, Ingenieure, Lagerverwalter und Geschäftsleitungsassistenten. Bei allen lässt die fehlende Zeit auch immer weniger soziale Kontakte zu. Das »Schwätzchen« auf dem Flur wird immer mehr zur Seltenheit.

Berücksichtigt man diese Trends, ist es schon einfacher, dem Wettbewerber einen Riegel vorzuschieben.

1. Persönliche Beziehungen, gegenseitige Akzeptanz und Verständnis sind aufzubauen. Der Mensch und Partner ist gefordert. Kunden als Freunde zu gewinnen, ist die Aufgabenstellung. Hier geht es auch um private Kontakte, zum Beispiel Einladungen zum gemeinsamen Abendessen mit Ehefrauen, Tennisspiele und Skatabende.

2. Da unsere Partner immer weniger Zeit haben, müssen Sie in Sachfragen in die Rolle eines »geleasten Assistenten« Ihres Kunden schlüpfen. Je mehr Gefallen Sie ihm tun können oder je mehr Know-how oder Anwendungswissen Sie ihm zur Verfügung stellen können, umso größer werden Ihre Auftragschancen sein.

3. Vertrauen und Sicherheit spielen in unserer Zeit eine sehr große Rolle. Der Kunde muss sicher sein, dass er sich »blind« auf Ihre Angaben bei der Beratung und bei den von Ihnen gemachten Zusagen verlassen kann. Er muss auch den Eindruck haben, dass die Firma hinter Ihnen steht.

4. Dem direkten Gesprächspartner der Kundenfirma muss der »Weiterverkauf« Ihres Unternehmens leicht gemacht werden. Er darf sich nicht der Gefahr ausgesetzt sehen, dass er einseitig die Zusammenarbeit mit Ihnen bevorzugt. Damit müssen auch die objektiven vordergründigen Pluspunkte stimmen: Einhaltung von Lieferzeiten, technische Pluspunkte und der Preis. In diesem Fall müssen Sie Ihrer eigenen Firma klarmachen können, dass eine langfristige Zusammenarbeit mit dem Kunden auch eine preisliche Zusammenarbeit bedeuten kann. Nicht der Einzelfall entscheidet, sondern die langfristige Zusammenarbeit.

83. Wie sieht eine sinnvolle Checkliste zur Anbietersituation aus?

In die linke Seite tragen Sie bitte die Produktbezeichnungen für Ihre Produkte ein und schreiben dann in Stichworten die Angebotsvorteile und -nachteile dahinter, für die Sie dann anschließend eine entsprechende Einwandbehandlung erarbeiten sollten. Sie können übrigens diese gleiche Situation auch für die Wettbewerbsfirmen nehmen, indem Sie einmal hier zuerst Ihre eigene Firma eintragen und dann die Wettbewerbsfirmen mit Ihren Vor- und Nachteilen listen.

Abbildung 24: Checkliste zur Anbietersituation

Anbieter	Angeobtsvorteile	Angebotsnachteile

Wie Sie Ihre eigene Entwicklung fördern und Ihre Persönlichkeit stärken können

84. Welche Ziele haben Sie?

Es gibt mittlerweile einige Erfolgsmethoden, die sich intensiv mit der Zieldefinition, der Zielrealisation und der Zielkontrolle auseinandersetzen. Mit Recht. Man braucht einen Fixpunkt, an dem man sich ausrichten kann. Nach der konkreten Zieldefinition lassen sich die Einzelschritte daraus ableiten.

Insbesondere unser Unterbewusstsein ist in der Lage, das vorgegebene Gedankenspiel »Zieldefinition« weiter und weiter durchzukneten.

Abbildung 25: Ziele zeigen den Weg in die Zukunft.

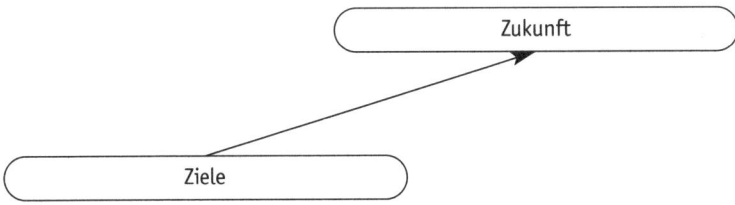

Welche Ziele gibt es?

- private Ziele
- berufliche Karriereziele
- sportliche Ziele
- Besuchsziele und
- Umsatzziele

um nur einige Beispiele zu nennen. Die meisten Ziele stehen sogar in einer Abhängigkeit zueinander und können in der Addition entweder einen hemmenden oder fördernden Charakter haben. Beispielsweise könnte Ihr privates Ziel mehr Freizeit sein, Ihr berufliches Ziel aber gleichzeitig die Einarbeitung in die neue Aufgabe des Verkaufsleiters.

Setzen Sie sich konkret mit Ihren Zielen schriftlich auseinander, und entwickeln Sie daraus die notwendigen Handlungsschritte. Sie werden mit dieser Vorgehensweise jedem Zufallssieger überlegen sein.

85. Worin unterscheiden Sie sich?

Vielleicht überrascht Sie diese Frage. Von erfolgreichen Unternehmen erwartet man aber, dass sie Produkte auf den Markt bringen, die sich positiv von anderen Produkten unterscheiden.

Wenn Sie es nicht bereits getan haben: Nehmen Sie sich einmal die Zeit, und führen Sie eine Stärken- und Schwächenanalyse der eigenen Person durch. Fragen Sie auch einmal Ihren Kunden-, Verwandten- und Freundeskreis. *Was wird an Ihnen besonders geschätzt? Wo sieht man Ihre Schwächen? Warum?*

Viele Sportarten, insbesondere asiatische, streben die Perfektion in der Eigenbeherrschung an. Dazu zählen Karate und Judo. Als Verkäufer muss man sich über seine Wirkung im Klaren sein. In Kenntnis der eigenen Stärken und Schwächen können Sie wie ein Sportler einen Maßnahmen- oder Trainingsplan ableiten. Dieser hilft Ihnen auch beim Verständnis dafür, warum Ihnen ganz bestimmte Dinge mehr oder weniger schwerfallen. Erst die Erkenntnis und Überwindung eigener Engpässe lässt Sie Ihren Verkäuferalltag zufriedener gestalten.

Probieren Sie einmal Folgendes aus: Listen Sie zuerst Ihre Stärken auf, wie Sie sie selbst kennen oder von Ihren Kunden, Bekannten oder Freunden erfahren haben. Bewerten Sie dann das Ausmaß Ihrer Stärke. Ist eine Stärke bei Ihnen durchschnittlich ausgeprägt, vergeben Sie 50 Prozent auf der Skala. Ist Ihre Stärke überdurchschnittlich oder fast einmalig, bewerten Sie sie mit 100 Prozent auf der Skala.

Abbildung 26: Stärken- und Schwächenanalyse

STÄRKENANALYSE	0	10	20	30	40	50	60	70	80	90	100
Zuverlässigkeit											
Spezialkenntnis für											

Sinngemäß verfahren Sie mit Ihrer Schwächenanalyse.

SCHWÄCHENANALYSE	0	10	20	30	40	50	60	70	80	90	100
Zu viel Arbeit für andere											
Nicht Nein sagen können											
Ungeduld											

86. Wie können Sie als Verkäufer erfolgreich sein?

Der Anspruch »Spitzenverkäufer« zu sein, ist das hochgesteckte Ziel. Was Spitzenverkäufer auszeichnet, ist schon oft definiert worden. Im Grunde genommen, lässt sich die Definition auf drei Worte reduzieren: *der methodische Mensch*. Gemeint ist der Verkäufer, der als Person und Mensch akzeptiert wird und nach einem System oder Plan arbeitet, sprich strukturiert denkt und handelt.

Bei einer Umfrage »Warum bin ich als Verkäufer erfolgreich?« haben Verkäufer folgende Anforderungen am häufigsten genannt:

Abbildung 27: Zehn Gründe für Ihren Erfolg

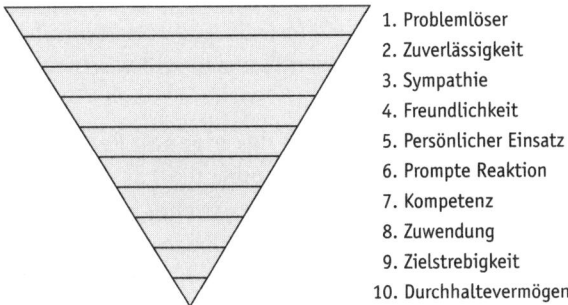

1. Problemlöser
2. Zuverlässigkeit
3. Sympathie
4. Freundlichkeit
5. Persönlicher Einsatz
6. Prompte Reaktion
7. Kompetenz
8. Zuwendung
9. Zielstrebigkeit
10. Durchhaltevermögen

Sie werden feststellen, dass es überwiegend nicht messbare und emotionale Gründe sind, die eine wichtige Rolle spielen. Dies bedeutet, dass zuerst nicht greifbare Dinge wie Zuverlässigkeit und Vertrauen geschaffen werden müssen, bevor man die Chance hat, in der endgültigen Verhandlung über Auftragserhalt oder -nichterhalt mitreden zu können. Der entscheidende Unterschied liegt darin, dies nicht als Lippenbekenntnis zu sehen, sondern die Aktivitäten daran auszurichten. Eingehaltene Kundenrückrufe oder die Erledigung zugesagter kleiner Gefälligkeiten sind vielleicht auf den ersten Blick ohne Ergebnis, langfristig sind sie aber möglicherweise auftragsentscheidend.

Es gibt eine interessante Parallele zu den Untersuchungen einer Unternehmensberatung, die in dem Buch *Auf der Suche nach Spitzenleistungen* (Verlag moderne industrie) festgehalten sind. Hier wurden Unternehmen analysiert, die über Jahrzehnte erfolgreich sind.

Es ist selbstverständlich, dass zum Auftragserhalt mehr gehört als Sympathie und Vertrauen. Hier zählen auch Preis/Leistung, technische Erfahrung, die Firmenunterstützung und gute Produkte. Nur die Reihenfolge entscheidet.

87. Worin unterscheiden sich Spitzenverkäufer von normalen Verkäufern?

Das Thema ist komplex, aber lassen Sie trotzdem einen Definitionsversuch zu. Entscheidend sind drei Fähigkeiten:

Die Fähigkeit, »weiche Faktoren« gezielt einzusetzen Der Spitzenverkäufer ist sich bewusst, dass nicht nur Preise, Technik und Konditionen eine Rolle spielen. Für ihn steht der Mensch auf der gegenüberliegenden Seite im Vordergrund. Damit ist nicht nur der Einkäufer gemeint, sondern auch die Sekretärin, der Techniker und derjenige, der mit der Maschine oder den Produkten arbeiten soll. Für ihn sind emotionale Kaufgründe zu erforschen. Dazu zählen Sicherheit, Vertrauen und Zuverlässigkeit. Zusagen werden von ihm eingehalten.

Das Engagement ist immer etwas größer, als es eigentlich erforderlich wäre. So manche eigene Freizeitstunde »opfert« der Spitzenverkäufer für seine Kunden. Dazu ist er sympathisch und gegenüber sich selbst, seinem Beruf und seinen Kunden positiv eingestellt.

Die Fähigkeit, Verkaufstechniken mit der eigenen Persönlichkeit überzeugend zu verbinden Bei jedem Verkaufstraining wird die Frage gestellt: Merkt das nicht der Kunde, dass wir bei einem Verkaufstraining waren? Manchem Verkäufer wird der Vorwurf gemacht, absolut identisch wie sein Kollege zu reden. Ob gerechtfertigt oder nicht – die Angst ist da, dass man seinen eigenen Stil verliert.

Es gibt Spitzenverkäufer, die in ihrer Art zu verkaufen absolut verschieden sind. Nun kann man sagen, dass jeder Verkäufer seinen Typ von Kunden anzieht und damit schon genug erreicht. Richtig. Allerdings hat man damit auch die Kunden verloren, deren Typ man nicht ist.

Bei vielen Diskussionen mit Verkäufern und durch Beobachtungen der eigenen gemeinsamen Kundenbesuche mit Verkäufern ist deutlich geworden, dass auch Verkaufstechniken, wie sie hier in diesem Buch sehr konkret beschrieben sind, den Spitzenverkäufer noch besser machen. Das Geheimnis: Er schafft es, Verkaufswerkzeuge, wie Schlüsselfragen, Abschlusstechnik und Preisverkauf harmonisch in seine eigene Art des Verkaufens einzubinden – und zwar so, dass es absolut natürlich wirkt.

Die Fähigkeit, die zur Verfügung stehende Zeit bestens zu nutzen Diese Fähigkeit ist am wenigsten ausgeprägt. Selbst der bisher erfolgreiche Spitzenverkäufer hat noch enorme Reserven, die Zeit besser einzusetzen. Das gilt für ein 90-Minuten-Verkaufsgespräch, für den 10-Stunden-Tag und für 200 Arbeitstage. Mehr Zeit für verkaufsbezogene Aktivitäten und das Setzen von Verkaufsprioritäten sind die Zukunftsaufgabe.

88. Wie bleiben Sie fachlich immer auf dem aktuellsten Stand?

Gerade in der heutigen Zeit ist dies eine Aufgabe von besonderer Bedeutung, da immer mehr Wissen zur Verfügung gestellt wird und immer weniger Zeit vorhanden ist. Eine Möglichkeit sind Schnelllesetechniken, die bereits eine Verbesserung zur Informationsaufnahme bringen können. Vorteilhaft ist es auch, eine Matrix der Themenbereiche zu erstellen, die für Sie persönlich, privat und geschäftlich, interessant sind.

Abbildung 28: Matrix Wissen

	Fachzeitschrift	Magazin X	Magazin Y	EDV-Zeitschrift
Technik				
Weiterbildung				
Steuern				
EDV				

Prüfen Sie, ob Sie diese Zeitschriften oder Magazine bereits regelmäßig lesen. Nutzen Sie zum Beispiel auch Wartezeiten bei Ihrem Kunden oder Zugfahrten zum nächsten Termin zum Zweck Ihrer persönlichen Weiterbildung.

Lesen Sie grundsätzlich zuerst das Inhaltsverzeichnis gründlich durch, dann sofort den Artikel, der Sie am meisten interessiert. Die weitere Artikelauswahl sortieren Sie nach dem Kriterium der Wichtigkeit.

89. Nehmen Sie als Verkäufer emotional Einfluss auf Ihren Kunden?

Sie werden die Frage sicher eindeutig mit »Ja« beantworten.

Forschungen haben ergeben, dass man durchschnittlich nicht mehr als 10 Prozent der geistigen Kapazität des Gehirns nutzt und über die Bandbreite alle Entscheidungen oft auch nur 10 Prozent rational getroffen werden.

Abbildung 29: Pyramide der Entscheidung

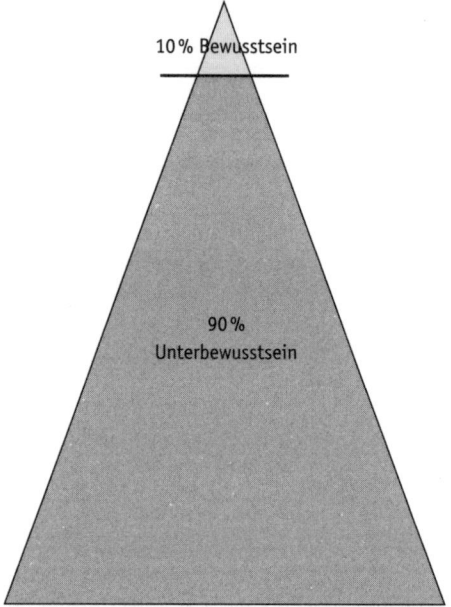

10 % Bewusstsein

90 %
Unterbewusstsein

90 Prozent Unterbewusstsein bei jedem Menschen heißt: Damit haben unser Erscheinungsbild, unser Auftreten und unsere eigene Art uns zu geben eine bedeutende Wirkung auf den Kunden.

90. Wie beeinflusst Ihre Produktüberzeugung den Verkaufserfolg?

Die Analyse von Erfolg und Misserfolg eines Verkaufsgesprächs macht Reserven erkennbar. Aus der Praxis gibt es einige Beispiele für Erfolge mit Lerneffekt:

Abbildung 30: Beispiel Produktgruppe Bauelemente

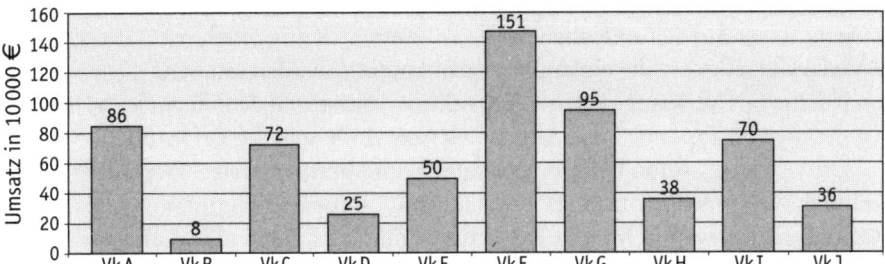

Hier liegt der Verbesserungsansatz in der eigenen Produktüberzeugung. Die Spitzenverkäufer in der jeweiligen Produktgruppe finden weitaus mehr Pluspunkte, die für das Produkt sprechen, als die Verkäufer in derselben Produktgruppe mit unterdurchschnittlichen Umsätzen. Finden Sie über einen Erfahrungsaustausch heraus, welche Produktvorteile der Spitzenverkäufer sieht. In einem anderen Beispiel hat der Verkäufer bei geringer Angebotssumme eine überdurchschnittliche Auftragsrealisierungsquote. Das verschlechtert sich mit zunehmendem Angebotswert. Woran liegt es? Fehlt dem Verkäufer in der Größenordnung über 100 000 Euro die Überzeugungskraft, oder gibt es andere Gründe? Ein Verkäufer

Abbildung 31: Angebotssumme

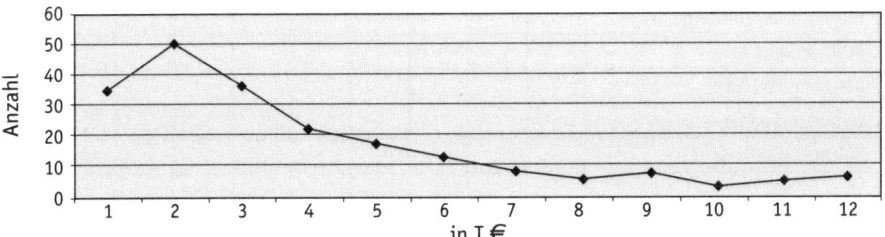

zieht oft »seinen Kundentyp« an und ist bei dieser Zielgruppe sehr erfolgreich. Allerdings ist er dies bei einem anderen Schlag Mensch weit weniger. Was tun? Analysen helfen, Ansatzpunkte für weitere Reserven im Verkauf zu finden. Oft hilft schon ein Erfahrungsaustausch unter Kollegen mit konkreten Fragen und Antworten.

91. Wie können Sie sich als Verkäufer selbst trainieren?

Ihre Entwicklung als Verkäufer ist nicht statisch. Sie entwickeln sich im Laufe der Jahre durch Ihre Erfahrung weiter. Erfolgs- und Misserfolgserlebnisse korrigieren Ihre Art, als Verkäufer zu arbeiten. Wesentlich ist jedoch die Akzeptanz eines lebenslangen Lernens und Trainierens. Genau wie ein Sportler oder Flugzeugkapitän müssen Sie trainieren, damit Sie in kniffligen und kritischen Situationen, wo es auf Sekundenbruchteile ankommt, richtig reagieren. Das erfordert »Verkäuferreflexe«, die einstudiert oder trainiert werden müssen.

Jeder ist als Verkäufer in einer individuellen Situation, denn nicht jeder Mensch ist der gleiche Typ, auch das Alter spielt eine Rolle und die Erfahrung.

Entwicklungsstufen beim Eigentraining sind beispielsweise: Gesprächsvorbereitung, Gesprächseröffnung, Fragetechnik, Einwandbehandlung, Abschlusstechnik und so weiter. Mit der Zeit werden die zu trainierenden Aufgaben immer komplexer, etwa strategische Gebietsbearbeitung durch Planung und Gebietsanalyse oder Zeitmanagement. Sie treffen die Entscheidung, welche Verkaufshilfsmittel Sie bereits beherrschen und welche weiter verbessert oder neu aufgenommen werden sollten. In der Praxis hat sich folgende Unterlage als hilfreich erwiesen:

Abbildung 32: Matrix Eigentrainingsprogramm

	10%	20%	30%	40%	50%	60%	70%	80%	90%	100%
Gesprächsvorbereitung										
Gesprächseröffnung										
Gesprächsführung										
Fragetechnik										
Einwandbehandlung										
Preisverkauf										
Abschlusstechnik										
Gebietsmanagement										
Zeitmanagement										

Tragen Sie die Einzelthemen ein, die für Ihre weitere Entwicklung als Verkäufer eine sinnvolle Hilfe sind, und bewerten Sie den Ist-Zustand. 50 Prozent entspricht der Bewertung »durchschnittlich«.

92. Warum mit uns?

Haben Sie sich diese Frage schon einmal konkret in einer kritischen Verhandlungsphase gestellt? Konzentrieren Sie sich darauf, Argumente und Vorteile zu finden, die für eine Zusammenarbeit sprechen. Die folgende Abbildung unterstützt Sie dabei:

Abbildung 33: Was zeichnet Ihr Unternehmen aus?

	10%	20%	30%	40%	50%	60%	70%	80%	90%	100%
Lieferzeit										
technische Lösung										
Anwendungs-Know-how										
Verlängerte Garantie										

Diese Form der Fragestellung dient dazu, Ihnen persönlich Klarheit zu verschaffen, wie Sie Ihre Chancen einschätzen. Zusätzlich kann eine grafische Darstellung, richtig aufbereitet, auch dem Kunden zur Verfügung gestellt werden. In jedem Fall dient sie in der Vorbereitungsphase dazu, den aktuellen Standpunkt der Verhandlung aus allen Richtungen zu durchleuchten und die Chancen zu objektivieren.

93. Wie halten Sie eine wirkungsvolle Rede?

Die Situation entsteht schnell: Man wird gebeten, zu einem bestimmten Thema eine Rede zu halten oder beim Kunden zum Firmenjubiläum einige Worte zu sagen.

- *Was ist das Ziel Ihrer Rede?* Formulieren Sie das Ziel aus, damit Sie es anschließend kontrollieren können. Denn Ihre Rede ist nur Mittel zum Zweck, um etwas damit zu erreichen.
- *Sorgen Sie für eine aktive Beteiligung der Zuhörer bei Ihrer Rede.* Eine Rede wird heute nicht mehr so geführt, dass einer spricht und die anderen zum Zuhören gezwungen sind. Entweder sprechen Sie die Zuhörer direkt an, oder Sie stellen eine rhetorische Frage, die Sie dann selber beantworten. Der Zuhörer wird Ihrer Rede viel konzentrierter folgen, weil er merkt, dass er in Ihren Vortrag eingebunden ist.
- *Sprechen Sie in Bildern und Beispielen.* Das ist anschaulicher. Es hört sich besser an, wenn Sie sagen: »Unser neues Produkt passt jetzt in Ihren Aktenkoffer. Früher haben wir mit der Hälfte der Leistung den Platzbedarf eines Zimmers benötigt.«
- *Einstieg und Ausstieg müssen sitzen.* Sie sollten vorher einstudiert werden. Unterscheiden Sie sich insbesondere beim Einstieg positiv. Bringen Sie eine Anekdote, erzählen Sie von einem Erlebnis, das im Zusammenhang mit Ihrem Vortragsthema steht.
- *Visualisieren Sie in Ihrer Rede.* Zeigen Sie Sie Bilder, Zeitungsausschnitte und Muster. Wenn es eine Tafel im Raum gibt, dann benutzen Sie sie. Reden Sie nicht in der Ich-Form, sondern in der Sie- und Wir-Form.
- *Informieren Sie sich vorher über die Zuhörer.* Dann können Sie sich in ihre Sprache hineinversetzen. Bei Handwerkern kommen andere Formulierungen an als bei einer Sitzung von Bankiers.
- *Achten Sie auf Ihre Stimme.* Sprechen Sie nicht monoton, sondern trainieren Sie, schneller und langsamer, lauter und leiser zu reden.
- *Beachten Sie Ihre Gestik.* Keiner erwartet von Ihnen, dass Sie nur noch mit Händen und Füßen reden. Aber das Verschränken der Arme auf dem Rücken beispielsweise wirkt während der ganzen Rede langweilig.
- *Erzählen Sie den Zuhörern nur das, was ihnen nützt.* Die Rede ist kein Eigenzweck, sondern ein Mittel, um Teilnehmer für sich zu gewinnen.

Eine positive, nicht überzogen wirkende Selbstdarstellung während einer Rede durch den Einsatz der vorgenannten »Werkzeuge« wird auch Ihren Vorsprung weiter ausbauen.

Welche entscheidenden Verkaufshilfen können Sie für Ihren Erfolg nutzen?

94. Wie viele Ihrer zufriedenen Kunden haben Sie schon um eine aktive Vollreferenz gebeten?

Nach wie vor ist das persönliche Engagement eines zufriedenen Kunden für das Produkt, das Unternehmen oder die Person des Verkäufers bei einem potenziellen neuen Kunden einer der überzeugendsten Vorteile, die man als Verkäufer für sich buchen kann.

Möglicherweise sind Ihre Kunden in Verbänden oder Gemeinschaften zusammengeschlossen. Oft treffen sich auch Einkäufer bei einem Glas Bier zu einem Erfahrungsaustausch. Manchmal fürchtet man sogar stattfindende Biertischgespräche unter Kunden, weil eine gerade laufende Reklamation sich wie ein Buschfeuer herumsprechen kann. Andererseits haben Sie durch intensive Kundenkontakte untereinander auch eine ganze Menge Chancen.

Bitten Sie Ihre zufriedenen Kunden einmal darum, Ihnen ein Referenzschreiben zu geben. Das kann ein konkreter Anlass sein, wie etwa die termingerechte Erstellung einer Anlage oder das Hervorheben einer mittlerweile bereits Jahre dauernden zuverlässigen Zusammenarbeit. Verwenden Sie diesen Brief bei Ihren Akquisitionsgesprächen. Bitten Sie vorher den Kunden darum, seinen Namen nennen zu dürfen.

Eine genauso wichtige aktive Vollreferenz ist es auch, dass der Kunde sich bereiterklärt, persönlich einen bekannten Einkäuferkollegen anzusprechen und ihn über Ihre sehr guten Geschäftsbeziehungen zu informieren. Legen Sie mit Ihrem Kunden einen gemeinsamen Termin zur Nachbereitung von Ihrer Seite fest. Das ist eine sehr geschickte Möglichkeit der Neukundengewinnung!

95. Sollten Sie sich während der Verkaufsverhandlung Notizen machen?

Verkaufen ist auch die Fähigkeit, einzelne Pluspunkte des Angebots aus der Sicht des Kunden zu gewichten und die individuelle Kundensituation zu erkennen. Dabei steht als Aufgabe die Problemlösung für den Kunden im Vordergrund. Die Problemlösung wird sich aus rationalen und emotionalen Gründen zusammensetzen, wobei emotionale Gründe nicht oder nur ganz selten ausgesprochen werden. Oft ist sich der Kunde seiner Handlungsweise nicht einmal bewusst. Aus diesen Gründen ist es notwendig, zwischen den Zeilen lesen und interpretieren zu können.

In einer Verkaufsverhandlung erhalten Sie viele Informationen. Manche sind sofort zuzuordnen, andere erfordern Nachdenken. Die beschriebenen Pluspunkte sprechen eindeutig für Notizen während einer Verkaufsverhandlung. *Die Vorteile sind:*

- Sie sparen Zeit, weil das Notwendige sofort festgehalten wird.
- Nichts Wesentliches geht verloren, weil Sie es sofort aufschreiben. Berücksichtigen Sie auch, wie schnell Sie Informationen vergessen können, wenn Sie Ihre Notizen nicht während der Verhandlung machen, sondern erst am Abend Ihres Arbeitstages. Dann werden sich nicht mehr alle Einzelinformationen der verschiedenen Besuche ins Gedächtnis zurückholen lassen.
- Sie zeigen dem Kunden, dass Sie ihn wichtig nehmen. Mit dem Festhalten seiner Information dokumentieren Sie ihm die Wichtigkeit seiner Aussage.
- Sie haben für Kollegen oder den Vertriebsleiter direkt ohne Mehrarbeit eine Informationshilfe geschaffen.
- Falls Sie etwas nicht direkt beantworten können, zeigen Sie dem Kunden, dass er seine Antwort erhalten wird, indem Sie seine Frage notieren.

Nach Monaten oder manchmal Jahren sind die festgehaltenen Informationen eine wertvolle Fundgrube für Ihre Argumentation.

Ein Hinweis: Jeder Mensch sagt oft etwas mit speziellen Worten, die ein anderer nicht verwendet, die er auch als seine eigenen Worte wiedererkennt. Meistens werden Sätze oder Aussagen unseres Gesprächspartners nur sinngemäß wiedergegeben und aufgeschrieben. Hier schlummert eine weitere Verkaufschance: Notieren Sie die Aussagen Ihres Gesprächspartners wortwörtlich. Verwenden Sie diese Formulierungen in Ihren Angeboten und Gesprächen mit diesem Kunden, selbst wenn es nicht Ihr eigener Sprachstil ist. Was wirkt mehr, als Vorteile so zu hören, wie man es als Kunde selbst nicht besser formulieren könnte?

96. Welche Bedeutung hat der Name des Gesprächspartners für das Verkaufsgespräch?

Es sei erlaubt, ein Beispiel aus der Computerbranche zu nennen. In dieser Branche ist es oft geübte Praxis, neue Computermodelle mit einer nur für Insider nachvollziehbaren Zahlen- und Buchstabenkombination zu bezeichnen. Andererseits gibt es Aussagen, dass bei neuen Computermodellen mit Zahlen oder Buchstabenkombinationen die Werbekosten zur Einführung bis zu doppelt so hoch sind wie bei Modellen, die mit verständlichen Namen auf den Markt gebracht werden.

Eine weitere Erkenntnis bestätigt, dass der eigene Name für jeden Menschen eines der wichtigsten Themen ist. Auf einer Party, bei der man in einer einige Meter entfernten Diskussionsrunde nur ein Stimmengemurmel verstehen kann, hört man seinen eigenen Namen heraus. *Nutzen Sie also den Kundennamen als Verkaufshilfe.*

Da der Name wichtig ist, sollte er auch ausgesprochen werden. Es gibt Kunden mit leicht verständlichen Namen. Andere hingegen haben kaum aussprechbare Namen. Jetzt kommt es auf die Hartnäckigkeit des Verkäufers an. Häufig sprechen die Kunden ihren Namen nur unverständlich aus. Viele Verkäufer belassen es dabei und fassen nicht mehr nach, um den Namen richtig zu verstehen und auszusprechen. Je länger das Gespräch dann dauert, umso größer wird die Barriere, den Namen in Erfahrung zu bringen. Eine sinnvolle Verkaufshilfe ist vertan.

Der Name des Gesprächspartners ist am Anfang des Gesprächs hartnäckig zu hinterfragen, falls man ihn nicht sofort verstanden hat. Sinnvoll ist es auch, den Namen aufzuschreiben, weil man bei der anschließenden Verhandlung den Namen vor Augen hat und ihn dadurch besser aussprechen kann.

Insbesondere bei Verhandlungen mit mehreren Teilnehmern auf der Kundenseite ist die Erfassung der Namen und, falls man es nicht bereits weiß, die Funktion der Teilnehmer in Erfahrung zu bringen.

97. Was sollten Sie über Ihren Kunden wissen?

Das Ziel ist es, alle verfügbaren Informationen in Erfahrung zu bringen. Auch einige Informationen über die Privatsphäre des Kunden sind für Ihren Verkaufserfolg wertvoll.

Beispiel

Was man über einen Großhändler wissen muss, um die bestmögliche Betreuung sicherzustellen:

1. Firmengröße:
- Jahresumsatz
- eigener Umsatzanteil
- Einzugsgebiet
- Verpflichtungen zu anderen Großhändlern

2. Wichtige Personen, die man als Alliierte gewinnen sollte:
- Einkäufer
- Lagerverwalter
- Sekretärin
- Außendienst
- Chef des Außendienstes
- mögliche Nachfolger
- Innendienst

3. Über diese Personen sollte man so viel wie möglich wissen:
- Vor- und Zuname
- Hobbys
- Geburtstag/Alter
- Funktion in der Firma (Status)
- Familienstand
- Dauer der Firmenzugehörigkeit
- Angewohnheiten

4. Produkt und Kunden
- Welche Produktpalette bietet der Großhändler an?
- Wo liegen die Schwerpunkte?
- Welche Wettbewerbsprodukte vertreibt er?
- Welche Anteile haben die Wettbewerber?
- Besteht Lagermöglichkeit?
- Wer ist sein Kundenkreis?

5. Sonstige Informationen
- Preisverhalten am Markt
- Versandsystem
- Zahlungsmoral
- fabrikatstreu
- Bonität

Dieses Beispiel werden Sie sicherlich schnell auf Ihre eigene Abnehmergruppen übertragen können und komplettieren. Es ist eine konkrete Verkaufshilfe.

98. Wie verhalten Sie sich bei Geburtstagen Ihres Kunden?

Kunden freuen sich auch über Geburtstagsgrüße von Verkäufern. Es ist eine nicht immer genutzte Möglichkeit, den Kunden mehr an sich zu binden. Es brauchen keine Geschenke mit wertvollem Inhalt sein. Eine schöne Geburtstagkarte erfüllt auch ihren Zweck. Auch eine E-Mail mit einem netten Text oder ein netter Anruf ist ein schönes Geschenk für Ihren Kunden.

Beispiel

Lieber Herr ....,

herzlichen Glückwunsch zum Geburtstag. Es gibt Tage, die einen besonderen Wert haben. Geburtstage als Rückblick und Ausblick des Lebens.

An Sie denkt

Ihr

....

Tipp: Schicken Sie doch auch einmal eine Grußkarte oder ein kleines Geschenk zu einem außergewöhnlichen Anlass, zum Beispiel Ferienbeginn.

99. Wie können Ihnen Ihre Services helfen, mehr Umsatz zu erwirtschaften?

Der Kollege im Service ist für manchen Verkäufer ein interessanter Umsatzfaktor. Denn bedenkt man, dass man als Verkäufer lediglich eine begrenzte Kapazität für Kundenbesuche hat und deshalb nicht überall sein kann, ist bei den Kollegen im Service eine weitere Umsatzreserve offensichtlich. Ihr Kollege besucht pro Tag eine Anzahl an Kunden, die Sie möglicherweise aus Zeitgründen nicht anfahren, weil kein aktueller Bedarf vorliegt.

Das Servicepersonal genießt, genau wie Sie, das volle Vertrauen des Kunden. Allerdings zeigt die Erfahrung, dass zum Beispiel der Servicetechniker oft noch mehr Informationen über geplante Anschaffungen im eigenen Hause oder bei befreundeten Unternehmen erhält, weil man sich ihm gegenüber noch zwangloser verhält. Ihm wird ganz einfach unterstellt, dass er keinerlei Verkaufsinteressen hat.

Durch die Informationen der Kollegen im Service können Sie in einem sehr frühen Stadium Einfluss auf Bedarfsfälle nehmen, da Sie in diesem Stadium die Anfrage noch aktiv mitgestalten können. Darüber hinaus haben Ihre Kollegen Kontakt zu Mitarbeitern im Kundenunternehmen, mit denen Sie möglicherweise nicht zusammenkommen. Auch hier kann es eine wahre Fundgrube von Informationen geben. Nutzen Sie also die Informationen Ihrer Kollegen im Service durch regelmäßige Treffen oder telefonische Kontakte. Lassen Sie sie spüren, dass Sie sie als Menschen wichtig nehmen und ihre Informationen auch verwerten.

100. Sollten Sie sich vorher anmelden oder ohne Anmeldung zum Kunden gehen?

Vorteile der vorherigen Anmeldung:
- Ihr Besuch ist nicht vergebens, weil Sie Ihren Gesprächspartner aufgrund der Terminvereinbarung auf jeden Fall antreffen.
- Der Besuch hat eine größere Bedeutung, weil auch der Kunde sich vorbereiten kann.
- Ihr Zeitmanagement ist sinnvoll genutzt. Wertvolle Zeit durch Anfahrtszeiten zu nicht erreichbaren Kunden geht nicht verloren.
- Es entsteht nicht der Eindruck, dass man als Verkäufer »Klinkenputzen« geht.

Nachteile der vorherigen Anmeldung:
- Die Gefahr der Ablehnung während des Telefonats zur Terminvereinbarung ist größer. Mancher Termin ist zustandegekommen, weil vorher keine Anmeldung erfolgte und der Kunde sagte: »Einverstanden, wenn Sie schon mal hier sind …«
- Vereinbarte Termine dauern in der Regel länger als »Kaltbesuche« ohne vorherige Abstimmung. Sie können somit weniger Besuche pro Tag oder Monat durchführen. Die Qualität der Besuche ist bei dieser Betrachtungsweise bewusst außer Acht gelassen worden.

Vorteile eines »Kaltbesuchs« und damit ohne vorherige Anmeldung:
- Es ist zwar auch eine Gefahr der Ablehnung beim Pförtner gegeben. Allerdings ist die Chance empfangen zu werden, um einiges größer.
- Sie können mehr Besuche pro Tag durchführen.
- Wollen Sie eine weitere Person im Kundenunternehmen über Ihren direkten Gesprächspartner hinaus kennen lernen, ist der Besuch ohne vorherige Anmeldung hilfreich. Oft wird die Urlaubsvertretung für Ihren direkten Gesprächspartner von dem Vorgesetzten übernommen.
- Sie können »Kaltbesuche« einfach dazwischenschieben, falls Ihnen reguläre Termine ausgefallen sind.

Nachteile eines »Kaltbesuchs« und damit ohne vorherige Anmeldung:
- Ihr Gesprächspartner ist unter Termindruck und hört Ihnen nicht zu, da er Ihren Termin nicht geplant hat. Die Qualität des Besuches kann darunter leiden.
- Sie treffen Ihren Gesprächspartner nicht an.

Fazit: Beide Besuchsarten bieten für das aktive Verkaufen interessante Ansatzpunkte. Berücksichtigen Sie planerisch beide.

101. Wie können Sie verhindern, im Stehen empfangen zu werden?

In einer Vorhalle oder einem kalten Besprechungszimmer kann keine Gesprächsatmosphäre aufkommen, die gerade für ein erfolgreiches Verkaufsgespräch sehr wichtig ist. Die beste Möglichkeit, nicht im Stehen oder in einem Besprechungszimmer empfangen zu werden, ist sicherlich eine telefonische oder schriftliche Terminvereinbarung. Doch auch wenn dies nicht möglich ist, können Sie einiges dafür tun, die Räumlichkeiten zu wechseln:

1. Sagen Sie dem Kunden, dass Sie ihm etwas zeigen wollen und deshalb mehr Platz brauchen als den, der gerade zur Verfügung steht.
2. Bitten Sie den Kunden darum, den Betrieb, das Lager oder das Labor besichtigen zu dürfen, da Sie einen Überblick für Ihr Angebot brauchen.
3. Bitten Sie bei einem Erstgespräch darum, den Chef persönlich kennen zu lernen. Das geht beim Erstbesuch weitaus einfacher als später.
4. Bitten Sie um eine Zeichnung oder Unterlagen, und bieten Sie dem Kunden direkt an mitzugehen, damit er nicht so viel zu laufen braucht.
5. Falls Sie wissen, dass Ihr Gesprächspartner mit mehreren Kollegen in einem Raum sitzt, versuchen Sie, die Teilnehmerzahl zu erweitern, und bieten Sie dem Kunden auch in diesem Fall an, ihn direkt zu begleiten.

102. Wie weit sollten Sie sich Ihrem Kunden anpassen?

Menschen sind bekanntlich grundverschieden. Doch bei zwischenmenschlichen Interaktionen, also beispielsweise in einem Verkaufsgespräch, sucht man sich häufig auf der anderen Seite denjenigen heraus, der einem vom Typ her ähnlich ist, mit dem man deshalb am besten auskommt. Es gibt zahlreiche Versuche, Menschen zu typologisieren. Die folgende ordnet den einzelnen Typen Farben zu:

- Nehmen wir beispielsweise den »eisblauen« Persönlichkeitstyp, der alles besonders sorgfältig sieht, analysiert und diskutiert. Bei ihm werden bestimmt Pünktlichkeit, bis ins Detail gehende Erklärungen und Zurückhaltung in der Diskussion eine Rolle spielen.
- Andererseits gibt es den »sonnengelben« Persönlichkeitstyp, der offen für alles Neue ist, Kreativität einbringt und zunächst gerne über mögliche Lösungsvorschläge/Träume »plaudert«, bevor Sie zum Ziel gelangen.
- Den »erdgrünen« Persönlichkeitstypen drängt es nach Beständigkeit und Sicherheit. Er beschäftigt sich viel mit der Beziehungsebene zwischen Menschen. Er reagiert sehr einfühlsam und ist sehr zuverlässig.
- Der »feuerrote« Persönlichkeitstyp ist besonders selbstbewusst, entschlossen und autoritär. Er arbeitet sehr zielstrebig und lösungsorientiert.

Fazit: Inwieweit Sie sich dem Kunden anpassen, entscheiden letztendlich Sie. Je mehr Bereitschaft Sie allerdings zeigen, auf die Persönlichkeit des Gegenübers einzugehen, das heißt ihn so zu behandeln wie er es gerne möchte, umso mehr werden Sie auch Kunden gewinnen können, die Ihnen nicht von Anfang an »richtig liegen«.

103. Was verhindert kundenorientierte Gespräche?

1. Ich-Argumentationen in den Vordergrund zu stellen (»Ich werde Ihnen sagen ...«)
2. Fehler, Unkenntnis und Unwissenheit des Kunden schonungslos aufzudecken (»Das ist falsch, Herr Kunde, was Sie sagen, weil ich ...«)
3. über Dritte schlecht zu reden, die der Kunde möglicherweise sogar noch kennt
4. dem Kunden ins Wort fallen oder ihn gar nicht erst zu Wort kommen lassen.
5. falls mehrere Gesprächspartner auf der Kundenseite vertreten sind, nur mit dem ranghöchsten Gesprächsteilnehmer zu verhandeln und die anderen nicht mit einem Blick zu würdigen
6. eigene Ansichten bis zum Letzten auszudiskutieren und auf dem eigenen Standpunkt zu beharren, selbst wenn der Kunde offensichtlich gegenteiliger Ansicht ist
7. durch Kopfschütteln, verneinende Handbewegungen und fehlenden Augenkontakt dem Kunden zu signalisieren, dass man nicht seiner Ansicht ist
8. den Kunden im Beisein von Vorgesetzten und ihm unterstellten Mitarbeitern herabzusetzen. (»Das können Sie gar nicht wissen.«)
9. Arroganz und zu viel Selbstsicherheit an den Tag zu legen
10. den Kunden erkennen zu lassen, dass man als Mitarbeiter einer sehr großen Firma auftritt, und den Kunden den Größenunterschied zwischen Lieferanten- und Kundenfirma spüren zu lassen

Fazit: Die Führung kundenorientierter Gespräche ist einfach. Dreht man vorgenannte Negativbeispiele um, sind bereits gute Voraussetzungen geschaffen.

104. Wie können Sie auf eine Kaufentscheidung emotional Einfluss nehmen?

Im emotionalen Bereich sind weitaus mehr Schlüsselfaktoren für Erfolg oder Misserfolg eines Verkäufers zu suchen, als sie bisher in das Tagesgeschäft durch bewusstes Handeln Einzug gehalten haben. Da beispielsweise Sympathie oder Vertrauen nur schwer greifbare und quantifizierbare Dinge sind, hält man sich an die offensichtlicheren, aber in vielen Fällen zweitrangigen Themen für Verkäufererfolg.

Von der wesentlichen eigenen Motivation und der Identifikation mit dem Verkäuferberuf oder dem Projekt einmal abgesehen, sind Themen wie Sicherheit der Lösung, Vertrauen in die Person des Verkäufers und Sympathie das Tüpfelchen auf dem I zum Auftragserhalt. Setzt man sich bewusst damit auseinander, werden auch emotionale Verkaufshilfsmittel offensichtlich.

Engagement für den Kunden und sein Projekt, Mehrleistung an persönlicher Unterstützung für ihn, Sympathie, Freundlichkeit, Beweise für Zuverlässigkeit und gerechtfertigtes Vertrauen werden Ihnen bei der endgültigen Kaufentscheidung des Kunden einen Vorsprung vor dem Wettbewerber einräumen. Es ist ein mühevoller Weg, da Sicherheit und Vertrauen langfristig aufgebaut werden und Sie oft von der Unterstützung eigener Kollegen im Unternehmen abhängig sind, um Ihre Zusagen auch einhalten zu können. Ihr Erfolg wird andererseits durch das bewusste Einsetzen von emotionalen Gesichtspunkten noch mehr steigen.

105. Wie gewinnen Sie die Sympathie Ihres Kunden?

1. Achten Sie auf ein ordentliches, sauberes Äußeres. Tragen Sie keine überzogene Kleidung oder Frisur. Ihre Kleidung sollte der Vorstellung des Kunden für einen Verkäufer entsprechen. Das kann branchenabhängig sein.
2. Stellen Sie sich selbst mit Namen vor. Damit sich der Kunde Ihren Namen besser merken kann, sagen Sie zuerst den Nachnamen und danach noch einmal Vor- und Nachnamen. Geben Sie Ihre Visitenkarte ab.
3. Sprechen Sie den Kunden öfter mit Namen an.
4. Bereiten Sie sich gut vor. Versuchen Sie, über Ihnen bekannte Personen vorher Informationen über Ihren Gesprächspartner in Erfahrung zu bringen.
5. Verteilen Sie »Streicheleinheiten«. Geben Sie zum Beispiel ein Lob über die Entwicklung der Firma.
6. Seien Sie ein aktiver Zuhörer. Signalisieren Sie dem Kunden Aufmerksamkeit durch Blickkontakt, Kopfnicken und Zustimmung.
7. Lassen Sie den Kunden aussprechen.
8. Bekräftigen Sie nochmals die Wichtigkeit der Kundenangaben.
9. Seien Sie von Ihrer Firma und den Produkten überzeugt, und lassen Sie es den Kunden auch wissen.
10. Akzeptieren Sie Ihren Gesprächspartner als Mensch, selbst wenn er sich nicht immer sympathisch verhält.

106. Welche Bedeutung haben Sicherheit und Vertrauen für Ihre Arbeit?

Sie werden es sicherlich bestätigen, dass Sicherheit und Vertrauen eine ganz entscheidende Bedeutung für den Auftragserhalt haben. Unternehmen, deren Produkte einen Marktanteil von 70 Prozent oder sogar mehr haben, verkaufen leichter.

Abbildung 34: Beispiel Marktanteil

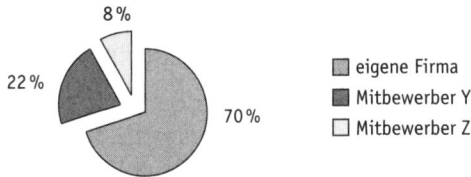

Image und Bekanntheitsgrad des Unternehmens haben einen unleugbaren Einfluss auf den Verkaufserfolg.

Welche *Möglichkeiten zur Erhöhung der Sicherheit* gibt es bei der Kaufentscheidung für den Kunden? Schließlich können nicht alle Produkte und Unternehmen einen 70-prozentigen Marktanteil haben und selbst in diesem Fall muss bei neuen Produkten zuerst einmal ein Marktanteil erreicht werden.

- Legen Sie Referenzlisten vor. Qualität entscheidet, nicht nur Quantität.
- Besuchen Sie mit dem möglichen Kunden gemeinsam ein Referenzobjekt. Der Kunde kann bereits mit dem Nutznießer Ihres Angebotes ein persönliches Gespräch führen.
- Falls es möglich ist, gestehen Sie dem Kunden ein Rücktrittsrecht zu.
- Erhöhen Sie die Anzahl der Entscheidungsträger im Unternehmen des Kunden! Das Verkaufen wird zwar dadurch schwieriger, weil Sie mehr Personen überzeugen müssen, andererseits wird die Entscheidung dann von mehreren Köpfen im Kundenunternehmen getragen.

Vertrauen aufzubauen ist ein kurz- und ein langfristiger Prozess. Kurzfristig, weil man durch sein Auftreten und seine Aussagen einen vertrauenserweckenden Eindruck erreichen kann. Insbesondere gemachte Zusagen und die Art, Angaben zu bestätigen oder sogar um Klärungsaufschub zu bitten, beeinflussen Ihre Gesprächspartner. Der langfristige und dauerhafte Vertrauensaufbau erfolgt durch das Einhalten von Zusagen und Lieferzeiten sowie durch Unterstützung in kritischen Situationen.

107. Wer sind Ihre Ansprechpartner?

Bei Verhandlungen mit neuen sowie mit alten Kunden lauert die gleiche Gefahr: Man verhandelt mit den falschen Leuten – hinsichtlich ihrer Entscheidungsmöglichkeiten und ihrer Kompetenzen. Nur bekommt man es nicht gesagt. Die Gefahr ist zwar bei neuen Kunden größer, allerdings gibt es auch bei Altkunden immer häufiger Neuregelungen in der Hierarchie. Oft kümmert man sich dann zu spät um den Nachfolger – vor allen Dingen, wenn man den Vorgänger lange Jahre kannte.

Suchen Sie deshalb gezielt nach dem Entscheidungsträger im Unternehmen, den Sie dann als Verbündeten gewinnen oder halten müssen. *Welche Möglichkeiten gibt es?*

1. Erweitern Sie systematisch die Anzahl der Ihnen bekannten Menschen im Kundenunternehmen. Erfragen Sie den Urlaub Ihres direkten Gesprächspartners, und sprechen Sie dann den Vertreter an.
2. Lassen Sie sich ein Organigramm von Ihren jetzigen und zukünftigen Kunden geben.
3. Veranstalten Sie bei Ihren Großkunden von Zeit zu Zeit interne Messen, bei denen Sie die Ihnen nicht bekannten Abteilungen und Gesprächspartner ansprechen.
4. Fragen Sie gezielt nach Nachfolgern.
5. Scheuen Sie sich nicht, über andere Leute im Kundenunternehmen Informationen einzuholen.
6. Stellen Sie möglichst zu Beginn einer Verkaufsverhandlung dem Kunden die Frage: »Wie sind Sie organisiert?« Dadurch erfahren Sie, wer im Unternehmen die Kaufentscheidung treffen wird. Der Kunde fühlt sich dadurch nicht falsch angesprochen.

108. Wie stellen Sie sicher, dass Sie die Entscheider im Kundenunternehmen auch kennen lernen?

Sie haben sicher schon folgende Erfahrung gemacht: Ihr direkter Gesprächspartner wird Ihnen nicht den Auftrag erteilen können. Er ist nicht der Entscheidungsträger. Dafür gibt es verschiedene Gründe: Er darf gar nicht entscheiden, er will nicht entscheiden oder er kann nicht entscheiden, weil er zum Beispiel erst seit kurzer Zeit im Unternehmen ist. Sie brauchen also ein Gespräch mit dem Chef oder anderen Gesprächspartnern. *Mehrere Möglichkeiten bieten sich an:*

1. Der sinnvollste Weg ist, dass Sie beim ersten Gespräch Ihren direkten Gesprächspartner darum bitten, dass er Sie dem Chef vorstellt. Eine Begründung könnte zum Beispiel sein: »Herr Kunde, da ich das erste Mal in Ihrem Hause bin, würde ich gerne die Gelegenheit wahrnehmen und mich auch bei Herrn X (Chef) vorstellen.« Beim ersten Besuch ist das einfach. Danach wird es schwieriger, weil der direkte Gesprächspartner sich übergangen fühlen kann.
2. Ebenfalls chancenträchtig ist die Durchführung einer Präsentation beim Kunden, wobei hier direkt mehrere Gesprächspartner auf der Kundenseite erreicht werden. Sie sollten sicherstellen, dass Ihr Entscheidungsträger, zu dem Sie bisher keinen Kontakt hatten, dabei ist.
3. »Zufällig« können Sie der Firma einen Besuch abstatten, wenn Ihr bisheriger Gesprächspartner in Urlaub ist. Da in vielen Fällen der Vorgesetzte die Vertretung übernimmt, können Sie jetzt mit ihm sprechen.
4. Wechseln Sie die Hierarchieebene, und bringen Sie Ihren Vorgesetzten mit. Jetzt haben Sie die Gelegenheit eines »Vierergesprächs« zwischen Chefs und Mitarbeitern.

109. Was können Sie tun, wenn der Gesprächspartner gewechselt hat?

Es gilt, in zwei Richtungen zu arbeiten: *den neuen Gesprächspartner für sich zu gewinnen und den bisherigen Gesprächspartner weiter zu betreuen.*

Kommt der neue Gesprächspartner von einer anderen Firma, wird er bereits seine Lieferantenbeziehungen haben. Betrachten Sie ihn wie einen Neukunden. Vorinformationen über seine Person sind nach Möglichkeit in Erfahrung zu bringen. Je mehr Sie über den neuen Gesprächspartner vor Ihrem ersten persönlichen Gespräch wissen, desto sicherer kann der erste Kontakt ablaufen.

In der ersten Phase sollte der Kontakt häufig erfolgen, denn der neue Gesprächspartner arbeitet sich in die Materie ein, und Sie können bei Fragen den Kunden direkt unterstützen. Jetzt sollten Sie auch die Kontakte zu weiteren Gesprächspartnern in der Firma intensivieren. Der neue Gesprächspartner soll schließlich von zwei Seiten überzeugt werden: durch Ihr eigenes Engagement und durch seine eigenen Kollegen, mit denen Sie eine gute Beziehung aufgebaut haben.

Der Kontakt zu Ihrem bisherigen Gesprächspartner darf nicht verloren gehen. Bei einem Wechsel in eine andere Firma öffnen sich Ihnen zusätzliche Verkaufschancen. Bleibt der Gesprächspartner innerhalb der Kundenfirma, ist er ein wichtiger Verbündeter. Gratulieren Sie ihm für seine persönliche Weiterentwicklung, und halten Sie auch hier einen sehr intensiven Kontakt in der Anfangsphase.

110. Was sollten Sie bei Reklamationen berücksichtigen?

Reklamationen haben negative Auswirkungen für den Kunden und für das eigene Unternehmen. Diese Auswirkungen sind bekannt. Weniger bekannt ist, dass Reklamationen auch positive Auswirkungen haben können. Denn in dieser schwierigen Phase der Zusammenarbeit, in der Not, kann das Unternehmen unter Beweis stellen, ob es sich für den Kunden gelohnt hat, diesem Unternehmen zu vertrauen.

Wie behandelt man Reklamationen?

1. Geben Sie dem Kunden Gelegenheit, seinen »Dampf« abzulassen. Zuerst muss er seinem Ärger Luft machen dürfen. Unterbrechen Sie den Kunden in dieser Phase, wird er sich sehr schnell persönlich angegriffen fühlen.
2. Aktiv zuhören, den Kunden nicht unterbrechen, hin und wieder Bestätigungen wie »Ja« oder »Hm« geben.
3. Betroffenes Interesse zeigen. Bitten Sie den Kunden um alle Informationen, auch wenn sie sich gegen Ihr Unternehmen richten. Dann haben Sie alle Fakten zusammen.
4. »Streicheleinheiten« verteilen. Werten Sie seine Person auf. »Ausgerechnet bei Ihnen muss das passieren ...«
5. Wundern Sie sich. Es ist nicht alltäglich, dass es bei Ihnen eine Reklamation gibt.
6. Machen Sie sich Notizen. Der Kunde merkt dadurch, dass Sie ihn ernst nehmen. Er wird zur Sachlichkeit gezwungen, da seine Übertretung, die bei einer Reklamation schnell passieren kann, schriftlich festgehalten wird. Merkt der Kunde, dass seine Äußerungen aufgeschrieben werden, wird er seine oft übertriebene Aussage abschwächen.
7. Entschuldigen Sie sich. Nichts wirkt versöhnlicher als das Wort »Entschuldigung«.
8. Treu zur Firma stehen. Wer in dieser Situation auf Kollegen oder andere Bereiche im eigenen Unternehmen schimpft, wird diese Informationen als Bumerang bei zukünftigen Verhandlungen, wenn die Reklamation längst vergessen ist, zurückerhalten.
9. Verhalten Sie sich lösungsorientiert. Machen Sie dem Kunden keine Vorwürfe, selbst wenn er eine Mitschuld trägt. Versuchen Sie herauszuarbeiten, wie es weitergehen kann.
10. Enden Sie positiv. Auch bei einer Reklamation lässt sich etwas Positives finden.

111. Welche positiven Verkaufsausdrücke sollten Sie gezielt einsetzen?

Positive Verkaufsausdrücke wie etwa die folgenden wirken unbewusst beim Kunden.

Sicherheit Sie spielt bei der Einkaufsentscheidung eine sehr wichtige Rolle. Sprechen Sie Sicherheit gegenüber dem Kunden aus, und beweisen Sie sie durch Referenzen.

Bewährt Viele Kunden sind nicht risikofreudig. Damit spielt die Bewährtheit des Produkts oder der Firma eine große Rolle. Übrigens können auch neue Produkte bereits bewährte Materialien enthalten, sodass die Akzeptanzschwelle verringert werden kann.

Garantie Auch hierbei ist der Sicherheitsgedanke bedeutend. »Wir garantieren Ihnen …« wirkt beim Kunden. Wenn Sie eine längere Garantie anbieten, als das Gesetz sie vorschreibt, sollten Sie ausdrücklich darauf hinweisen.

Unverbindlich Kunden verpflichten sich nicht gern. »Kennen lernen ohne Verpflichtung« ist in einigen Branchen bereits Tagesdenken.

Erprobt Auch hier spielt der Gedanke, nicht Versuchskaninchen für ein wenig ausgereiftes Produkt zu sein, eine Rolle. Listen Sie auf, wie viele zufriedene Kunden es bereits gibt. Bei einem ausgereiften und eingeführten Produkt fällt es Ihnen leichter, auf Erprobtes zurückzugreifen. Bei neuen Produkten kombinieren Sie das Neue mit bewährten Bestandteilen.

Materialgeprüft Wenn Sie Ihre Produkte einem Härte- oder Dauertest unterziehen, sollte es der Kunde erfahren. Können Sie möglicherweise auf Ergebnisse der Stiftung Warentest zurückgreifen, haben Sie ebenfalls eine aktive Verkaufshilfe.

Sonderprüfung Falls Sie Abnahmen und Kontrollen durchführen, die über das branchenübliche Maß oder die gesetzlichen Vorschriften hinausgehen, sollte es der Kunde erfahren. Der Sicherheitsgedanke wird hierbei zusätzlich unterstützt. Hilfreich sind auch Fotos der Abnahme im Werk, die anschaulich Ihre Bemühungen um eine höhere Qualität unterstreichen.

112. Welche negativen Verkaufsausdrücke sollten Sie vermeiden?

Man verbindet mit ganz bestimmten Worten oft mehr als nur die eigentliche Bedeutung, die im Wörterbuch steht. So bekommen sie schnell eine doppelte Bedeutung, die sich für ein Verkaufsgespräch unbewusst negativ oder positiv auswirken kann. *Negative Verkaufsworte sind:*

Kosten Wer will schon Kosten haben? Besser ist eine Investition, die einen bestimmten Betrag erfordert.

Preis Vermeiden Sie das Wort »Preis«. Besser ist es, von »Summe« oder »Investition« zu sprechen.

Produktdemonstration »Vorführung« ist das bessere Wort. Demonstration erscheint sehr politisch.

Verpflichtung Wer verpflichtet sich schon gerne. Das klingt zu endgültig.

Neu »Neu« ist ebenfalls ein Risiko bei einem sicherheitsorientierten Kunden. Es bedeutet auch: »Versuchskaninchen« und Schwierigkeiten bei der ersten Serie. Weisen Sie besser darauf hin, dass auch das neue Modell viele bewährte Einzelheiten enthält.

Vertrag Verkaufsaktiver ist es von einer Vereinbarung zu sprechen.

Schulung Mancher gestandene Erwachsene verbindet mit der Schule seiner Kindheit Unangenehmes. Alternativen sind Begriffe wie »Training«, »Weiterbildung« oder »Ausbildung«.

Lieferfrist Fristen passen vielen Kunden nicht. Sprechen Sie entweder von einem Liefertermin oder vom Lieferzeitpunkt.

Wie Sie Einkäufer noch besser verstehen können

113. Was ist für Einkäufer bei der Zusammenarbeit mit einem Verkäufer wichtig?

Ein mir persönlich bekannter Einkäufer hat aus seiner Sicht einmal definiert, wann und warum Verkäufer bei ihm Erfolg haben. Mag es auch keine repräsentative Umfrage sein, die Ergebnisse sind es wert, gelesen zu werden:

10 Punkte Der Verkäufer muss sein Produkt sehr umfassend und genau kennen.

9 Punkte Der Verkäufer muss nachweislich (das heißt auf Dauer) ehrlich und zuverlässig sein.

8 Punkte Der Verkäufer kann sich in die Probleme des Kunden versetzen.

7 Punkte Der Verkäufer eliminiert die Probleme des Kunden mit Rückhalt seines eigenen Hauses.

6 Punkte Seine Leistung ist wirtschaftlich.

5 Punkte Der Verkäufer verfügt über die entsprechenden Sprachkenntnisse (bei Auslandsverhandlungen).

4 Punkte Der Verkäufer kontaktiert den Kunden persönlich.

Interessanterweise hat der Einkäufer bestätigt, dass man den Preis nicht als Einkaufsgrund Nummer 1 sehen kann. Er kauft bei etwa 30 Prozent seiner Lieferanten (600 insgesamt) etwa 80 Prozent seines gesamten Einkaufvolumens. Eine kurzfristige ausschließliche Preisorientierung kann für ihn in der langfristigen Zusammenarbeit nachteilige Auswirkungen haben.

114. Welche Tricks kennt ein Einkäufer?

Einer der »Tricks«, die sehr viel Geld kosten können, ist die »Salamitaktik« bei Preisverhandlungen. Hier versucht der Einkäufer, zuerst sehr hartnäckig den Preis herunterzuhandeln. Wenn der Einkäufer dann seine 10 oder 12 Prozent Rabatt herausgeholt hat und Sie sich bereits des Auftrages sicher glauben, fordert er von Ihnen weitere Zugeständnisse, wie zum Beispiel die Anerkennung seiner Liefer- und Zahlungsbedingungen. Akzeptieren Sie auch dies, wird er versuchen, von Ihnen Zugeständnisse bei der Fracht zu erreichen. Er wird Ihnen jedes Zugeständnis einzeln abringen wollen. Vermeiden Sie deshalb die Verhandlung in Einzelschritten.

Abbildung 35: Beispiel Salamitaktik

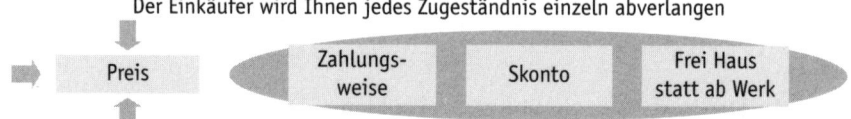

Der Einkäufer wird Ihnen jedes Zugeständnis einzeln abverlangen

Stellen Sie deshalb am Anfang einer Preisverhandlung sicher, dass *alle* anderen Besprechungspunkte vorher geklärt sind. Fragen wie: »Welche Punkte werden wir heute besprechen?« oder »Ist neben dem Preis noch ein weiterer Punkt zu besprechen?« vermeiden oder reduzieren das Risiko, Schritt für Schritt Zugeständnisse machen zu müssen. Jedes Zugeständnis, das Sie trotzdem machen müssen, sollten Sie, wenn möglich in Euro oder Prozentzahlen als Rabatt ausrechnen und von den ursprünglich geforderten Rabatten direkt abziehen.

Auch die Frage: »Wenn wir eine Einigung über den Preis erzielen, kann ich dann heute den Auftrag mitnehmen?« ergibt Klarheit, ob der Kunde abschlussbereit ist oder noch weitere Besprechungspunkte hat.

Ein weiterer »Trick« ist die Rollenverteilung bei Einkaufsgesprächen mit mehreren Teilnehmern auf der Kunden- und der Verkäuferseite. Der bisherige, direkte Gesprächspartner des Verkäufers auf der Anwender- oder technischen Seite wird instruiert, in der Verhandlung nicht mehr der Alliierte des Verkäufers zu sein. Ganz im Gegenteil wird er sich bei der Abschlussverhandlung entweder sehr kritisch oder sehr ruhig verhalten, je nachdem, welche Rolle ihm zugeteilt worden ist. Der Verkäufer kann von diesem offensichtlichen Meinungswechsel so überrascht sein, dass er an Sicherheit in der Gesprächsführung verliert. Immerhin hat man sich als Verkäufer durch die Vorinformationen des Technikers oder Anwenders bereits sehr gute Auftragschancen eingeräumt. Hier hilft nur die Erkenntnis, dass ein abgestimmtes Vorgehen in der Verhandlung durch den Einfluss des Einkäufers vorliegt.

115. Was wird in Einkäuferseminaren gelehrt? Wie können Sie trotzdem das Verkaufsgespräch führen?

Diese Fragen interessieren viele Verkäufer: *Was wird Einkäufern in Seminaren vermittelt? Wie verhalte ich mich einem geschulten Einkäufer gegenüber?*

In Einkäuferseminaren werden viele Themen behandelt, die ebenfalls in Verkäuferseminaren vermittelt werden, zum Beispiel: Fragetechnik, Informationserhalt durch Zuhören, Einwandbehandlung und Preisrabattverhandlungen. Nur werden jetzt die Hilfsmittel eingesetzt, um als Einkäufer das beste Verhandlungsergebnis zu erzielen.

Die oft heraufbeschworene Situation: »Geschulter Verkäufer trifft geschulten Einkäufer« ist in der Praxis nicht so schwierig, wie sie gerne dargestellt wird. Wenn man als Verkäufer überzeugt die Verhandlung führt, Verkaufstechniken an der richtigen Stelle einsetzt und den persönlichen Kontakt zum Einkäufer aufbaut, wird man seine Verhandlungsergebnisse auch gegenüber einem geschulten Einkäufer durchsetzen können.

Einkäufer lernen in ihren Seminaren beispielsweise Folgendes:

- Der Verhandlungsort soll sorgfältig ausgesucht werden, damit man den Raum bereits zum eigenen Vorteil nutzen kann.
- Die Auswahl des Verhandlungsteams auf der Einkäuferseite wird rechtzeitig festgelegt. Das kann bedeuten, dass ein wichtiger Gesprächspartner und Alliierter des Verkäufers nicht an der Verhandlung teilnimmt.
- Wichtige Verhandlungen werden vorher trainiert. Die Beteiligten treffen sich bereits vor der Verhandlung und sind dann für die Verhandlung ein eingespieltes Team.
- Es werden gezielt Negativinformationen von befreundeten Einkäufern oder im eigenen Unternehmen eingeholt. Lieferverzögerungen und Reklamationen sind dann die Vorwürfe, die Ihnen erst einmal gemacht werden, um Sie aus der Reserve zu locken.
- Manchmal wird sogar der Geschäftsbericht des Verkäufer-Unternehmens eingeholt, um die Gewinne der letzten Zeit zu analysieren. In der Preisverhandlung wird Ihnen dann der eigene Geschäftsbericht vorgelegt und eine Preiserhöhung abgelehnt.
- Es wird eine Rollenverteilung vorgenommen. Gesprächspartner, die in der Vorphase sehr intensiv mit dem Verkäufer zusammengearbeitet haben, werden in der Verhandlung schweigen. Manchmal geht man so weit, festzulegen, wer der freundliche und wer der aggressive Gesprächspartner auf der Einkäuferseite sein wird.

Wie Sie Ihre Angebotsverfolgung perfektionieren können

116. Wie sollten Sie ein Angebot nach der Abgabe verfolgen?

Am Angebotstag

Geben Sie das Angebot am besten persönlich ab, um es mit dem Kunden durchzusprechen, »Herr Kunde, damit Sie Zeit sparen, gehe ich das Angebot mit Ihnen durch.« Die hervorstechenden Vorteile, wie besondere Materialien, verlängerte Garantien, Qualitätsbezeichnungen und zusätzliche Unterstützung, markieren Sie dabei farbig. Der Kunde wird beim Vergleich sofort erkennen, wo die Unterschiede liegen.

Bei Dingen, die im Kollegenkreis manchmal unter den Tisch fallen, ist ein besonderer Hinweis sinnvoll: »Herr Kunde, bitte achten Sie besonders auf diesen Punkt. Dieser Vorteil ist insbesondere für Sie wichtig, weil …«

Im Angebot sollten die Gesamtangebotsvorteile der Firma deutlich herausgestellt sein.

Hinweis: Für Angebote an staatliche Stellen oder an Einkäufer legen Sie bei allen Produkten, die es gibt, Prüfzeugnisse bei.

Ein Tag nach der Angebotsabgabe

Rufen Sie den Kunden an: »Welche zusätzlichen Überlegungen sollten wir noch in unserem Angebot berücksichtigen?« Falls Sie das Angebot per Post abgeschickt haben: »Herr Kunde, haben Sie das Angebot erhalten? Wie entspricht es Ihren Vorstellungen?«

Vier Tage nach Angebotsabgabe

Nehmen Sie wieder Kontakt zum Kunden auf – persönlich, schriftlich oder per Telefon:

- »Wie kann ich Sie noch bei der Entscheidungsfindung unterstützen?«
- »Wir haben noch eine weitere Alternative entwickelt. Bitte rufen Sie an.«
- »Wie liegen wir im Rennen? Was ist abgesehen vom Preis Ihre heutige Anforderung?«

117. Wie können Sie Ihre Erfolgschancen nach Abgabe des Angebots erhöhen?

Dabei steht ein Wort deutlich im Vordergrund: Hartnäckigkeit! Vielfach neigt man dazu, die Quantität der Angebote in den Vordergrund zu stellen. Dabei kommt allein aus Zeitgründen die systematische Angebotsverfolgung zu kurz.

Möglichkeiten zur Erhöhung der Erfolgschance liegen in einer systematischen Angebotsverfolgung (bestenfalls integriert in ein Zeitplaninstrumentarium), um täglich eine aktuelle Übersicht über die laufenden Projekte zu erhalten.

- Lassen Sie in Ihrem vorher geführten Verkaufsgespräch bewusst ein bis zwei wichtige Punkte weg. Sie haben anschließend die Möglichkeit, per Telefon, Brief oder persönlich nach Abgabe des Angebotes darauf einzugehen.
- Setzen Sie in Ihre Angebote grundsätzlich Entscheidungstermine für den Kunden, die ihm gegenüber natürlich als Vorteil dargestellt werden.

Beispiel

»Damit die Lieferzeit für Sie sichergestellt ist, bitten wir um Antwort bis zum 25.03.!«
»Damit die Konditionen für Sie gehalten werden können, bitten wir um Ihre Meinung bis zum 25.03.!«
Entweder reagiert der Kunde oder Sie haben durch den Termin sofort einen Aufhänger für die Angebotsverfolgung.

- Schicken Sie dem Kunden noch zusätzliche Informationen nach dem eigentlichen Angebot, eventuell eine Zeichnung mit Ihren persönlichen Notizen am Rande.
- Schicken Sie ihm zum Beispiel eine Einladungskarte zur Messe, damit Sie sich mit ihm dort treffen können.
- Werksbesuche oder Referenzkunden sind zusätzliche Ansatzpunkte.
- Bringen Sie einen neuen Gesprächspartner mit ins Spiel. Das kann Ihr Verkaufsleiter sein oder sogar der Geschäftsführer.
- Legen Sie bei jedem Kontakt den nächsten Termin mit dem Kunden fest. Kein Termin ohne Brücke zum nächsten Kontakt. Bestenfalls vereinbaren Sie auch, was der Kunde und Sie in der Zwischenzeit tun werden.

118. Wie kann eine Checkliste zur Angebotsverfolgung aussehen?

Entwickeln Sie ein Formblatt, das die wesentlichen Details enthält, beispielsweise:

- Angebotsnummer
- Kundenname
- Angebotswert

- Nachfasstermine (ein, zwei oder drei Wochen nach Angebotsabgabe)

- Produktname
- Notizen und Ergebnisse

Abbildung 36: Angebotsverfolgungscheckliste

lfd. Nr.	Datum	Vertreter	Angebot/Produkt	Menge	Preis	Rabatt	Nachfass-termin	Notizen/Ergebnisse

Weitere Punkte sind zu berücksichtigen:

- Legen Sie die Kontakttermine mit dem Kunden fest.
- Lassen Sie die Angebotsverfolgung durch Ihre EDV durchführen, weil Ihnen dann auf Zeit gesehen nützliche Auswertungsmöglichkeiten zur Verfügung stehen.
- Entwickeln Sie einen Standardbrief zur Angebotsverfolgung, den Sie zusätzlich einsetzen können.
- Erstellen Sie einen Bericht über die Gründe für einen nicht erhaltenen Auftrag, damit zukünftig daraus gelernt werden kann.
- Falls Sie mit Vertretungen zusammenarbeiten, beispielsweise mit Auslandsvertretungen, beziehen Sie die Vertreter aktiv in die Angebotsverfolgung ein – durch den Einsatz von Formblättern.
- Die Zusammenarbeit auf diesem Gebiet ist immer dann sinnvoll, wenn zwei Partner ein Angebot gemeinsam zur Abgabe an einen Dritten erstellen, beispielsweise die Zusammenarbeit mit Großhändlern und gemeinsamen Angeboten an Handwerksfirmen.
- Wer soll über den aktuellen Stand der Angebotsverfolgung informiert sein? Legen Sie den Verteiler fest.

Halten Sie fest, welche Änderungen und Ergänzungen jeweils erforderlich waren und ob daraus generell Ableitungen für die Produktpolitik getroffen werden können.

119. Wie bauen Sie ein lückenloses Angebotsverfolgungssystem auf?

Sie werden sich sicher bereits mit dieser Problematik auseinandergesetzt haben: *Die größte Gefahr liegt in der Unübersichtlichkeit.* Entweder hat man zu viele Daten, die untergebracht werden müssen oder zu viele Projekte. Andererseits darf nicht Zeit in eine Kundenbearbeitung und Angebotserstellung gesteckt werden, ohne durch eine systematische Nachverfolgung die Früchte der Arbeit zu ernten.

Abhängig von der Branche führen 80 bis 95 Prozent aller Angebote nicht zum Auftrag für das eigene Unternehmen. Ein Teil der verlorenen Aufträge kann auf das Konto der fehlenden oder unsystematischen Angebotsverfolgung gebucht werden. Ein Prinzip sollte bei der Angebotsverfolgung eingehalten werden:

Abbildung 37: Prinzip der Angebotsverfolgung

> Übersicht durch
> Schriftlichkeit und Bewertung

Es empfiehlt sich, eine Unterlage in einem Methodik-Handbuch oder einem Zeitplanbuch mit sich zu tragen, um in Wartezeiten oder aufgrund aktueller Ereignisse, etwa zusätzliche Kundeninformationen, sofort reagieren zu können. Entwickeln Sie Ihr eigenes Angebotsverfolgungschart, das Ihre wesentlichen Informationen erhält (siehe Frage 118).

Bewerten Sie Ihre Angebote entweder mit dem A/B/C-Prinzip nach Ihrer eigenen Einschätzung, oder führen Sie erst Projekte ab einer zu definierenden Größenordnung in Euro auf.

Kann man die Projektverfolgung als eine zentrale Aufgabe für den Verkaufserfolg akzeptieren, wird die Aussage eines Einkaufsleiters keine Gültigkeit mehr haben: »Höchstens 20 Prozent der Angebote werden von Verkäufern bei uns im Einkauf systematisch nachverfolgt.«

120. Welche Schlüsselfragen sind bei der Angebotsverfolgung wichtig?

Die folgenden Schlüsselfragen sollen Ihnen dazu dienen, Ihren eigenen Fragen-katalog zur Angebotsverfolgung am Telefon zu erstellen. Selbstverständlich wird nach wie vor die Situation darüber entscheiden, wann und ob Sie welche Fragen stellen. Ein Fragenkatalog wird Ihnen aber die schwierige Angebotsverfolgung am Telefon erleichtern.

Schlüsselfragen bei der Angebotsverfolgung am Telefon:

- Haben Sie unser Angebot erhalten?
- Was meinen Sie dazu?
- Was hat Ihnen an unserem Angebot besonders gefallen?
- Welche Aussichten haben wir Ihrer Meinung nach mit unserem Angebot?
- Wurden alle Punkte in Ihrem Sinne berücksichtigt?
- Bestehen noch Unklarheiten über die angebotenen Details?
- Wo sehen Sie noch Ergänzungsmöglichkeiten?
- Welche Maßnahmen sind nach Ihrer Meinung erforderlich, um den Auftrag für uns verbuchen zu können?
- Mit welchen Unterlagen können wir Ihnen noch weiterhelfen?
- Was hinderte Sie bisher daran, Ihre Entscheidung zu treffen?
- Wo liegen wir preislich gegenüber dem Wettbewerb?
- Welche Mitbewerber sind noch im Gespräch?
- Dürfen wir davon ausgehen, dass Sie den Auftrag bereits im Hause haben?
- Wann passt Ihnen ein persönliches Gespräch in Ihrem Haus am besten, damit wir die noch zu diskutierenden Punkte klären können?

Wie Sie per Brief, Fax und E-Mail
Aufträge für sich entscheiden können

121. Verwenden Sie bereits den kundenorientierten Briefstil?

Sehen Sie als Verkäufer einen Brief nur unter Verkaufsgesichtspunkten. Sie wollen eine Idee verkaufen und müssen dafür Interesse wecken.

- Lassen Sie überflüssige Einleitungen am Briefanfang weg, und beginnen Sie möglichst zügig mit der Kernaussage.
- Vermeiden Sie Worte wie: »unser« und »wir«. Verwenden Sie Wörter und Formulierungen wie: »Sie« und »gemeinsam«. Der Kunde steht im Mittelpunkt und sollte somit zum Satzgegenstand gemacht werden.
- Vermeiden Sie Floskeln und unnötige Phrasen, zum Beispiel: »In Erwartung … verbleiben wir …« Verwenden Sie eine direkte und vertrauensvolle Sprache, wie Sie sie auch am Telefon praktizieren.
- Ebenfalls vermeiden sollten Sie entbehrliche Fremdwörter. Es sind lediglich Fachausdrücke angebracht, wenn sie für den Kundigen treffend und inhaltsreich sind.
- Schreiben Sie kurze Sätze, da man kurze Sätze besser lesen und behalten kann. Das ist gerade in der heutigen Zeit wichtig, in der die meisten Leser unserer Post immer wieder abgelenkt werden.
- Machen Sie dem Leser die Informationsaufnahme leicht. »Schreiben Sie optisch« durch Einrücken, Unterstreichen, Fettdruck und Kursivschrift.
- Verwenden Sie Gegenwarts- statt Zukunftsaussagen. Die Gegenwartsform spricht den Kunden an, als wäre er bereits im Besitz des Angebotenen. Dieser psychologische Vorgriff fördert den Kaufentschluss.
- Dank und Lob gegenüber dem Kunden ausdrücken. Loben Sie eine Tatsache oder Leistung, auf die der Kunde selbst stolz ist. Vorsicht: Keine Phrasen und Schmeicheleien!
- Schreiben Sie den Namen Ihres Ansprechpartners mindestens noch ein zweites Mal in dem Brief. Die Aufmerksamkeit wird dadurch deutlich erhöht.
- Bitten Sie den Kunden in Ihrem Brief um eine Aktivität von seiner Seite. Das kann ein Gefallen sein, eine Zeichnung oder die Beantwortung eines beiliegenden Fragebogens. Je mehr Zeit der Kunde für die Zusammenarbeit mit Ihnen investiert, umso deutlicher signalisiert er seine Bereitschaft zu einer weiteren Zusammenarbeit nach dem Auftragsabschluss.
- Kundenfehler sollten Sie niemals herausstellen. Entweder Sie erörtern die Schuldfrage nicht, oder Sie nehmen die Schuld auf die eigene Kappe.
- Fehler, die in Ihrem Hause gemacht wurden, sollten Sie jedoch in jedem Fall erwähnen.

122. Wie aktivieren Sie Ihren Kunden mit einem Brief?

■ Schreiben Sie den Namen des Kunden nicht nur am Briefanfang, sondern setzen Sie den Namen mehrmals ein:
  – »Wie Sie, Herr Krämer, bei unserem letzten Gespräch sagten, ist …«
  – »Gerade aus diesem Grunde ist es, Herr Meier, für Sie und Ihre Mitarbeiter wichtig …«
  – »Sicherlich sind Sie der gleichen Ansicht, Herr Müller, dass sich diese …«
  Der Vorteil ist offensichtlich. Sobald der eigene Name gelesen wird, steigt die Aufmerksamkeit. Sie steigt nochmals, wenn der Kunde wortwörtlich zitiert wird. Voraussetzung ist allerdings, dass Sie bei vorangehenden Gesprächen bestimmte Redewendungen des Käufers wortwörtlich mitgeschrieben haben. Sinngemäße Zitate reichen nicht aus.

■ Stellen Sie Fragen im Brief. »Nutzen Sie bereits die Wärme aus Ihrem Abwasser?«

■ Bitten Sie den Kunden, Ihnen etwas zuzusenden. Das kann eine technische Zeichnung wie auch eine zusätzliche Information sein.

■ Erleichtern Sie dem Kunden die Aufnahme der schriftlichen Informationen. Setzen Sie Grafiken ein, wo es möglich ist. Unterstreichen und Einrücken sind weitere optische Hilfsmittel.

123. Wie bringen Sie Ihren Kunden in einem verkaufsorientierten Angebot zum Handeln?

Zwei Dinge sind hierbei wesentlich:

1. Stellen Sie Vorteile für den Kunden optisch und inhaltlich heraus, und bitten Sie um Stellungnahme.

Ein Angebot sollte zwei Teile enthalten: den Anschreibebrief und den eigentlichen Angebotstext.

In dem Anschreibebrief sind die Vorteile des Produktes für den Kunden deutlich herauszustellen. Er darf nicht den Eindruck haben, dass es ein Standardtext ist. Nennen Sie zwei bis drei wesentliche Vorteile. Unterstreichen Sie diese Vorteile, oder nutzen Sie andere optische Hilfsmittel wie Fettdruck, Kursivierung und Einrückungen. Der Brief sollte eine Seite nicht überschreiten.

Mit einem kurzen und für den Schnellleser einprägsamen Begleitbrief können Sie Ihre Verkaufsbotschaft auch hier anbringen. Der Angebotstext, meist mehrere Seiten lang, sollte auch das richtige Verhältnis der Investitionssummen einzelner Positionen widerspiegeln.

2. Machen Sie kein Angebot ohne Termin.
In den meisten Angeboten stehen am Ende Leerformeln wie:

- »In Erwartung Ihrer geschätzten Rückäußerung …«
- »Wir stehen Ihnen bei Rückfragen jederzeit zur Verfügung …«

Ihr Ziel heißt verkaufen. Beenden Sie deshalb kein Angebot, ohne dem Kunden einen Termin gesetzt zu haben.

- »Damit die Lieferzeit für Sie sichergestellt ist, antworten Sie bitte bis zum 20. 04.«
- »Da die Preise Ihre Gültigkeit im März verlieren, antworten Sie bitte bis …«

Es gibt genügend Möglichkeiten, dem Kunden einen glaubwürdigen Grund zu nennen, mit Ihnen Kontakt aufzunehmen. Ein Grund könnte auch eine künftige Preiserhöhung sein: »Bitte erteilen Sie uns den Auftrag bis zum 20. 04., weil sich unsere Preise für Rohstahl, den wir zukaufen, ab diesem Datum erhöhen.«

Ein Teil der Kunden wird diese Termine nach wie vor ignorieren. Doch ein kleiner Teil wird reagieren. Für Sie ist das ein sicheres Zeichen von Interesse. Erreicht haben Sie die Reaktion mit keiner Minute Mehrarbeit.

Sie haben noch einen weiteren Vorteil: Antwortet der Kunde nicht zu diesem Datum, haben Sie einen sehr guten Aufhänger für ein Gespräch oder Telefonat. »Herr Kunde, wir hatten uns den 20. 04. als Termin gesetzt.«

124. Was muss in einem Angebot enthalten sein?

1. Stimmt die Anschrift beim Begleitbrief? Ist der Name richtig geschrieben? Ist der Name bei einem wichtigen Pluspunkt im Text mindestens ein zweites Mal geschrieben worden?
2. Ist eine Aufteilung für den technischen oder den produktbezogenen Teil und den Begleitbrief vorgenommen worden?
3. Wird zuerst das Interesse des Empfängers geweckt und dann der Nutzen des Angebots geschildert?
4. Ist der Vorteil für den Kunden optisch hervorgehoben worden, und zielt das Angebot auf den aktuellen Bedarf des Kunden?
5. Kein Angebot ohne Termin. Ist für den Kunden ein glaubwürdiger Termin eingesetzt worden, der ihm einen Anlass gibt, bis zu diesem Termin zu antworten beziehungsweise enthält das Angebot einen Abschlussvorschlag?
6. Haben Sie unverständliche Fachausdrücke weggelassen, falls Sie Zweifel haben, dass Ihre Leser des Angebots diese Fachsprache verstehen?
7. Haben Sie Grafiken, Anschauungsmaterial und aktuelle Prospekte beigelegt? Ist das Informationsmaterial auf dem neusten Stand?
8. Liegen alle notwendigen Unterlagen bei und sind diese auf dem neusten Stand?
9. Falls Sie die Möglichkeit haben: Ist nicht nur der Endpreis genannt, sondern auch die Chance genutzt worden, den Preis zu relativieren durch eine Wirtschaftlichkeitsrechnung, Steuerersparnisse oder staatliche Fördermaßnahmen?
10. Wird eine Vergleichsrechnung beigefügt, die Personalkostenersparnisse oder Zeitersparnisse deutlich macht?
11. Ist der Preis in einer für den Kunden geeigneten Form dargestellt worden?
12. Sinnvollerweise werden, falls möglich, auch Einzelpreise aufgelistet. Dadurch wirkt die Gesamtkalkulation glaubwürdiger. Bei einer Maschine zum Beispiel ist das sehr gut möglich, falls Sie von einem Unterlieferanten beziehen. Achten Sie bei Einzelpreisen darauf, dass der Kunde Ihre Aufschlagkalkulation nicht nachvollziehen kann.
13. Wird auch beachtet, dass nicht nur der direkte Empfänger das Angebot liest, sondern auch der Vorgesetzte? Mancher Vorteil kann unter diesem Gesichtspunkt noch zusätzlich aufgenommen werden, obwohl er Ihrem direkten Gesprächspartner bereits bekannt ist.

125. Was zeichnet einen guten Werbebrief aus?

Nachfolgend finden Sie ein Beispiel für einen Werbebrief, der einem Unternehmen Mehrumsätze gebracht hat:

Beispiel

Unser Zeichen   Bearbeitet von   Durchwahl   Datum

Nutzen Sie die Wärme aus Ihrem Abwasser!

Sehr geehrte(r) ....!

Ihr Unternehmen ist als Hersteller von hochwertigen Stoffen bekannt.

Ihre Kunden erwarten von Ihnen qualitativ anspruchsvolle Textilien und gleichzeitig günstige Preise.

Das zwingt Sie, Ihre Produktionskosten zu senken.

Wir haben eigens für die Textilindustrie das ....-System entwickelt und erprobt. Heiße, flusenhaltige Abwasser werden ohne kostenintensive Filter zur Wärmerückgewinnung genutzt. Hier bietet sich Ihnen eine Investition mit erstaunlich kurzer Amortisationszeit.

Um Ihnen noch zwei weitere wichtige Gründe persönlich erläutern zu können, wird sich unser Verkäufer, Frau/Herr ...., erlauben, Sie bis Ende nächster Woche anzurufen.

Mit freundlichen Grüßen für einen schönen und erfolgreichen Tag.

PS: Über Ihre Anfrage würden wir uns freuen; ein ausgefüllter Antwortbrief sichert Ihnen ein schnelles und passendes Angebot.

Man hat sich bei diesem Brief auf das Wesentliche konzentriert. Die Vorteile sind deutlich hervorgehoben worden, sodass auch ein Schnellleser die Briefbotschaft liest. Eine Seite kann gut aufgenommen werden.

126. Was muss ein Brief an einen Kunden enthalten, damit er vor seiner Kaufentscheidung den Besuch des Verkäufers abwartet?

Neugierde

NEU herausstellen. Ankündigung eines Musters, welches mitgebracht wird.

Persönliche Vorteile

Der Kunde gehört zu einem Kreis mit bevorzugten Konditionen.

Moralische Verpflichtung

»Es hat sich für über 40 000 Kunden gelohnt zu warten. Unser Verkäufer hält einen Termin für Sie frei.«

Angst

»Wir bedauern, dass unsere Branche nicht seriös ist, weil … Wir sehen gerade darin unsere Aufgabe und unseren Erfolg«

Zusatzinformationen

Kündigen Sie eine wichtige Information an, die Sie persönlich bei Ihrem Besuch vorlegen. Legen Sie eine markierte Zusatzinformation dem Angebot bei.

Einladung

Laden Sie den Kunden ein, etwas mit Ihnen gemeinsam zu besichtigen, beispielsweise das eigene Werk. Kündigen Sie ein spezielles Seminar an, dass für ihn sicher interessant ist.

Wie Sie das Telefon als aktives Verkaufsinstrument einsetzen können

127. Wie können Sie Telefonate vorbereiten?

1. Bereiten Sie sich auf das Gespräch vor, und formulieren Sie gedanklich aus, was Sie dem Gesprächspartner sagen werden. Welche Themen sind zu besprechen? Erstellen Sie sich ein Stichwortkonzept für das Telefongespräch.
2. Formulieren Sie ein klares Ziel, aber auch ein Rückzugsziel für das Telefongespräch.
3. Überlegen Sie, welcher Gesprächsaufhänger (hoher Einstieg) geeignet ist.
4. Überlegen Sie, welcher positive Gesprächsausstieg geeignet ist.
5. Bringen Sie den Namen Ihres Gesprächspartners in Erfahrung, und sprechen Sie den Kundennamen richtig und mehrfach aus.
6. Machen Sie sich von Anbeginn Notizen. Dabei sind wörtliche Formulierungen des Kunden wichtig.
7. Achten Sie auf den Klang Ihrer Stimme.
8. Rufen Sie zur richtigen Zeit an.
9. Wirken Sie sympathisch und freundlich. Der Kunde hat nur Ihre Stimme zur Information.
10. Sprechen Sie deutlich, verständlich, ruhig und betont. Wählen Sie bildhafte Darstellungen und Vergleiche, denn ein Bild sagt mehr als tausend Worte.
11. Gewinnen Sie das Vertrauen des Kunden durch Zuverlässigkeit.
12. Stellen Sie sich auf die Stimmung Ihres Gesprächspartners ein. Versuchen Sie ihn als Typ einzuschätzen und entsprechend zu behandeln.
13. Bringen Sie überzeugende Vorteile für den Kunden.
14. Lassen Sie den Kunden mehr reden, indem Sie aktiv zuhören
15. Stellen Sie Gemeinsamkeiten zwischen Ihnen und dem Kunden fest.
16. Vermeiden Sie unverständliche Fremdwörter.
17. Machen Sie knappe, eindeutige und präzise Aussagen.
18. Vermeiden Sie Floskeln und Übertreibungen.
19. Unterbrechen Sie den Kunden nicht. Er fühlt sich sonst sehr schnell falsch behandelt.
20. Haben Sie die richtige Einwandbehandlung parat?
21. Halten Sie Einwände, die Ihnen bisher nicht bekannt waren, fest, und erarbeiten Sie anschließend eine Einwandbehandlung.
22. Wirken Sie kompetent und zielstrebig. Kein Telefongespräch ohne Ergebnis!
23. Halten Sie den Hörer nicht zu weit entfernt.
24. Lassen Sie sich die Durchwahl geben.
25. Bedanken Sie sich für das Gespräch und …
26. … lächeln Sie!

128. Wie sieht eine Checkliste für aktives Telefonieren aus?

Abbildung 38: Telefonplaner

Partner:	
Telefonnummer mit Nebenstelle:	Wann erreichbar:

Ziele:	
Rückzugsziele:	
Thema:	
Einstieg:	
Vorteile:	
Einwände:	
Unterlagen:	
Entscheidungen:	
Notizen:	

129. Was sind die häufigsten Einwände bei der telefonischen Terminvereinbarung?

Ihr Ziel ist es, einen Termin beim Kunden zu erhalten, damit Sie ihm Ihr Produkt vorstellen können. Es gilt, die Barrieren beim Kunden zu überwinden. Oft hat der Kunde verständlicherweise noch Bedenken, ob ihm das Gespräch etwas nützen kann.

Einwand: Kein Interesse

»Herr ...., das verstehe ich, denn Sie können ja nur Interesse an einer Sache haben, die Sie kennen. Sie sollten sich persönlich davon überzeugen. Nach 20 Minuten können Sie entscheiden, ob dieses Produkt Ihren Vorstellungen entspricht.«

Einwand: Keine Zeit

»Herr ...., nach 20 Minuten, und ich werde mich genau daran halten, können Sie entscheiden, ob es Ihnen Vorteile bringt.«

Einwand: Kaufe bei Ihrem Wettbewerber

»Das ist gut. Dann können Sie direkt vergleichen und mir Ihre Meinung als Praktiker sagen.«

Einwand: Sie wollen nur verkaufen

»Wäre Ihnen das recht?«

Sagt der Kunde: »Nein«, antworten Sie: »Sehen Sie, ich bin der gleichen Ansicht, dass Sie nur etwas kaufen sollen, was Ihnen wirklich nützt. Deshalb …«

Sagt der Kunde: »Ja, das ist doch Ihr Beruf.«, antworten Sie: »Danke, dass Sie so offen sind. Ich biete Ihnen allerdings etwas an, von dem ich überzeugt bin …«

Einwand: Wir brauchen nichts

»Dann haben Sie einen zeitlichen Vorteil. Sie können sich jetzt bereits über die aktuelle technische Entwicklung informieren.«

130. Was sind wirkungsvolle Einstiegssätze für ein Telefongespräch zur Terminvereinbarung?

Ihr Ziel ist es, einen Termin zu bekommen!

»Herr …, das Unternehmen hat ein neues Produkt entwickelt, das Ihnen finanziell Vorteile bieten kann! Wäre das interessant für Sie?«

1. Kunde sagt: »Ja.«
   »Wir haben hier ein System entwickelt, das bereits nach … Ich würde es Ihnen gerne persönlich zeigen. Die Länge des Gesprächs bestimmen Sie. Wann passt es Ihnen am besten. Am … vormittags oder lieber am … um … Uhr?«
   (Etwas zeigen, kann man nicht am Telefon. Durch obige Formulierung verhindern Sie, dass der Kunde um eine telefonische Produktvorstellung bittet, und Sie haben die Möglichkeit, Alternativtermine für Ihren Besuch zu nennen.)

2. Kunde sagt: »Kann ich jetzt noch nicht sagen.«
   »Das kann ich verstehen. Es handelt sich um ein System, das Ihnen … Ein Stichwort hierzu … Wie das aussieht, möchte ich Ihnen gerne in einem Gespräch zeigen. Die Länge des Gesprächs bestimmen Sie. Wann passt es Ihnen am besten?«

3. Kunde sagt: »Nein.«
   »Wie könnten wir Sie interessieren?«
   Kunde antwortet: …
   Verkäufer antwortet daraufhin:

Alternative A:
   »Davon einmal abgesehen, sicherlich ist es für Sie als Kenner der Branche wichtig, über neue Entwicklungen informiert zu sein. Wir haben ein System entwickelt, das …«

Alternative B:
   »Offen gestanden, mir ist gerade Ihre Meinung wichtig. Wir haben ein System entwickelt …«

131. Welche Barrieren sind beim Telefonieren zu überwinden?

Das Telefon ist neben den anderen gängigen Kommunikationsmöglichkeiten, wie zum Beispiel E-Mail oder Fax, ohne Zweifel ein Instrument, welches ohne Zeitverluste kostengünstig eingesetzt werden kann.

Trotzdem hat das Telefon gerade für den Verkauf auch Nachteile: Da man nur auf die Stimme beschränkt ist, fehlt die Rückinformation durch Augenkontakt und Körpersprache. Diese beiden Informationshilfen sind für den Verkäufer jedoch eine wichtige Unterstützung. *Was tun?*

- Beim Telefonieren gilt noch mehr als im persönlichen Gespräch, dass man als Zuhörer verhandelt. Die Rolle des Zuhörers fällt möglicherweise schwer, allerdings ist die Bedeutung bekannt, und man muss sich darauf einstellen.
- Sprechen Sie am Telefon in Bildern. Bringen Sie Beispiele, die Ihre Argumentation in der Vorstellungskraft des Kunden deutlich machen, zum Beispiel: »Das Gerät hat die Größe eines Werkzeugkastens ...« »Der Unterschied im Gewicht entspricht der einer normalen Aktentasche ...«
- Arbeiten Sie weiter in Bildern, indem Sie den Kunden bitten, Ihren Prospekt herauszusuchen. Sie können jetzt auf die im Prospekt enthaltenen Bilder eingehen.
- Schicken Sie dem Kunden zum Beispiel vorab Zeichnungen, Maßblätter oder Raumskizzen zu. Sie können dann am Telefon auch besser darauf eingehen.

Die Barriere, dass visuelle Rückinformationen fehlen, kann damit überwunden werden.

132. Wie können Sie den ersten Teil einer Angebotsverfolgung per Telefon durchführen?

Abbildung 39: Leitfaden

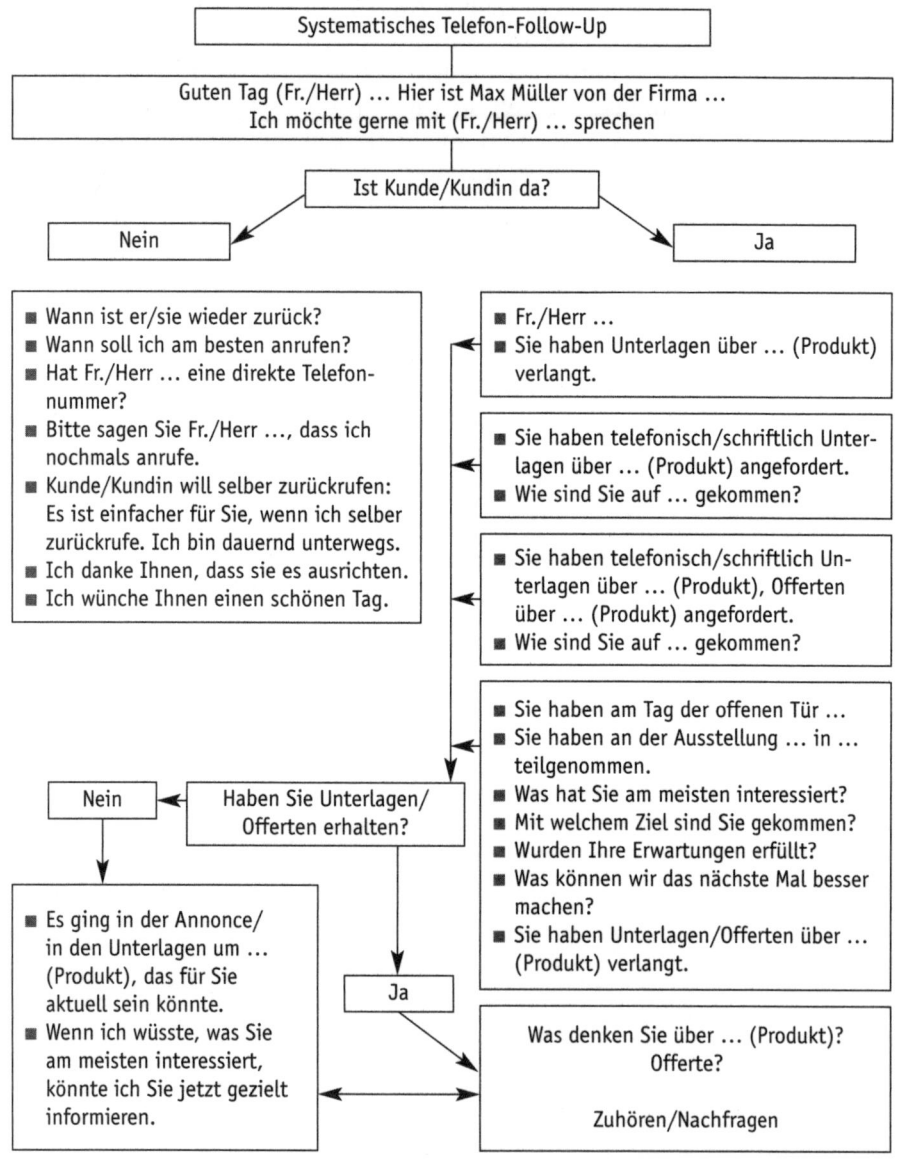

133. Wie können Sie den zweiten Teil einer Angebotsverfolgung per Telefon durchführen?

Abbildung 40: Leitfaden 2

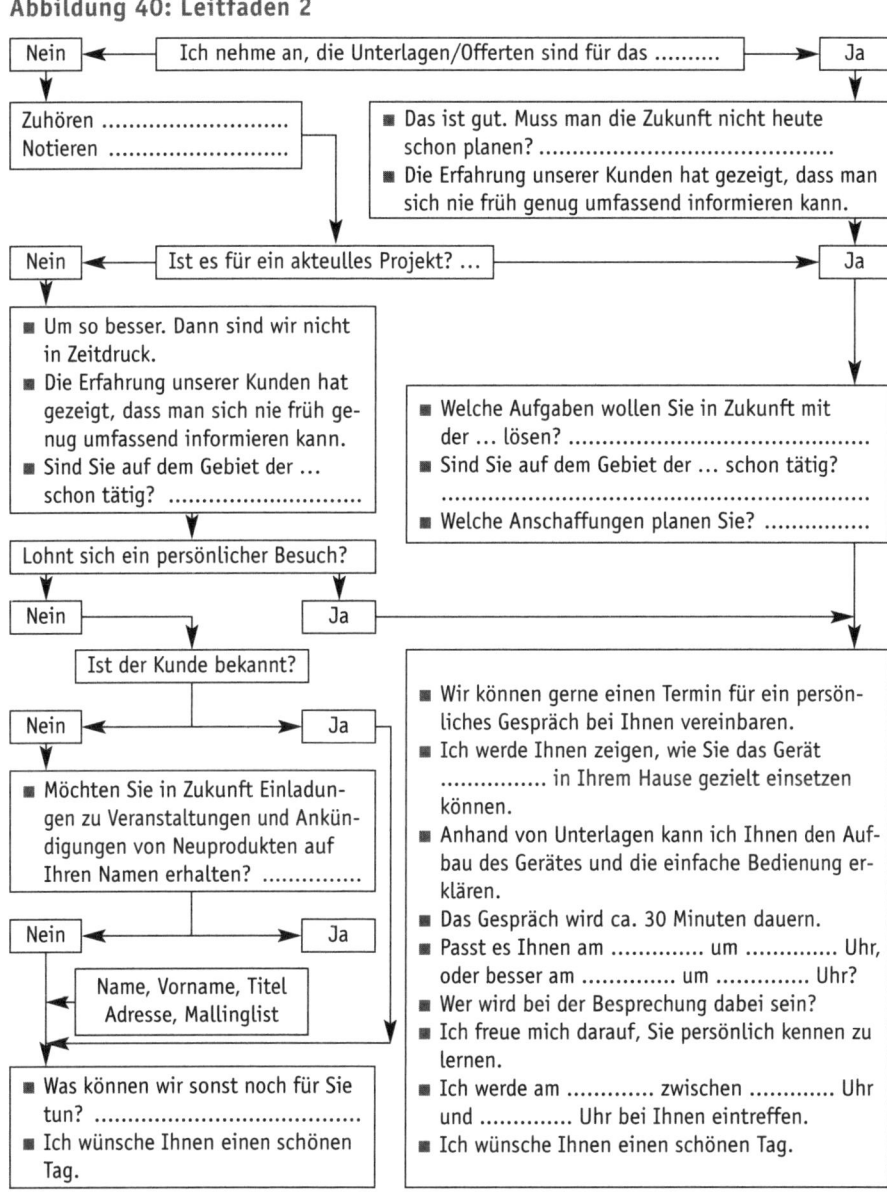

Wie Sie Messen als eigene Verkaufsplattform nutzen können

134. Was sollten Sie bei der Messevorbereitung beachten?

Wesentlich ist die verkaufsbezogene Vorbereitung auf Basis der von Ihnen festgelegten Messeziele. Wenn Sie beispielsweise neue Kunden gewinnen wollen, sind Interessenten vorher anzuschreiben.

Abbildung 41: Matrix Messevorbereitung

Zielgruppe:	Stammkunden	Neukunden	Verlorene Kunden	Neue Zielgruppe	Ausgesuchte Entscheidungsträger
Produktgruppe					

So können Sie systematisch eine verkaufsbezogene Messevorbereitung sicherstellen.

Weitere Planungsaktivitäten sind:

- Bestimmen Sie den Tagesstandchef.
- Erstellen Sie einen Belegungsplan (Wer von wann bis wann auf der Messe ist).
- Organisieren Sie eine tägliche Frühbesprechung und Manöverkritik.
- Bereiten Sie einen Interviewbogen mit maximal fünf Fragen vor. (Wie beurteilen Sie – der Kunde – die Entwicklung der nächsten Jahre?)
- Wer sorgt für Ordnung am Stand?
- Sind genügend Visitenkarten vorhanden?
- Existiert für Prospekte eine zentrale Anlaufstelle?
- Gibt es eine »Pinnwand« für die Nachrichtenübermittlung?
- Überlegen Sie einmal, ob eine Liste, in der alle Verbesserungsvorschläge eingetragen werden, zur sofortigen Verbesserung am nächsten Tag führen kann.
- Messepräsent für die Ehefrau des Besuchers?
- Richten Sie für das Mittagessen ein Rotationssystem ein.
- Nehmen Sie Referenzlisten mit.
- Sind genügend Hotelzimmer in der Nähe der Messe und in einem Hotel reserviert?
- Ist eine Möglichkeit vorhanden, Visitenkarten des Kunden in das Besprechungsformular einzuheften?

135. Wie sollten Sie Messen – vom Standpunkt der Verkaufsorientierung aus – planen?

Die Messe ist für Unternehmen und Verkäufer eine ideale Plattform, um losgelöst vom Tagesgeschäft neue Aufgaben anzupacken. Dazu gehören:

- die Neukundengewinnung,
- die Neuprodukteinführung und
- neue Abnehmerkreise.

Die Messe ist oft ein Rennen mit der Zeit. Viele Dinge, insbesondere bei grundlegenden neuen Produkten, werden buchstäblich erst in der letzten Minute fertig.

Messevorbereitung

Sie definieren Verkäuferziele für Ihre Messe. Sie wollen beispielsweise einen neuen Markt erobern oder gezielt Entscheidungsträger für die Messe interessieren, die normalerweise nicht hingehen würden.

Setzen Sie die Ziele mithilfe der anderen Verkäufer und der Geschäftsleitung. Verschicken Sie vor der Messe entweder schriftliche Einladungen, oder laden Sie telefonisch oder durch einen persönlichen Besuch ein.

Messedurchführung

Verkaufsbezogen legen Sie fest, welche Ziele Sie auf der Messe erreichen wollen.

Messe-Follow-up

Jeder Verkäufer reserviert vor der Messe bereits Tage, die er für eine Messenachverfolgung verwenden wird. Aufgabe wird es sein, die auf der Messe entstandenen Kontakte systematisch abzuarbeiten. Erfolgt dies nicht mit System, läuft man Gefahr, in der aufgelaufenen Tagesarbeit zu versinken, die Kontakte »kalt« werden zu lassen und damit einen Teil der Messeinvestition zu verschenken.

136. Was unterscheidet die Messe vom Tagesgeschäft?

- Die Messe bietet die Chance für weitaus mehr Kundenkontakte pro Tag.
- Neue Produkte können in kürzester Zeit eigenen Kunden vorgestellt werden.
- Kaufentscheidungen werden bis zur Messe aufgeschoben: Viele potenzielle Kunden werden auf oder direkt nach der Messe abschließen.
- Markttransparenz ist fast gegeben, weil der Kunde den Nachbarstand des Wettbewerbers direkt besuchen kann.
- Wettbewerbsbeobachtungen können wirksam durchgeführt werden.
- Messebesucher wollen eher »anschauen« als sich beraten lassen.
- Es wird A/B/C-Messebesucher geben. Wer ein A-Messekunde, beispielsweise für ein neues Produkt oder ein Neukunde, ist, bestimmen Sie.
- Die Zeitspannen für ein Gespräch sind kürzer als bei Verkaufsgesprächen beim Kunden im Hause.

Es ist offensichtlich, dass Chancen und Risiken in der besonderen Situation der Messe stecken. Die Chancen sind die Konsequenzen aus den vorgenannten Punkten:

- Neue Produkte sollten auch durch eine aktive Produktdemonstration den Interessenten vorgestellt werden. Die aktive Beteiligung der Zuhörer ist ein Hilfsmittel.
- Da die Markttransparenz gegeben ist, können Sie auch Nutzen daraus schlagen. Fragen Sie gezielt, was der Kunde vom Wettbewerb erwartet oder was der Wettbewerb bereits an Vorteilen aus seiner Sicht bietet. Zurückhaltung ist jetzt fehl am Platz.
- Führen Sie Wettbewerbsbeobachtungen systematisch durch. Legen Sie fest, welcher Kollege welchen Wettbewerber gezielt beobachten wird. Werten Sie die Ergebnisse aus, und stellen Sie die Erkenntnisse Ihren Verkäuferkollegen zur Verfügung.
- Definieren Sie die zwei wesentlichen Informationen für jede Produktgruppe, die der Kunde unbedingt als Information von Ihrem Messestand mitnehmen muss. Selbst in verkürzten Verkaufsgesprächen stellt man so die Übermittlung der wichtigen Botschaften sicher.

137. Was ist wesentlich für ein aktives Messeteam?

1. Halten Sie Ausschau nach neuen Interessenten und kaufwilligen Kunden (A-Chance).
2. »Kann ich Ihnen helfen?« W-Fragen sind die bessere Alternative!
3. Ermutigen Sie den Kunden, über sich selbst und sein Aufgabengebiet zu sprechen! Was will er?
4. Identifizieren Sie Messebesucher so schnell wie möglich, und halten Sie bei allen Kontakten Wichtiges schriftlich fest.
5. Halten Sie Ihren Stand so attraktiv wie möglich.
6. Seien Sie sparsam mit Prospekten. Senden Sie dem Kunden die Broschüre besser zu, Sie erhalten somit auch seine Adresse.
7. Neu ist für den Kunden alles, was er noch nicht kennt. Beziehen Sie den Kunden bei Produktdemonstrationen mit ein.
8. Füllen Sie Messeberichte lesbar und vollständig aus. Ihr Kollege wird dankbar sein.
9. Behandeln Sie Einwände, Preisfragen und Reklamationen durch die Fragetechnik. So vermeiden Sie Streitgespräche vor Zuhörern.
10. Melden Sie sich ab, wenn Sie den Stand verlassen. Meistens sucht Sie nämlich dann gerade Ihr Top-Kunde.
11. Konzentrieren Sie sich auf die wesentliche Messe-Botschaft!

138. Was wird auf der Messe häufig falsch gemacht?

Messen sind heute als Informationsmedium zu teuer. Trotzdem haben viele Unternehmen die Einstellung, dass eine Messe nur dazu dienen soll, präsent zu sein. Das reicht jedoch zur Nutzung der Messe als Verkaufsplattform nicht aus. Weitere Ziele gibt es genug:

- Neuheiten vorstellen,
- Kundenpflege,
- neue Ansprechpartner,
- neue Kunden.

Gerade bei dem letzten Punkt werden Sie bestätigen, dass er ein wichtiges Ziel für eine Messe ist. In der Praxis sieht es allerdings in vielen Fällen so aus, dass die Stammkundengespräche den allergrößten Teil der Messezeit blockieren.

Beachten Sie Folgendes: Laden Sie »Neukunden« schriftlich, persönlich oder per Telefon zur Messe ein. Wenn Sie als Verkäufer vorher nicht aktiv werden, dürfen Sie nicht erwarten, dass Ihre gewünschten »Neukunden« zu Ihnen auf die Messe kommen.

Definieren Sie für die Messezeit eindeutig personenbezogene Messeziele. *A-Kontakte* sind beispielsweise:

- Kunden, die bisher noch nicht oder seit fünf Jahren nicht mehr gekauft haben,
- Gesprächspartner, die in der Kundenfirma neu sind
- oder eine Zielgruppe, die bisher zwar bekannt war, aber für die eigenen Produkte nicht infrage kam.

Durchaus kann und soll sich die Definition des A-Messekontaktes von Messe zu Messe verändern. Wesentlich ist aber das Setzen von Prioritäten. Und es ist entscheidend, dass man festlegt, wie viele A-Kontakte jeder einzelne Verkäufer pro Tag gewinnen soll!

139. Wie identifizieren Sie Gesprächspartner auf der Messe?

Bitte stellen Sie sich eine Situation vor, die sich auch bei Ihnen alltäglich abspielen kann. Sie gehen in ein Warenhaus und haben die Absicht, einen Anzug zu kaufen. Kaum betreten Sie den optisch abgegrenzten Bereich der Herrenkonfektion, schon stürzt ein schlanker junger Mann auf Sie zu und stellt Ihnen die Frage: »*Kann ich Ihnen helfen?*«

Sie werden möglicherweise antworten: »Vielen Dank. Ich schaue mich zuerst einmal um.« Später verlassen Sie den Stand, obwohl Sie durchaus kaufbereit waren.

Wenn Sie diese Situation auf die Messe übertragen, lassen sich Parallelen ziehen. Der Messebesucher will sich am Anfang eines Kontaktes nicht binden, obwohl er durchaus Kaufinteresse hat. Sie sehen als Verkäufer aber Ihre Hauptaufgabe darin, während der Messe Gesprächspartner so schnell wie möglich zu identifizieren, um die Spreu vom Weizen zu trennen. Dadurch verschenken Sie keine wertvolle Zeit, vielleicht sogar mit Wettbewerbskollegen.

In der Kontaktphase gibt es einen Interessenkonflikt zwischen dem Messebesucher und den Verkäuferzielen. Der Kunde will sich informieren, der Verkäufer möchte den Gesprächspartner identifizieren. Es bietet sich deshalb an, eine Brücke zu schlagen und dem Messebesucher die Anfangsphase des Gesprächs so einfach wie möglich zu machen. *Stellen Sie offene Fragen:*

- Wofür interessieren Sie sich besonders?
- Wie gefällt Ihnen unser neues Produkt?
- Worüber darf ich Sie informieren?

Um den Gesprächspartner dann zu identifizieren, gibt es viele Möglichkeiten, wie zum Beispiel Visitenkarten austauschen, dem Vorgesetzten vorstellen: »Darf ich bekannt machen, Herr ....?« oder auch »An welche Adresse darf ich Ihnen detailliertes Informationsmaterial schicken?«

Den Gesprächspartner zu erkennen und einzuordnen, ist durch diese Hilfsmittel möglich. Durch frühzeitiges Identifizieren stellen Sie sicher, dass wichtige Kunden als solche behandelt werden und neue Interessenten nicht den Stand verlassen, ohne dass Sie den Namen kennen.

140. Was sollten Sie bei einem Messegespräch beachten?

Die Zeit, der Gesprächspartner und das Ziel.

Bei Messegesprächen spielt die Zeit eine wichtige Rolle, weil zu viel investierte Zeit für ein Gespräch weitere Kontaktmöglichkeiten auf der Messe blockiert. Die Messe ist nicht der Ort für intensive Einzelgespräche. Hier geht es darum, Interessenten zu gewinnen, Termine zu vereinbaren und Neuheiten vorzustellen.

Prüfen Sie deshalb, ob Sie Ihre Messezeit richtig nutzen. Gespräche mit guten Altkunden sind zwar wichtig, für die Messe ist aber die Zeit für Interessenten besser genutzt, da Sie nur hier die Möglichkeit haben, dass potenzielle Kunden zu Ihnen kommen. In der Tagesarbeit müssen Sie die Interessenten sonst einzeln besuchen. Sie werden ein Vielfaches an Tagen investieren müssen, um die gleiche Anzahl an Interessenten kennen zu lernen.

Den Gesprächspartner möglichst schnell zu identifizieren, ist also Ihre Aufgabe:

- Sprechen Sie mit einem Altkunden?
- Kennt er Ihre Firma bereits?
- Wer ist er?
- Von welcher Firma kommt er?
- Hat er ein konkretes Thema, oder will er sich generell nur informieren?
- Ordnen Sie den Messebesucher in eine von Ihnen festzulegende Werteskala ein. Nennen Sie die Besucher A-, B- oder C-Messebesucher.
- Es darf Ihnen nicht passieren, dass Sie sich längere Zeit mit einem Messebesucher unterhalten und nicht wissen, wen Sie vor sich haben.

Das Messeziel ist der dritte Punkt, den Sie bei Messegesprächen besonders beachten sollten. Das Messeteam muss vor der Messe wissen, welche »Messebotschaften« an die Standbesucher weitergegeben werden.

Bei Unternehmen, die eine breite Produktpalette haben, wurden mit folgendem Vorgehen gute Erfahrungen gemacht: Jeder Produktmanager legt die zwei wichtigsten Messebotschaften für die kommende Messe fest und informiert die Messecrew rechtzeitig über seinen Produktbereich. So hat man als Standbesatzung einen Überblick über den gesamten Produktbereich, selbst wenn man als Spezialist für nur eine spezielle Produktgruppe eingesetzt wird.

141. Was sollten Sie dem Messebesucher mitgeben?

Sehr schnell hat ein Messebesucher am Ende eines Messetages einen schier nicht zu verdauenden »Topf von Eindrücken« gesammelt. Er ist gezwungen, vieles zu vergessen. Den Messebesucher deshalb mit Informationen, schriftlich wie mündlich, zu überladen, ist wenig zielführend. Eine bessere Alternative ist die Konzentration auf wesentliche Botschaften und das Herausarbeiten der weiteren Schritte mit diesem Kunden noch auf der Messe.

Abbildung 42: Beispiel für kreative Messewerbung

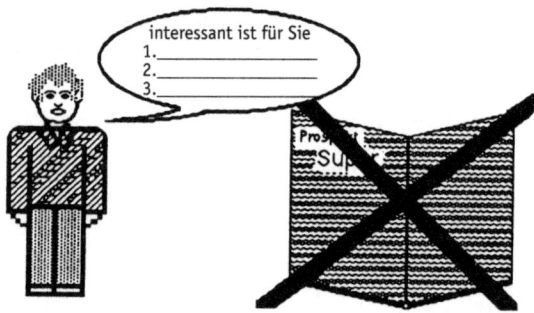

Prospekte, die nicht personifiziert sind, laufen Gefahr, in einem Papierkorb zu verschwinden.

Personifizierte Prospekte sind entweder mit handschriftlichen Zusatzinformationen von Ihnen oder noch besser vom Kunden selbst zu versehen. Erfahrungsgemäß werden Prospekte, die eine persönliche Handschrift tragen, weniger schnell weggeworfen. Sollte der Kunde auf Prospekte bestehen, bieten Sie ihm einen Übersichtsprospekt an.

Wenn Sie dem Kunden das Zuschicken der Prospekte anbieten, erfahren Sie auch direkt seinen Namen und den Firmennamen. Sie haben die Möglichkeit, im Anschluss an die Messe die Prospekte beim Kunden persönlich vorbeizubringen.

Eine kreative Idee kann zum Beispiel eine CD sein, die dem Kunden mitgegeben wird, auf der die wesentlichen Informationen für neue Produkte oder für das Unternehmen besprochen werden. Eine weitere Idee wäre, dass Sie sich, das Unternehmen und das Produktportfolio in einem kurzen Werbefilm präsentieren und diesen als DVD an Ihre Kunden weitergeben.

142. Was bringen Messekontaktzettel?

Die Messe ist die Plattform für zukünftige Verkaufschancen. Damit die Verkaufschancen in Aufträge umgesetzt werden können, sind Informationen über die auf der Messe durchgeführten Gespräche notwendig.

Sicherlich ist es möglich, den Verkäuferkollegen persönlich und mündlich über das Gespräch zu informieren, das man mit einem Kunden in seinem Verkaufsgebiet geführt hat. Das Risiko ist dann allerdings groß, dass nicht alle wesentlichen Informationen übermittelt werden.

Das Ausfüllen von Messekontaktzetteln oder Messeberichten bietet sich als ein systematisches Hilfsmittel an, um erhaltene Informationen auch nach der Messe verfügbar zu haben.

Entscheidend für die spätere Verwendung der Messekontaktzettel ist die Qualität der Informationen. Hierbei ist jeder angesprochen, der Messeberichte ausfüllt. Sehr schnell kann es passieren, dass die schriftlich festgehaltenen Informationen, nach der Messe ausgewertet, nicht mehr enthalten als den Wunsch des Kunden nach der Zusendung von Prospekten. Dann ist wertvolle Messezeit verschenkt worden. Jeder Messekontaktzettel soll die Möglichkeit einer Klassifizierung nach A, B oder C enthalten, damit die Spreu vom Weizen nach der Messe schneller getrennt werden kann.

Darüber hinaus ist auch eine Einstufung sinnvoll, wann – aus der Sicht des Notierenden – der Kunde kaufen will. Ein Projekt, das innerhalb des nächsten Monats realisiert werden soll, wird anders nachbearbeitet als ein Projekt, das erst frühestens in zwei Jahren spruchreif ist.

Der Messebericht sollte auch die Möglichkeit enthalten, per »Ankreuzverfahren« ausgefüllt zu werden. Sie brauchen dann weniger zu schreiben und haben trotzdem die wesentlichen Informationen erfasst. Handschriftliche Informationen sollten bestenfalls in Blockschrift erfolgen, damit für Ihren Kollegen die Lesbarkeit der Informationen sichergestellt ist.

Messekontaktzettel oder Messeberichte sind die Basis für die Nachbearbeitung. Damit sichern Sie den Erfolg der Messe ab.

143. Was sollten Sie bei der Messenachbereitung beachten?

Die Messe unterteilt sich in drei Phasen:

- Messevorbereitung
- Messedurchführung
- Messe-Follow-up

Der Messeerfolg kann entscheidend von der letzten Phase der Messe als Verkaufsplattform abhängen. Oft erfordert die Messe vom Verkäufer eine ganze Woche Zeit, die er auf dem Messestand verbringt. Die Tagesarbeit bleibt liegen. Nach der Messe drängen sich die Termine, Angebote und Aufgaben.

Ihre Kollegen und Sie haben auf der Messe eine ganz interessante Anzahl an Kontakten gehabt. Jetzt werden Ihnen die Rückläufer zugestellt. Wenn die Messekontakte nicht bereits auf der Messe in A/B/C-Kontakte aufgegliedert worden sind, ist die Gefahr jetzt sehr groß, dass die »heißen« Kontakte abkühlen.

Vorschläge:

- Falls Sie ein Mitbestimmungsrecht haben, weisen Sie darauf hin, dass Messekontakte unbedingt auf der Messe zu klassifizieren sind. Sollten trotzdem die Messerückläufer ungewichtet zu Ihnen kommen, nehmen Sie sofort bei der Ankunft eine eigene Bewertung vor.
- Bitten Sie Ihre Kollegen, mit »heißen« Kunden noch auf der Messe für Sie einen Besuchstermin zu vereinbaren. Sie verfahren umgekehrt genauso. Erfahrungsgemäß ist es einfacher, einen vereinbarten Termin zu verlegen, als einen Termin ganz neu zu vereinbaren.
- Bauen Sie die Messenachbereitung aktiv in Ihre Tagesarbeit ein. Beispielsweise rufen Sie jeden Tag zwei Messekontakte an oder besuchen ein oder zwei Messeinteressenten, die auf Ihrer Route liegen.
- Schreiben Sie den Messeinteressenten einen Brief, in dem Sie mit einem Fragebogen um Zusatzinformationen bitten. Je detaillierter der Interessent antwortet, desto mehr können Sie jetzt die Spreu vom Weizen trennen.
- Unterteilen Sie Ihre eigenen persönlichen Kontakte nach der Messe noch einmal deutlich in sofort kaufwillige Kunden und für die Zukunft wichtige A/B/C-Messekontakte.
- Initiieren Sie eine Messenachbesprechung, auf der die messbaren Ergebnisse erfasst werden, die qualitativen Ergebnisse auf ihre Erreichung hin überprüft werden und konstruktive Verbesserungsvorschläge für zukünftige Messen herausgearbeitet werden.

144. Wie führen Sie ein systematisches Gespräch auf der Messe?

Kunden haben eine bestimmte Erwartungshaltung, wenn sie zu Ihnen auf die Messe kommen. Sie wollen sich vielleicht nur über Neuigkeiten informieren, oder sie haben ganz konkrete Kaufabsichten. *Es gilt, möglichst schnell die Erwartungen des Kunden herauszufinden und zu erfüllen.* Dazu muss der Kunde empfangen werden. Mit Ihrer Art, den Kunden auf der Messe zu empfangen, schaffen Sie notwendige Voraussetzungen für das anschließende Verkaufsgespräch:

- Stellen Sie in dieser Phase W-Fragen, um dem Kunden die Kontaktphase so leicht wie möglich zu machen.
- Der nächste Schritt ist das Erkennen des Gesprächspartners. Wen haben Sie vor sich? Ist es ein Stammkunde, der einen Kollegen sprechen will, oder ist es ein Interessent? Vielleicht sind es auch Wettbewerbskollegen oder die Presse?
- Der Name des Gesprächspartners ist in Erfahrung zu bringen. Stellen Sie sich selbst vor, oder geben Sie dem Gesprächspartner Ihre Visitenkarte. Fragen Sie nach, ob er im technischen oder im kaufmännischen Bereich tätig ist.
- Erforschen Sie seine aktuelle Situation und seine Absichten. Stellen Sie auch in dieser Phase W-Fragen.
- Ordnen Sie den Kunden ein. Ist es ein A-Kunde oder A-Kontakt? Dann investieren Sie mehr Zeit, um noch mehr Informationen in Erfahrung zu bringen. Achten Sie darauf, dass Sie sich nicht mit einem Zeitdieb unterhalten.
- Stellen Sie sicher, dass ein interessanter Kunde nicht den Stand verlässt, ohne dass Sie ihm die Neuigkeiten gezeigt haben.
- Geben Sie dem Kunden ein, zwei, höchstens drei wesentliche Argumente mit auf den Weg, warum Ihre Produkte gut sind und es sich lohnt, mit Ihnen zusammenzuarbeiten.
- Entlassen Sie den A-Kunden nicht, ohne die weitere Vorgehensweise festgelegt zu haben. Wird der Kunde innerhalb einer bestimmten Zeit nach der Messe angerufen? Ist bereits ein Besuchstermin vereinbart? Selbst wenn der Kunde nicht im eigenen Verkaufsgebiet ist, kann für den Kollegen ein Besuchstermin vereinbart werden. Terminverlegung ist einfacher als einen neuen Termin zu vereinbaren.
- Der Erfolg bei einem interessanten A-Kontakt sollte geprüft werden. Sie können daraus den Erfolg Ihrer Messe ablesen und Ableitungen für die Zukunft treffen.

Wie Sie Leistungssteigerung und Zeitgewinn im Außendienst bestens kombinieren können

145. Arbeiten Sie zu viel?

Angenommen, Sie haben statt fünf Arbeitstagen nur noch vier Arbeitstage zur Verfügung. *Was würden Sie ändern?*

Ihnen fehlen 20 Prozent Ihrer Arbeitszeit. Trotzdem müssen die geplanten Umsatzziele erreicht werden. Lesen Sie die folgenden Vorschläge von Verkäuferkollegen zur Anpassung an die neue Situation:

- Nebentätigkeiten an Service und Innendienst delegieren
- Mehr Selbstdisziplin
- Zeitmanagement konsequent praktizieren
- Prioritäten bei der Gebiets-, Kunden- und Eigenarbeit setzen
- Konsequente Planung mit Zeitplanbuch
- Kunden »umerziehen«, dadurch weniger »Feuerwehraktionen«
- Leerläufe erkennen und reduzieren
- Bürozeit durch Standardisierung und Organisation verbessern
- Bessere Besuchsvorbereitung und Durchführung der Besuche
- Telefon-, Verkaufs- und Kollegengespräche um 10 Prozent kürzen
- Unklare Vorstellungen des Kunden durch Checklisten auf ein Minimum reduzieren, und Änderungen der Spezifikation reduzieren
- Bewusst Nein sagen, ohne schlechtes Gewissen

Wenn Sie als Verkäufer zu viel arbeiten, prüfen Sie die Möglichkeiten des Zeitmanagements. Es ist sicher eine große Aufgabe, im Verkauf ein aktives Zeitmanagement zu betreiben, da man als »Helfer« und Vermittler in vielen Fällen gesehen wird. Auch ist bekannt, dass der Verkäufer durch die Kommunikation mit Kunden, Kollegen und Vorgesetzten erfolgreich ist.

Es geht letztendlich darum, zwischen den Zeilen zu lesen. Sehr schnell kann aus den Gesprächen eine übertriebene Kommunikation werden. Der Deckmantel »Das ist ja unsere Aufgabe« verhindert zeitliche Freiräume.

Damit geht es auch um die Kernfrage: *Will ich zu viel arbeiten?* Wenn Sie zu den Verkäufern gehören, die so sehr in ihrer Arbeit aufgehen, dass mehr Freizeit eine Bestrafung wäre, dann werden Sie Zeitmanagement nicht als Hilfsmittel akzeptieren. Wollen Sie allerdings mehr Freizeit oder mehr Zeit für das Wesentliche schaffen, wird aktives Zeitmanagement nachweisbar zu Erfolgen führen.

146. Welche Zeitplanung sollten Sie haben?

»Eine perfekte Planung ist die beste Voraussetzung für eine geniale Improvisation.« Zitat Edgar K. Geffroy

Der Kern hierbei lautet: Planung ist notwendig, Flexibilität erforderlich. Nur wer klare Ziele hat, was er in bestimmten Zeiträumen erreichen will, wird alle seine Reserven mobilisieren, um dieses Ziel zu erreichen.

Abbildung 43: Zeitplanung

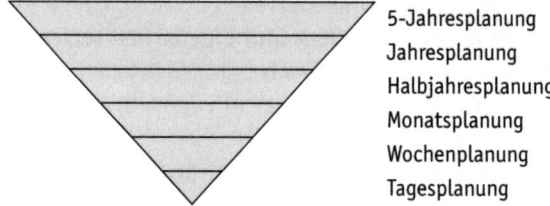

5-Jahresplanung
Jahresplanung
Halbjahresplanung
Monatsplanung
Wochenplanung
Tagesplanung

Fünf-Jahres-Planung Sie sollten schriftlich festhalten, was Sie beruflich und privat in fünf Jahren erreichen wollen. Legen Sie dann die Teilschritte fest, die zur Erreichung dieser Ziele notwendig sind. In Etappenzielen von Jahr zu Jahr sollten Sie die Erreichung kontrollieren und daraus Konsequenzen ziehen.

Jahresplanung Legen Sie spätestens zu Beginn des Jahres fest, welche beruflichen und privaten Ziele Sie in diesem Jahr erreichen wollen. Gebietsbezogen sollten Sie auch Neukundengewinnungsaktionen oder Messeaktionen berücksichtigen.

Halbjahresplanung Prüfen Sie rechtzeitig die Erreichung der geplanten Jahresziele. Sie haben jetzt noch Korrekturmöglichkeiten. Nutzen Sie diese durch gezielte Aktionen.

Monatsplanung Umsätze verteilen sich nicht gleichmäßig auf zwölf Monate, sondern es gibt Hochsaison und Flauten. Teilen Sie Ihr Umsatzsoll entsprechend auf. Auch Aktionen müssen zu bestimmten Zeiten bestimmte Teilergebnisse erreichen, weil sonst das in der Ferne liegende Gesamtziel gefährdet ist.

Wochenplanung In der Vorwoche sollte Ihre Planung für die nächste Woche im Wesentlichen fertiggestellt sein. Improvisieren innerhalb der Woche führt zu ungeplantem Handeln und Zeitverlusten.

Tagesplanung Ihre Aktivitäten für den folgenden Tag sollten am Vorabend schriftlich festgelegt sein.

147. Was bringt Ihnen eine Tagesplanung?

Ihr Ziel ist es, eine möglichst hohe aktive Verkaufszeit zu erreichen. Arbeitet man nicht mit einem Tagesplan, läuft man Gefahr, sich zu verzetteln. Man vergisst möglicherweise, Angebote nachzuverfolgen oder Rückrufe zu erledigen.

Die Tagesplanung hat den Vorteil, dass Sie

- den Überblick bewahren,
- Prioritäten setzen,
- kontrollieren, ob Sie Ihr geplantes Tagespensum erreicht haben,
- langfristige Aufgaben in Tagesportionen aufteilen,
- nichts vergessen,
- Zeitintervalle besser planen,
- Reservezeiten direkt einplanen.

Notwendig ist, dass Sie die Planung für den folgenden Tag mit Ihrem PDA bereits am Vortag erstellen und die Tagesbilanz für den abgelaufenen Tag noch am gleichen Abend vornehmen. Reservieren Sie für beide Tätigkeiten fünf Minuten pro Tag, und Sie werden feststellen, dass Sie durch vorausschauende Planung und anschließende Tageskontrolle Ihre Effektivität steigern können.

148. Was bringt Ihnen ein Zeitplaner?

Der Zwang zur wirksamen Nutzung der Zeit, insbesondere im Vertrieb, ist offensichtlich. Jede Zeit im Büro der eigenen Firma ist verlorene aktive Verkaufszeit. Somit ist die Idee eines tragbaren Büros eine wertvolle Zeitsparhilfe. Heutige Ziel- und Zeitplaner erfüllen genau diese Funktion. Sie haben mehrere offensichtliche Vorteile:

- Sie ermöglichen eine übersichtliche Jahres-, Wochen- und Tagesplanung.
- Sie sind ein wirksames Angebotsverfolgungsinstrument, da Sie Ihre laufenden Projekte zusammentragen können.
- Sie haben Ihr Adressbuch immer dabei, wodurch Sie Ihre Kunden auch von unterwegs erreichen.
- Sie ermöglichen die Planung und die laufende Aktualisierung der Umsatzvorgaben.
- Sie bieten die Möglichkeit, Ihre Schlüsselkunden mit den Umsätzen zu erfassen.
- Mit ihnen kann man Ideen, Aufgaben und Übriggebliebenes festhalten und nach Prioritäten sortieren.
- Sie haben auf einen Blick mehr Zeit für das Wesentliche gewonnen.
- Sie können Wartezeit bei Kunden nutzen und Ihre Planung im Zeitplaner vervollständigen.
- Sie gewinnen Zeit, da Sie genauso wirkungsvoll von unterwegs arbeiten können.

149. Was bringt Ihnen eine Zeitinventur?

- Wie viele Stunden sitzen Sie im Jahr im Auto?
- Wie viel Zeit geht durch Wartezeit beim Kunden oder anderswo verloren?
- Wie lange brauchen Sie für Ihre Büroarbeiten?
- Welche Büroarbeiten sind am zeitaufwändigsten?
- Wie können Sie Ihre Zeit sinnvoller für Verkaufsaktivitäten einteilen?
- Wie hoch ist Ihre aktive Verkaufszeit, die Zeit vis-a-vis dem Kunden?
- Wie viel Zeit verbringen Sie mit A/B/C-Kunden?
- Wie viel Zeit investieren Sie für die Gewinnung von Neukunden?
- Wie viele Stunden beträgt Ihre Freizeit?

Wenn Sie die vorstehenden Fragen alle eindeutig beantworten können, bringt Ihnen eine Zeitinventur wenig. Falls Sie allerdings feststellen, dass Sie bei einigen Fragen die Antworten nur schätzen können, ist eine Zeitinventur sinnvoll.

Eine Zeitinventur bringt Ihnen Klarheit für Ihre Zeitverteilung. Sie wissen anschließend, wo Sie Zeit verlieren und können einen Maßnahmeplan daraus ableiten. In vielen Branchen ist beispielsweise eine aktive Verkaufszeit, die Zeit vis-a-vis dem Kunden, von 15 bis 25 Prozent üblich. Es gibt also Reserven. Bevor Sie aktives Zeitmanagement im Verkauf als Verkaufshilfsmittel weiter perfektionieren, ist die Ist-Analyse Ihrer Zeit erforderlich.

Ihnen fällt sicherlich eine Zeitinventur schwerer, weil Sie nicht wie ein Büroangestellter den ganzen Tag an einem Arbeitsplatz beschäftigt sind. Verkaufskollegen, die trotzdem Klarheit für ihre Situation haben wollten, haben ein Formblatt entwickelt, wo Sie ihre Tätigkeiten in 5-Minuten-Intervallen anstreichen. Sie können Ihre Haupttätigkeiten eintragen, wie etwa Wartezeit, Telefonate, Angebote diktieren, Fahrzeit oder aktive Verkaufszeit.

Abbildung 44: Ein Beispiel für eine Zeitinventur

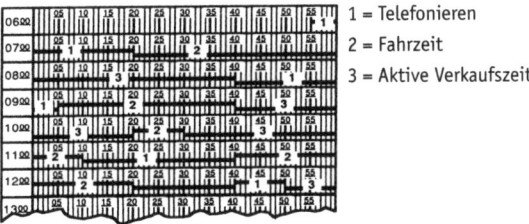

1 = Telefonieren
2 = Fahrzeit
3 = Aktive Verkaufszeit

Eine Zeitinventur sollte mindestens zwei Wochen konsequent durchgeführt werden, besser noch vier Wochen. Das ist die Basis für Ihren Maßnahmeplan.

150. Wie »stehlen« Sie sich selber die Zeit?

Zeitmanagement für Verkäufer bedeutet gleichzeitig Konfliktsituationen mit anderen Bereichen – mit Kunden, Vorgesetzten, Kollegen und mit sich selbst.

Eigene Zeitdiebe Sehr schnell hat man lieb gewonnene Gewohnheiten für seinen Arbeitsalltag entwickelt. Sei es für einen Ingenieur Messungen selbst durchzuführen oder für einen Kaufmann umfangreiche Statistiken zu betreiben. Das kostet unnötige Zeit. Weitere eigene Zeitdiebe sind die physische Verfassung und damit die Konzentrationsfähigkeit. Das kann dazu führen, dass Sie für bestimmte Tätigkeiten bis zur dreifachen Zeit benötigen. Die Motivation und Identifikation mit Ihrer Aufgabe können ebenfalls eigene Zeitdiebe sein. Ebenso das Aufschieben unangenehmer Aufgaben oder der ausgeprägte Hang, alles selbst tun zu müssen und die Überzeugung, dass man nur selbst die Arbeit bestens erledigen kann.

Zeitdieb Kollegen Erfahrungsaustausch ist notwendig. Manche Gesprächsrunde ist aber gar nicht erforderlich oder 50 Prozent zu lang.

Zeitdieb Vorgesetzte Auch der Vertriebsleiter kann zum Zeitdieb werden. Die Erhöhung der aktiven Verkaufszeit und im Verbund damit die Umsatz-/Gewinnerhöhung sind das Ziel. Unvorbereitete Konferenzen, übertragene Sonderaufgaben und überzogener Papierkram sind mit der Verkaufsleitung zu diskutieren und Verbesserungsvorschläge vorzulegen. Die Vorschläge sollten auch Ihr deutliches Bemühen um eine höhere aktive Verkaufszeit bestätigen.

Zeitdieb Kunden Kunden können zu einem großen Zeitdieb werden. Hier steht der Verkäufer in einer sehr deutlichen Konfliktsituation. Einerseits weiß man, dass Mehrleistung durch Beratung und ausführende Tätigkeiten in der Regel vom Kunden honoriert wird, andererseits ist durch diese »Feuerwehraktivitäten« der Zeitdiebstahl vorprogrammiert. Der Ausweg ist ein langsamer Umerziehungsprozess bei Ihren Stammkunden. Nicht jedes Mal muss der Kunde noch am gleichen Tag besucht werden, wenn der Anruf morgens kommt. Verbessern Sie außerdem die Arbeitsunterlagen.

Beachten Sie: Die investierte Zeit muss im Verhältnis zu den Umsätzen stehen.

151. Wie bekommen Sie Ihre Zeit im Verkauf in den Griff?

Zunächst muss man sich damit auseinandersetzen, welche Zeitverteilung Verkäufer haben.

Abbildung 45: Ein Beispiel

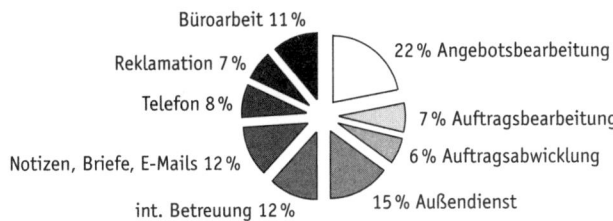

Büroarbeit 11 %
Reklamation 7 %
Telefon 8 %
Notizen, Briefe, E-Mails 12 %
int. Betreuung 12 %
22 % Angebotsbearbeitung
7 % Auftragsbearbeitung
6 % Auftragsabwicklung
15 % Außendienst

Vereinfacht ausgedrückt bekommt man seine Zeit in den Griff, wenn man die Zeitverwendung für Büroarbeiten, gefahrene Kilometer im Auto, Wartezeit und andere nicht direkt mit der aktiven Verkaufszeit zusammenhängende Tätigkeiten analysiert und die dafür verwendete Zeit reduziert.

Geht man tiefer ins Detail, finden sich konkrete Möglichkeiten der Rationalisierung, die in diesem Buch einzeln näher erläutert sind:

- Reduzieren Sie eigene/fremde Zeitdiebe.
- Erledigen Sie unangenehme Aufgaben immer zuerst.
- Lernen Sie »Nein« zu sagen, und begründen Sie es.
- Vermeiden Sie Unterbrechungen beim Kunden und bei Ihrer Büroarbeit.
- Erstellen Sie Checklisten für wiederkehrende Situationen und Aufgaben.
- Nutzen Sie leistungsstarke Stunden für wichtige Arbeiten.
- Ermitteln Sie Ihre Lieblingsbeschäftigung, und reduzieren Sie die Zeit dafür.
- Erkennen Sie Überperfektionismus. Nicht alles muss 100-prozentig sein.
- Verbessern Sie Ihre Verhandlungsführung.
- Prüfen Sie Besuche ohne Ergebnisse, und leiten Sie Maßnahmen daraus ab.
- Erwirken Sie Gruppenverhandlungen.
- Besuchsumwandlung: Laden Sie zehn Kunden zu einer Verkaufsveranstaltung ein.
- Kürzen Sie Verhandlungen um 10 Prozent am Anfang und am Ende.
- Keine Sternfahrten – also von Norden nach Süden an einem Tag.
- Reduzieren Sie die Kilometer-Leistung pro Kunde.
- Entwickeln Sie Standardbriefe.
- Delegieren Sie an den Service und/oder Innendienst.
- Erledigen Sie keine Arbeiten für andere Abteilungen.

152. Welche eigenen Zeitdiebe kosten viel Zeit?

Eigene Zeitdiebe können Sie sehr schnell am Tag bis zu einer Stunde und mehr kosten. Auf ein Jahr hochgerechnet, ergibt sich dann eine dramatische Zahl. Welche eigenen Zeitdiebe gibt es im Verkauf?

Abbildung 46: Matrix Zeitdiebe

	10 %	20 %	30 %	40 %	50 %	60 %	70 %	80 %	90 %	100 %
Ablenkung dankbar akzeptieren										
Unkonzentriertes Arbeiten										
Redseligkeit										
Überperfektionismus										
Unentschlossenheit										

Sie haben die Möglichkeit anzukreuzen, mit wie viel Prozent der einzelne Zeitdieb auf Ihre eigene Situation zutrifft. Die Skala in der rechten Hälfte der Abbildung gibt Ihnen die Möglichkeit, eine Bewertung vorzunehmen. Ist ein Zeitdieb bei Ihnen sehr ausgeprägt, entspricht er 100 Prozent. Ist er durchschnittlich, geben Sie ihn mit 50 Prozent an. So haben Sie auf einen Blick Verbesserungsansätze für Ihre eigenen Zeitdiebe herausgearbeitet.

Jetzt geht es in die Umsetzungsphase. Setzen Sie sich mit jedem Zeitdieb intensiv auseinander. Die Schwierigkeit liegt darin, dass nur Sie Ihr eigenes Zeitmanagement verbessern können und gerade die eigenen Zeitdiebe zur schleichenden Inflation des Zeitverlustes einen großen Beitrag leisten. Sie müssen selbst einen Prüfmechanismus entwickeln, der Sie immer wieder fragen lässt: Arbeite ich an den wesentlichen Aufgaben des Tages oder sorge ich gerade wieder für Zeitverluste durch eigenes Verhalten? *Wichtig:* Ihre eigenen Zeitdiebe können Sie nur durch ein geändertes Selbstverständnis reduzieren, im Gegensatz zu fremden Zeitdieben, bei denen eine Verbesserung oft über die Zusammenarbeit mit dem Unternehmen oder anderen Personen erfolgt.

Der ausgeprägte Hang alles selbst tun zu wollen! Oft beschwert man sich in den Verkaufsabteilungen, dass die Mitarbeiter im Innendienst »nicht richtig mitziehen«. Bei Nachfragen ergibt sich aber sehr schnell, dass der oder die Innendienstmitarbeiter nie die Chance gehabt haben, vom Verkäufer eine Ausbildung oder Erwartungsanalyse zu erhalten. Gemeint ist damit die gemeinsame Aufstellung eines Teamplanes mit der Überschrift: »Wie können wir besser und gezielter zusammenarbeiten?« Sicherlich erfordert es zuerst mehr Zeit bis der Innendienstmitarbeiter dem Verkäufer Arbeit abnehmen kann. Aber auf Zeit gesehen ist es eine lohnende Investition. Damit erhält der Verkäufer auch mehr Zeit für das Wesentliche.

153. Wie Sie mit eigenen Zeitdieben umgehen können (Teil 1)

Abbildung 47: Beispiel eigene Zeitdiebe

1 Ablenkung dankbar akzeptieren	7 Unentschlossenheit
2 Unkonzentriertes Arbeiten	8 Aufschieben unangenehmer Tätigkeiten
3 Lieblingsbeschäftigung im Büro	9 Ungeduld, dadurch übereiltes,
4 Redseligkeit	ungeplantes Handeln
5 Überperfektionismus	10 Zu lange Telefonate
6 Suchen durch schlechte Arbeitsorganisation	11 Fehlende Planung und Eigenorganisation

Zu 1. Ablenkung ist schnell ein eigener Zeitdieb. Ein Kollege bittet Sie zum Beispiel um eine Information. Bei dieser Gelegenheit reden Sie auch über dieses oder jenes Thema. Eine Viertelstunde ist vertan. Prüfen Sie vorher, ob Sie nicht Gefahr laufen, Ablenkung dankbar zu akzeptieren. Sie müssen die eigene Trägheit überwinden.

Zu 2. Unkonzentriertes Arbeiten kann durch den sogenannten »Sägeblatteffekt« entstehen. Sie denken sich in eine Aufgabe hinein und werden dann wieder durch Telefonate oder Rückfragen unterbrochen. Anschließend müssen Sie sich wieder neu in die Aufgabe vertiefen. Passiert dies mehrmals, lässt die Konzentrationsfähigkeit nach. Sie brauchen für die gleiche Aufgabe erheblich länger. Legen Sie konzentrationsintensive Aufgaben in Zeiten geringerer Störquote.

Zu 3. Jeder hat in seinem Arbeitsalltag Tätigkeiten, die er mehr oder weniger gerne ausführt. Tätigkeiten, die Spaß machen, können zu einem Zeitdieb werden, weil man mehr Zeit damit verbringt als zur Lösung dieser Aufgaben erforderlich ist. Ermitteln Sie Ihre Lieblingsbeschäftigungen, und kontrollieren Sie die investierte Zeit.

Zu 4. Mitarbeiter und Kollegen mit einem ausgeprägten Mitteilungsbedürfnis kosten Zeit. Manchmal kann es passieren, dass man selbst zu viel Unwesentliches erzählt und nicht zum Kern der Sache kommt. Stellen Sie sich die Frage: »Was ist das Wesentliche an der Information, die ich in diesem Augenblick vermitteln will?« So sparen Sie Zeit für zu ausführliche Erklärungen.

Zu 5. Beantworten Sie beispielsweise interne Briefe handschriftlich oder telefonisch. Entwickeln Sie Checklisten, etwa zur Erstellung von Angeboten. Dadurch lässt sich die Kontrollzeit mit dem gleichen Ergebnis reduzieren.

154. Wie Sie mit eigenen Zeitdieben umgehen können (Teil 2)

Sehen Sie sich nun noch einmal die Abbildung 47 aus Frage 153 an.

Zu 6. Eine unzureichende Arbeitsorganisation, bedingt durch fehlende Schreibtischordnung und fehlende Arbeitsmittel, wie zum Beispiel Zeitplaner, da man nach Informationen und Unterlagen suchen muss. Das Beschaffen von Organisationsmitteln wie etwa Wiedervorlagen, Ablagekästen und Zeitplanern reduziert diesen Zeitdieb.

Zu 7. Unentschlossenheit führt zu Zeitverlusten, weil eine zögernde Haltung zu Scheinaktivitäten führen kann. Manchmal ist es sinnvoller zu handeln, obwohl nicht alle Daten und Fakten vorhanden sind oder erst später eintreffen können.

Zu 8. Erledigen Sie das Unangenehmste immer zuerst. Das Aufschieben unangenehmer Aufgaben führt ebenfalls zu Scheinaktivitäten, die nicht zielführend sind.

Zu 9. Aktivität um der Aktivität willen führt zu Zeitverlusten, weil dadurch die klassischen Zeitmanagementinstrumente, wie zum Beispiel Planung und En-bloc-Erledigen von gleichartigen Tätigkeiten zu kurz kommen.

Zu 10. Zu lange Telefonate oder auch zu lange Kundenbesuche haben oft ihre Ursache in einer fehlenden Vorbereitung. Wer sich sein Ziel vorher steckt, wird sich auch am Telefon auf das Wesentliche konzentrieren.

Zu 11. Mangelnde Bereitschaft zur Delegation wird den Verkäufer, falls zutreffend, in einen immer größer werdenden Zeitdruck treiben. Delegieren Sie Aufgaben an den Innendienst, und halten Sie sich an das Wesentliche.

155. Was ist bei fremden Zeitdieben zu beachten?

Abbildung 48: Beispiel fremde Zeitdiebe

1 Mitarbeiter mit ausgeprägtem Mitteilungsbedürfnis
2 »Feuerwehraktionen« bei Kunden
3 Unnötige Aufgaben
4 Aufgaben, für die man nicht geeignet ist oder
5 Aufgaben, für die man überqualifiziert ist
6 Unklare Zielformulierungen
7 Unnötige Rückfragen wegen fehlender Informationen
8 Zusammenstellung von Prospekten oder anderen Unterlagen
9 Nachverkaufsaktivitäten, die andererseits nicht erledigt werden
10 Interne »Über alles informiert sein«-Post
11 Fehlende Kundenkartei oder Statistiken

Konsequenz und das Bewusstsein dafür, dass die Zeit das kostbarste Gut ist, sind eine unabdingbare Voraussetzung zur Reduzierung fremder Zeitdiebe. Sie gewinnen vielleicht nur 5-minutenweise Zeit, doch in der Summe addiert sich Ihre Zeitkonsequenz in Stunden.

Fremde Zeitdiebe sind eine Entwicklungsfrage. Sie müssen reagieren und »Nein« sagen lernen.

Beispiel

Sie erledigen Arbeiten für den Kundendienst.
Sie fahren zu jedem Kunden sofort hin, wenn er ruft.

Akzeptieren Sie, dass jede Delegation, durch die nötige Einweisung, mit mehr Arbeit beginnt. Auch für Verbesserungsvorschläge oder Kollegen in anderen Abteilungen müssen Sie zuerst mehr Zeit investieren, bevor Sie langfristig davon profitieren.

Kunden gegenüber ist zum Beispiel die Antwort nützlich: »Jawohl, Herr Kunde, ich komme sofort morgen zu Ihnen.« Sie können dann besser planen und Ihr heutiger Tag läuft ohne »Feuerwehraktion« mit besserer Zeitnutzung ab.

156. Wie können Sie fremde Zeitdiebe reduzieren?

Im Folgenden finden Sie nun weitere Hinweise zu fremden Zeitdieben. Sehen Sie sich dazu noch einmal die Abbildung 48 von der vorhergehenden Seite an.

Zu 1. Mitarbeiter mit einem zu ausgeprägten Mitteilungsbedürfnis steuern Sie durch die Fragetechnik. Wenn Sie fragen, führen Sie das Gespräch und können es auch beenden.

Zu 2. Kunden sind langsam umzuerziehen, dass nicht jeder Besuch sofort oder am selben Tag erforderlich ist. Sie entscheiden, ob Zeitgewinn vor Kundenkontakt Priorität hat.

Zu 3. Wehren Sie sich, wenn Sie feststellen, dass Sie unnötige Aufgaben zu erfüllen haben. Es ist Ihre Zeit. Legen Sie einen Verbesserungsvorschlag vor.

Zu 4. Aufgaben, für die Sie nicht geeignet sind und die nicht Ihren Prioritäten entsprechen, sollten Sie ablehnen.

Zu 5. Der richtige Mann an die richtige Stelle. Ihre Aufgabe ist Verkaufen. Aufgaben, die ebenso gut von anderen erledigt werden könnten, die nicht Ihre Qualifikation haben, sind ablehnen.

Zu 6. Unklare Zielformulierungen sollten Ihrerseits durch Nachfragen präzisiert werden. Die konkrete Zielformulierung ist die Basis für die Festlegung Ihrer Handlungsprioritäten und damit entscheidend für Ihren Erfolg,

Zu 7. Entwickeln Sie Checklisten, welche Informationen Sie brauchen, beispielsweise bei einer Anfrage oder einem Angebot, damit keine Zeitverluste entstehen.

Zu 8. Entwickeln Sie auch für die Zusammenstellung von Prospekten eine Checkliste, und delegieren Sie diese Aufgabe.

Zu 9. Delegieren und kontrollieren Sie nur noch die Erfüllung dieser Aufgabe.

Zu 10. Unterteilen Sie Ihre Post in A = sofort lesen, B = später lesen, C = vielleicht lesen.

Zu 11. Bauen Sie eine Kundenkartei, gekoppelt an Ihren Zeitplaner.

157. Wie planen Sie Ihre Verkaufstour optimal?

Das Ziel ist die Reduzierung der Kilometerleistung in Verbindung mit einer Zeitersparnis.

Vermieden werden sollten »Feuerwehraktionen«, da Zeitverlust und Stress aufgrund einer nicht funktionierenden Zeitplanung nicht im Verhältnis zum Ergebnis stehen. Unter »Feuerwehraktionen« versteht man Aktionen für Kunden, die um Sofortbesuche nicht nur bitten, sondern sie oft aus Gewohnheit fordern. Somit kann es Ihnen passieren, dass Sie kreuz und quer durch Ihr Verkaufsgebiet fahren müssen.

Viele Verkäuferkollegen haben bestätigt, dass die »Feuerwehraktion« oft auch bis zum nächsten Besuchstermin oder mindestens bis zum nächsten Tag Zeit gehabt hätte. Aber auch mit Letzterem wäre Ihnen schon geholfen, da Sie Ihre Zeitplanung dann besser durchsetzen können.

Die Lösung hierbei ist ein Umerziehungsprozess beim Kunden, der nicht von heute auf morgen geht, aber auf Zeit gesehen möglich ist. Durch Hinterfragen am Telefon kann bereits vieles direkt erledigt werden, oder man kann den Kunden davon überzeugen, dass ein Besuch erst am nächsten oder übernächsten Tag erfolgt.

Planen Sie möglichst mehrere Termine auf einer Strecke. Setzen Sie sich die Aufgabe, die gefahrenen Kilometer pro Kunde zu reduzieren. Prüfen Sie, ob es in Spitzenverkehrszeiten nicht Nebenstraßen gibt, die Ihnen Wartezeit ersparen, oder laden Sie Kunden in Ihr Büro ein, auch damit können Sie wertlose Zeit im Auto sparen.

158. Welche Ursachen für Besuche ohne Ergebnisse gibt es?

Die Erhöhung und Verbesserung der Aktiven Verkaufszeit (AVZ) bedeutet auch eine kritische Prüfung, ob die Zeit beim Kunden richtig genutzt worden ist. Welche Ursachen können Besuche haben, die nicht zu einem Erfolg führen?

Man spricht nicht mit dem Entscheidungsträger, sondern hat den »falschen« Mann als Gesprächspartner gewählt. Sie wissen, dass derartige Gespräche nur selten erfolgreich sind, weil Ihr Gegenüber sich zu keiner Aussage durchringen will. Wichtig ist, relativ früh zu erkennen, ob Ihr Gegenüber Entscheidungskompetenz hat. Je länger Sie mit einem Gesprächspartner zusammenarbeiten, umso schwieriger wird es sein, in der Hierarchie eine Stufe weiter nach oben zu gehen. Eine gute Möglichkeit ist das erste Gespräch. In dieser Phase kann man sehr gut sagen: »Ich bin das erste Mal bei Ihnen und würde die Gelegenheit gerne nutzen, mich persönlich auch mit Herrn .... bekanntzumachen.« In einer späteren Phase hilft dann zum Beispiel der »Trick«, dass Sie die Firma aufsuchen, wenn Ihr direkter Gesprächspartner Urlaub hat. Sie haben dann die Gelegenheit, sich mit dem Chef zu unterhalten, ohne dass sich Ihr direkter Gesprächspartner übergangen fühlt.

Man spricht mit Kunden, die keinen oder nur einen unzufriedenstellenden Umsatz haben. Manche Firmen kategorisieren diese Kunden auch als C-Kunden. Bauen Sie einen Prüfmechanismus ein, um zu verhindern, dass Sie Zeit für Kunden investieren, die nichts hergeben.

Eine mangelhafte Abschlusstechnik ist für erfolglose Besuche eine der wichtigsten Ursachen. Kein Gespräch ohne Ergebnis. Ist ein Auftrag nicht möglich, sollten Sie abschlussorientierte Fragen stellen, die aus der Sicht des Kunden noch einmal bestätigen, dass dieses Gespräch seinen Vorstellungen entsprochen hat.

Fehlende Verhandlungsführung und Steuerung durch den Verkäufer sind ein weiteres Problem. Das Gespräch wird zufallsabhängig geführt. Mal führt der Verkäufer das Gespräch und mal der Kunde.

Keine Antwort auf Einwände, die es im Tagesgeschäft immer wieder gibt, kann ebenfalls zu ergebnislosen Besuchen führen. Erster Schritt ist sicherlich das Auflisten und damit Erfassen der Einwände, damit Sie entweder allein oder gemeinsam mit Ihren Kollegen eine Einwandbehandlung erarbeiten können.

Fehlende Technik zur Terminvereinbarung, die Ihnen schon am Telefon die Möglichkeit gibt, herauszufiltern, ob dieser Kunde interessant ist oder nicht, ist häufig auch eine Ursache für Besuche, die zu keinem Ergebnis führen. Das Spreu vom Weizen trennen ist damit auch unter dem Gesichtspunkt der Zeitgewinnung für Verkäufer eine wichtige Aufgabe.

159. Wie viele Kunden sollten Sie pro Tag besuchen?

Die nachfolgenden Abbildungen der Besuchsanzahl – Ergebnis von Analysen im Rahmen unserer Verkaufsprogramme – zeigen erhebliche Unterschiede bei Verkäufern. Interessant ist, dass alle Verkäufer in der gleichen Firma tätig sind. Damit kann auch auf die gleiche Unterstützung im Hause zurückgegriffen werden.

Abbildung 49: Anzahl von Besuchen pro Monat, über drei Halbjahre hinweg

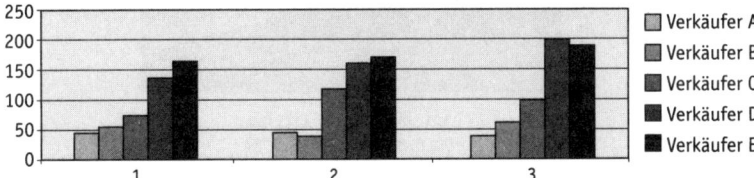

Abbildung 50: Anzahl von Besuchen in sieben Monaten

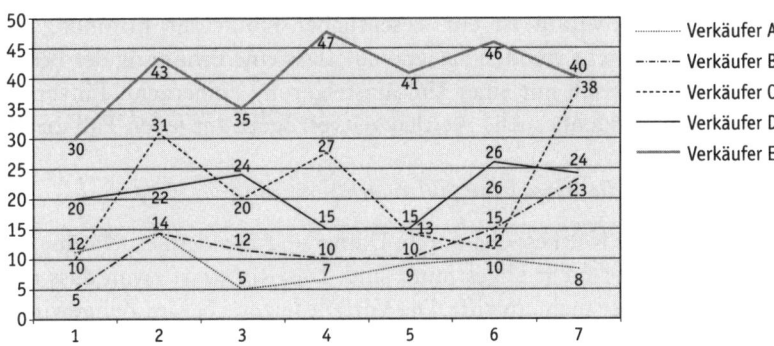

Fairerweise muss man berücksichtigen, dass es unterschiedliche Produktgruppen gibt, für die die genannten Verkäufer als Spezialisten tätig sind. Trotzdem erkennt man deutliche Unterschiede bei der Besuchsanzahl.

Wie viele Kundenbesuche pro Tag? Der Verkäufer kann es selbst bestimmen und hat dabei erhebliche Spielräume. Bei durchschnittlich zwei Besuchen pro Tag ist ein dritter Besuch ohne Voranmeldung, auch Kaltbesuch genannt, möglich. Ihre Überzeugung, dass mehr Besuche zusätzliche Umsätze bringen, ist entscheidend. Aktives Zeitmanagement wird Ihnen dann den Weg zeigen.

160. Wie können Sie es schaffen, mehr Besuche durchzuführen?

Ein Beispiel für das Gegenteil sei zuerst erlaubt:

Abbildung 51: Besuchszahl von Verkäufer E

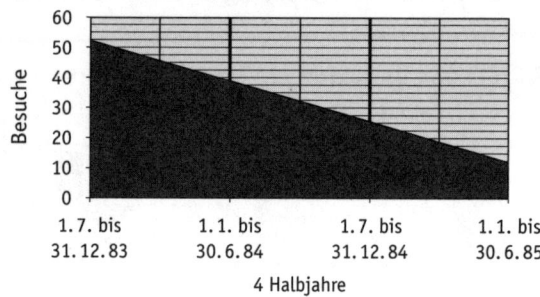

Dieses Beispiel zeigt deutlich eine stark abfallende Besuchsanzahl. Zuletzt ist die Nichterreichung des Umsatzes offensichtlich, da erforderliche Besuche fehlen.

Die eigene Motivation ist ein wesentlicher Punkt zur Erhöhung der Besuchsanzahl. Vielleicht wenden Sie jetzt ein, dass eine Erhöhung der Besuchsanzahl nicht automatisch mit einer Umsatzsteigerung einhergeht. Einverstanden. Doch weniger Kundenbesuche werden zeitverzögert auf jeden Fall zu weniger Umsätzen führen.

Möglichkeiten, die Besuchsanzahl zu erhöhen, sind:

1. Führen Sie mehr Kaltbesuche durch. Damit sind Kundenbesuche gemeint, die terminlich vorher nicht abgestimmt sind. Das Risiko ist zwar, dass man den Gesprächspartner nicht antrifft. Die Vorteile liegen aber im Zeitgewinn durch eingesparte Anreisezeit. Sie erhalten selbst ohne konkrete Bedarfsfälle meist sehr gute Informationen.
2. Kürzen Sie die Zeiten für Besuche, Telefonate, Bürozeit und die Reisezeit.
3. Vermeiden Sie Sternfahrten, und erreichen Sie dadurch, dass Sie nicht an einem Tag von einem Ende Ihres Verkaufsgebietes zum anderen fahren müssen.
4. Legen Sie die Reisezeit in verkehrsarme Zeiten. Vereinbaren Sie mit einem Stammkunden auch nach seiner offiziellen Arbeitszeit einen Termin.
5. Laden Sie für einen Nachmittag mehrere Kunden in Ihr Büro oder einen gemieteten Raum in einem Hotel ein. Sie brauchen zwar Vorbereitungszeit, andererseits können Sie Ihre Besuchsanzahl an diesem Tag verdoppeln oder verdreifachen.

161. Wie können Sie jeden Tag bis zu 30 Minuten Arbeitszeit sparen?

Als Verkäufer ist man richtigerweise draußen beim Kunden und nicht im Büro oder am Schreibtisch. Allerdings gibt es eine ganze Menge Menschen, die dann etwas von Ihnen am Telefon wollen. Kommt man als Verkäufer zurück, ist der Schreibtisch meist überfüllt mit Nachrichten, die einen Rückruf erfordern.

Das große Rätselraten beginnt. Ist es wichtig? Muss ich heute noch zurückrufen? Oft genug stellen Sie sich auch Fragen wie: Wer ist das? Von welcher Firma? Welche Telefonnummer? Mit viel Zeit und Spürsinn werden die erforderlichen Daten zusammengetragen. Minuten werden verloren.

Mit nachfolgendem Telefonplaner für eingehende Telefonate soll Zeit durch das Erfassen der wichtigsten Daten gespart werden, die man für den Rückruf braucht. Kollegen stellen durch die Ermittlung dieser Details sicher, dass Rückrufe besser erledigt werden können und Zeit gespart wird.

Wichtig ist noch ein kleiner, aber wesentlicher Unterschied:

- »Kann ich etwas ausrichten« (geschlossene Frage) mündet zu einem hohen Prozentsatz in: »Nein danke. Er soll zurückrufen.«
- »Was kann ich ausrichten?« mündet zu einem hohen Prozentsatz in Informationen, die Sie erhalten.

Abbildung 52: Telefonplaner für entgegengenommene Anrufe

1 Name: _____

2 Firma: _____

3 Abteilung: _____

4 Telefonnummer: _____

5 Wann können wir für Sie für den Rückruf am besten erreichen?

_____

_____

6 Was kann ich ausrichten?

_____

_____

_____

_____

162. Wie gewinnen Sie Zeit am Schreibtisch?

Zuerst ein unkonventioneller Vorschlag: Am meisten Zeit gewinnt man dadurch, dass man gar nicht am Schreibtisch sitzt. In die Praxis umgesetzt bedeutet dies, dass alle Arbeiten für Verkäufer, soweit möglich, *delegiert* werden sollen. Das sind zum Beispiel Arbeiten, die auch der Kundendienst erledigen könnte.

Nutzen Sie das Werkzeug der Rationalisierung: *die Checkliste für Ihre Arbeitsabläufe.* Gehen Sie davon aus, dass sich gerade Büroarbeiten standardisieren lassen.

Beispiel

Das komplette Angebot: Was gibt es bei der Auftragsannahme zu beachten? Was ist bei der Preiskalkulation zu berücksichtigen? Welche Prospekte für welches Angebot (zum Ankreuzen)? Verwenden Sie die Checklisten für sich selbst, aber auch zur Delegation. Legen Sie bei Ihren Arbeiten einfach ein leeres Blatt daneben, und schreiben Sie Ihre Tätigkeiten auf.

- Entwickeln Sie *Standardbriefe* für wiederkehrende Situationen, etwa zur Versendung von Angeboten, Prospekten oder nach einem Kundenbesuch. Akzeptieren Sie, dass nicht alles 100-prozentig sein braucht.
- Erledigen Sie *Telefonate, Briefdiktate, Postdurchlesen oder Angebote en bloc.* Durch das Hintereinander-Arbeiten sparen Sie die jeweilige Anlaufzeit. Suchen Sie sich die »richtige« Zeit aus. Sie ist branchenspezifisch. Manchmal ist man bis 9.30 Uhr ungestört. Briefdiktate in der Zeit häufiger Telefonate können Ihre Arbeit am Schreibtisch erheblich verlängern.
- Führen Sie *Gespräche mit Vorgesetzten, Kollegen oder Mitarbeitern nicht von Fall zu Fall, sondern auch en bloc.* Setzen Sie sich einen Zeitrahmen, und halten Sie ihn auch ein. Man muss nicht alles zu Ende diskutieren.
- Ermitteln Sie Ihre »*Hobbytätigkeit im Büro*«. Das ist die Beschäftigung, der Sie am liebsten nachgehen. Wer gerne Statistiken erstellt, wird dafür zu viel Zeit aufwenden. Reduzieren Sie die dafür verwendete Zeit, sie ist zu hoch für diese Aufgabe.
- *Unterteilen Sie die vor Ihnen liegenden Aufgaben grundsätzlich in drei Bereiche.* Nennen wir sie A/B/C. Fangen Sie grundsätzlich mit A-Aufgaben an. Legen Sie sich ein Wiedervorlagesystem von 1–31 an. Legen Sie die heute nicht aktuellen Angebote oder Aufgaben in der Mappe unter dem Tag der weiteren Verfolgung ab. So kriegen Sie Ihren Schreibtisch frei.
- Und ... erledigen Sie das *Unangenehmste zuerst.*

163. Wie können Sie die Zeit im Auto besser nutzen?

Bei einer durchschnittlichen Kilometerleistung von 40 000 Kilometer pro Jahr und einer durchschnittlichen Geschwindigkeit von 50 Kilometer pro Stunde sind im Jahr 800 Stunden zu kalkulieren, die Sie im Auto verbringen.

Rechnet man mit etwa 200 Arbeitstagen im Jahr, Urlaubs-, Messe- und Seminartage sind bereits abgezogen, dann haben Sie die Hälfte Ihrer Gesamtzeit von 200 Arbeitstagen x 8 Stunden = 1 600 Stunden im Auto verbracht.

Vorschläge zur besseren Nutzung:

- Wenn Sie die Möglichkeit haben, sollten Sie mit dem Kunden zu gemeinsamen Zielen hinfahren. Beispielsweise bietet es sich bei einem Termin auf der Baustelle an, den Architekten mitzunehmen.
- Die Zeit im Auto kann auch sehr sinnvoll zur Besuchsvorbereitung genutzt werden, da man noch einmal gedanklich die bevorstehende Verkaufsverhandlung durchgehen kann. Ziele, Argumentation und Einwände können noch einmal ins Gedächtnis gerufen werden. Ihre Verhandlung werden Sie dann noch sicherer führen.
- Eine sehr gute Möglichkeit ist auch, den CD-Player im Auto zu nutzen. Sie können sich beispielsweise die Vorteile für ein neues Produkt oder die Argumente vor der Verhandlung per CD ins Gedächtnis zurückrufen.

164. Wie können Sie kürzere Telefongespräche führen?

1. Bereiten Sie sich auf das Telefongespräch vor. Legen Sie fest, was Sie bei einem Telefonat erreichen wollen. Was ist Ihr Ziel? Welches Ergebnis wollen Sie aus diesem Gespräch mitnehmen? Kollegen bestätigen, dass systematisch vorbereitete Gespräche kürzer sind und zu besseren Ergebnissen führen.
2. Setzen Sie von vornherein eine Höchstzeit fest: »Ja, Herr Schneider. Ich kann vier Minuten mit Ihnen sprechen.«
3. Kündigen Sie das Ende des Telefongesprächs an: »Zum Schluss noch eine Frage …«
4. Führen Sie Telefongespräche zu ungünstigen Zeiten, etwa kurz vor dem Mittagessen oder kurz vor Feierabend.
5. Wenn Sie vor 9.00 Uhr oder nach 15.30 Uhr telefonieren, dann erreichen Sie Ihren Gesprächspartner außerhalb dieser Zeiten oft erst nach mehreren Wählversuchen. Das kostet Zeit.
6. Erledigen Sie nicht alle Rückrufe auf einmal, sobald Sie wieder im Büro sind. Unterteilen Sie die Telefonate in A/B/C-Kategorien. Stellen Sie fest, welche wichtig sind. Ein Teil der anderen wird sich von selbst erledigen.
7. Sammeln Sie die aufgelaufenen Telefonate, und rufen Sie dann die Gesprächspartner hintereinander zurück.
8. Sagen Sie, dass es noch zum Beispiel drei Themen zu besprechen gibt. Ihr Gesprächspartner wird sich automatisch kürzer verhalten.
9. Steuern Sie das Telefongespräch durch die Fragetechnik.

165. Wie können Sie kürzere Verkaufsverhandlungen führen?

Manche Verkaufsverhandlungen sind zu lange und gefährden dadurch den Auftragserhalt, weil die Abschlusschance überredet wird. Eine Verhandlungsplanung unter Zeitgesichtspunkten ist wichtig, um die Zeit von Kunde und Verkäufer sinnvoll zu nutzen.

1. Fragen Sie den Kunden vorher, wie lange er die Dauer des Gesprächs annimmt.
2. Verbessern Sie Ihre Technik für Terminvereinbarungen. Besuchen Sie gute Kunden nach der offiziellen Bürozeit. (Natürlich kann der Besuch dann sogar länger dauern, aber Sie entscheiden, bei welchem Kunden Sie diese Technik einsetzen.)
3. Reduzieren Sie die Einleitung und das Ende des Verkaufsgesprächs um 10 Prozent. Etwas weniger fällt in diesen Phasen nicht auf.
4. Steuern Sie das Gespräch aktiv durch die Fragetechnik. Lenkt Ihr Gesprächspartner ab, bringen Sie ihn durch eine Frage wieder zurück.
5. Vermeiden Sie gefährliche Themen in Verkaufsverhandlungen. Das ist zum Beispiel das Hobbythema Ihres Gegenübers, insbesondere dann, wenn der favorisierte Fußballclub verloren hat. Das kann aber auch zum Schluss des Gesprächs die von Ihnen erleichtert festgestellte Bemerkung sein, dass die letzte Reklamation nun endlich für alle Beteiligten gut ausgegangen ist.
6. Achten Sie auch während des Gesprächs immer auf die Zeit. Insbesondere bei sehr guten oder sehr sympathischen Kunden vergeht die Zeit zu schnell.
7. Visualisieren Sie, und arbeiten Sie mit Grafiken und Bildern. In diesem Fall ist nicht nur die Merkfähigkeit höher. Sie können auch komplexe Zusammenhänge zeitsparend darstellen, da sich manche Rückfrage von selbst erledigt.
8. Bringen Sie mehr Zusammenfassungen während der Verhandlung, weil auch das den Überblick bewahren lässt und Zeit sparen hilft.
9. Entwickeln Sie ein Gefühl dafür, wie lange ein Verkaufsgespräch dauern soll. Unterteilen Sie in die verschiedenen Arten von Verkaufsbesuchen, zum Beispiel in einen Erstbesuch, Abschlussverhandlung mit dem Einkauf, ein technisches Gespräch oder ein Kontaktgespräch mit dem Chef.

Fazit: Zeitreserven gibt es auch bei Verkaufsverhandlungen. Nicht jede Verhandlung soll so lange gehen, bis der Zufall das Ende bestimmt. Andererseits ist sensibel zu prüfen, ob nicht andere Gesichtspunkte wichtiger als die Zeitersparnis bei einem Kunden sind. Sie entscheiden!

166. Wie können Sie die Wartezeit beim Kunden besser nutzen?

- Lesen Sie Kundenprospekte durch, um besser informiert zu sein.
- Vertiefen Sie Ihre Besuchsvorbereitungen.
- Erledigen Sie andere Arbeiten, die Sie aus dem Büro mitgenommen haben.
- Führen Sie Telefonate beim Kunden. Möglicherweise kann eine Projektverfolgung auf diesem Wege noch systematischer erfolgen.
- Führen Sie Gespräche mit weiteren Mitarbeitern des Kunden, um Informationen zu erhalten.
- Unterhalten Sie sich mit der Sekretärin. Gerade sie kann Ihnen wichtige Informationen geben.
- Durchforsten Sie Ihr Zeitplaninstrument, ob alle Aufgaben und Ziele Ihrer Planung entsprechen.

Abbildung 53: Darstellung Tagesplan

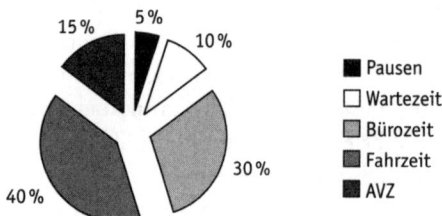

Jede nicht richtig genutzte Minute ist unwiederbringlich verloren. Fünf Minuten sind etwa 1 Prozent Ihres Arbeitstages und sehr schnell vertan. Rechnen Sie einmal aus, wie viel Zeit Sie in der Woche durch Warten verlieren.

167. Wie oft delegieren Sie als Verkäufer?

Delegation ist für aktives Zeitmanagement eines der wichtigsten Instrumente. Führungskräfte haben es in der Regel leichter als Verkäufer, die Delegation zu nutzen, da eine Sekretärin oder ein Assistent zur Verfügung steht. Trotzdem darf dieses sinnvolle Instrument für den Verkäufer nicht ungenutzt bleiben, selbst wenn direkte Delegation an Untergebene nicht möglich ist.

Wie oft haben Sie Tätigkeiten an Ihre Kunden delegiert? Ihre Aufgabe ist die Kundengewinnung. Man weiß, dass zur Auftragserreichung eine bestimmte Anzahl an Besuchen erforderlich ist. Sie können die zu investierende Zeit vermindern, wenn der Kunde Ihnen einen hohen Vertrauensbonus entgegenbringt. Eine Möglichkeit diesen Vertrauensbonus zu erzielen, ist die »Mund-zu-Mund«-Propaganda durch einen anderen zufriedenen Kunden.

Anders ausgedrückt: Delegieren Sie Akquisitionstätigkeiten im positiven Sinne an Ihre zufriedenen Kunden, die sicherlich gerne bereit sind, für Sie zu sprechen. Sie sparen so Zeit und erhöhen Ihre Auftragschancen.

Wie oft haben Sie Tätigkeiten an den Innendienst delegiert? Häufig fühlt sich der Innendienst unterfordert. Der Verkäufer an der Front löst auch die kniffligen Aufgaben, ohne um Unterstützung zu bitten. Aber: Man spart Zeit und motiviert die Kollegen zusätzlich, wenn man den Innendienst mit einspannt.

Wie oft haben Sie Tätigkeiten an den Kundendienst delegiert? Ihr Kollege im Kundendienst ist möglicherweise in einer ähnlichen Situation wie Ihr Kollege im Innendienst. Gerade der Kundendienstmann erhält sehr viele Informationen von Kunden, die Sie aus Zeitgründen nicht besuchen. Damit ist auch Ihr Kollege im Kundendienst für Sie eine wichtige Akquisitionshilfe. Darüber hinaus sollten Tätigkeiten, für die der Kundendienst zuständig ist, auch vom Kundendienst ausgeführt werden, selbst wenn der Kunde Sie darum bittet, die Aufgabe persönlich zu erledigen.

168. Welche Fragen sollten Sie sich beim Delegieren stellen?

Delegation ist für Verkäufer möglich und notwendig, wenn man sich nicht mit Aufgaben verzetteln will, für die man nicht eingestellt worden ist.

An wen können Sie delegieren? An Mitarbeiter im Innendienst, Service, in der Auftragsabwicklung, technischen Verkaufsunterstützung und sogar an den Kunden, der in dem einen oder anderen Fall auch bereit sein wird, Sie zu unterstützen, durch das Anfertigen von Zeichnungen oder das Erledigen von Telefonaten.

Wollen Sie überhaupt delegieren? Vielfach ist man persönlich davon überzeugt, eine Arbeit selbst am besten lösen zu können. Wenn Sie nicht delegieren wollen, werden bei Ihnen auch die Hilfsmittel nicht wirksam. Bedenken Sie: Alles selbst machen zu wollen, blockiert die Zeit für wesentliche Aufgaben.

Haben Sie die Person, an die Sie delegieren, für diese Arbeit motivieren können? Beispielsweise fühlen sich Innendienst und Service oft vom Verkäufer nicht akzeptiert. »Er hält es noch nicht einmal für nötig, bei uns reinzuschauen, wenn er im Stammhaus ist.« Ein oft gehörter Satz bei der Schulung von Innendienstmitarbeitern. Geben Sie dem Mitarbeiter im Innendienst deshalb das Gefühl, dass gerade seine Arbeit wichtig ist. Und geben Sie ihm einen Sinn, warum er sie möglicherweise sogar noch nach Feierabend erledigen soll.

Haben Sie eingeplant, dass Sie für die Delegation neuer Aufgaben erst mehr Zeit berücksichtigen müssen, bevor Sie dann bei Wiederholungen Zeit einsparen? Sie werden feststellen, dass Sie Tätigkeiten durchaus in kürzerer Zeit erledigen könnten als Ihr Kollege, an den Sie delegieren. Die Erklärungen, das Nachfassen und Kontrollieren erfordern zunächst mehr Zeit, als etwas selbst durchzuführen. Doch Ihr Vorteil liegt in der eingesparten Zeit bei Wiederholungen der Aufgaben und Erledigung durch Ihren Kollegen.

Haben Sie die Delegation professionell durchgeführt? Für Ihren Kollegen sind manche Dinge und Details möglicherweise völlig neu, die Ihnen bereits in Fleisch und Blut übergegangen sind. Übertragungsfehler können sich bei der Delegation einschleichen. Vermeiden Sie Streuverluste, indem Sie die Delegationsaufgabe in Einzelschritte zerlegen und schriftlich festhalten. Nehmen Sie einfach ein weißes Blatt Papier, und halten Sie Ihre einzelnen Arbeitsschritte fest. So lässt sich beispielsweise perfekt die Erstellung eines Angebotes delegieren.

169. Welche Methodik ist beim Delegieren sinnvoll?

Systematische Delegation erfordert Eigentraining und Methode.

Eigentraining deshalb, weil möglicherweise eigene Barrieren zu überwinden sind. Delegation heißt auch, damit leben zu können, dass Kollegen Aufgaben nicht mit der gleichen Perfektion und mit dem gleichen Know-how lösen. Akzeptieren Sie Unvollkommenheit dort, wo die Zeitersparnis für wesentlichere Aufgaben besser eingesetzt werden kann.

Methodik bei der Delegation ist erforderlich, weil die Delegation an Kollegen oder Kolleginnen ein Zeitprozess ist, der kontrolliert werden muss.

Folgende Delegationscheckliste soll Sie dabei unterstützen, erst einmal Aufgaben, die Sie bisher noch selbst durchführen, aufzulisten, um dann einmal zu überlegen, an wen sie delegiert werden können. Ist das erfolgt, sollten Sie in Stichworten festhalten, um welche Tätigkeiten es sich handelt. Unter Umständen bietet es sich an, zusätzliche Optionen zu definieren, beispielsweise ob Sie in einigen Fällen Rückinformationen wünschen. Bei angeforderten Prospektunterlagen von einem Kunden mag es sinnvoll sein, dass Sie informiert werden, bevor diese Unterlagen an den Kunden geschickt werden.

Abbildung 54: Delegationscheckliste

Datum	Priorität			OK	Aufgabe	Delegiert an	Beginn	Fertig
	A	B	C					

170. Berücksichtigen Sie den Grad des vollkommenen Informationsstandes?

Die wichtigste Frage lautet: *Ab wann ist der Zeitaufwand größer als das Ergebnis?*

Man braucht nicht jede Zeitschrift komplett zu lesen. Das Risiko ist sowieso sehr groß, dass man den größten Teil davon wieder vergisst. Lesen Sie durchaus viele Zeitungen, Zeitschriften und Informationsdienste ... aber nur selektiv!

Bevor Sie eine Zeitschrift Blatt für Blatt anschauen, werfen Sie grundsätzlich zuerst einen Blick ins Inhaltsverzeichnis. Lesen Sie dann den Artikel, der Sie am meisten interessiert – und zwar sofort.

Wenn Ihnen ein Artikel besonders gefällt, Sie aber im Moment keine Zeit haben, ihn zu lesen: Reißen Sie ihn aus der Zeitschrift heraus, und legen Sie ihn in Ihre Aktentasche. Wenn Sie dann Zeit haben, lesen Sie den Artikel. Lassen Sie grundsätzlich einige Artikel in Ihrer Aktentasche, damit Sie auch Wartezeiten beim Kunden nutzen können.

Unterstreichen Sie Wichtiges in Zeitschriften oder markieren Sie es farbig, damit Sie es später etwas schneller wiederfinden.

Trainieren Sie, schneller zu lesen. Auch Lesen ist eine Übungssache. Sie können Ihre Lesegeschwindigkeit erheblich steigern und lesen mehr in der gleichen Zeit.

Sie brauchen nicht alles zu behalten, es genügt, wenn Sie wissen, wo Sie etwas wiederfinden können.

171. Wie können Sie Ihre aktive Verkaufszeit erhöhen?

Die aktive Verkaufszeit ist die Zeit vis-a-vis dem Kunden. Auch, wenn noch andere Arbeiten zur Zielerreichung notwendig sind: Entscheidend ist der persönliche Kontakt zum Kunden. Wie verteilt sich die Arbeitszeit des Verkäufers?

Abbildung 55: Beispielrechnung

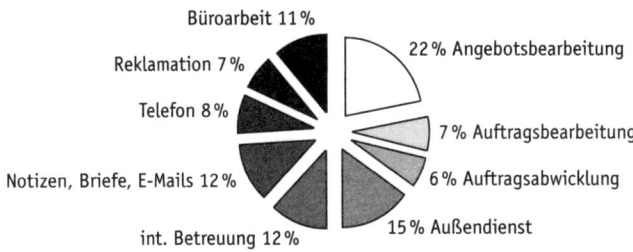

Maßnahmen zur Erhöhung der aktiven Verkaufszeit:

- Reduzieren Sie Ihre Firmenanwesenheit, indem Sie sich ein tragbares Büro einrichten.
- Richten Sie kürzere Kundenbesuche zu ungünstigen Zeiten für den Kunden ein, zum Beispiel vor dem Mittagessen oder vor dem Feierabend. (Die Gespräche sind dadurch kürzer.)
- Verbessern Sie Ihre Tourenplanung.
- Bereiten Sie sich auf persönliche Gespräche und Telefongespräche systematisch vor. (Sie werden dann erfahrungsgemäß kürzer sein.)
- Laden Sie an einem Tag mehrere Kunden zu einem Informationsseminar in Ihre Büroräume ein. Sie verdoppeln oder verdreifachen an diesem Tag Ihre aktive Verkaufszeit gegenüber üblichen Tagen.
- Arbeiten Sie mit einem Zeitplaner, Sie sparen somit Bürozeit.
- Besuchen Sie mehrere Abteilungen beim Kunden. Falls keine Terminabsprache möglich ist, führen Sie auch einmal »Kaltbesuche« durch.
- Handeln Sie nach der Devise: ein Besuch zusätzlich am Tag.

Es kann sinnvoll sein, sich selbst bewusst eine begrenzte Zeit mehr aufzuerlegen und mehr Besuche durchzuführen, weil man erst dann alle Instrumente der Zeitnutzung einsetzen muss. Die Schwankungsbreite bei den Verkaufsbesuchen im gleichen Unternehmen mit gleichen Voraussetzungen ist oft enorm. Zwischen durchschnittlich zwei und sieben Besuchen am Tag existiert eine Menge Spielraum für eine verbesserte aktive Verkaufszeit.

172. Welche kritische Situation gibt es beim Zeitmanagement?

Kurzum: Je geringer Ihre aktive Verkaufszeit ist und je weniger Freizeit Ihnen übrig bleibt, umso mehr besteht ein Handlungsbedarf. Sie laufen sonst Gefahr, nicht mehr im Interesse der Firma und in Ihrem eigenen Interesse zu handeln. Die Firma hat in dieser Situation einen Verkäufer, der seine Aufgabe nicht mehr erfüllen kann, weil er zu sehr mit anderen Aufgaben beschäftigt ist. Verkaufen ist die zentrale Funktion und damit ist insbesondere der Kontakt zum Kunden gemeint.

Ist die aktive Verkaufszeit auf ein Minimum reduziert, ist die kritische Situation erreicht. Noch schwerwiegender sind die Auswirkungen auf Ihre eigene Gesundheit, Arbeitsfreude und Zufriedenheit.

Leider erkennt man die kritische Situation des Zeitmanagements oft erst zu spät. Warten Sie nicht, bis Krankheit, Familie oder fehlende Umsätze einen deutlichen Beweis für zeitliches Missmanagement liefern. Setzen Sie Prioritäten für Ihre Zeitverwendung. Erst dann leiten Sie die Handlungsschritte daraus ab. Die prüfenswerten Fragen lauten: *Wie hoch ist Ihre aktive Verkaufszeit? Haben Sie genug Freizeit?*

Aktives Zeitmanagement, insbesondere für den Verkäufer, schafft Freiräume.

Wie Sie Ihr Gebietsmanagement noch besser in den Griff bekommen

173. Wie sieht der Regelfall der Gebietsplanung aus?

Nach wie vor ist es in vielen Unternehmen praktizierter Verkaufsalltag, am Jahresende produktgruppenbezogen die Umsatzvorgaben für das nächste Jahr festzulegen. Grafisch dargestellt sieht das wie folgt aus:

Abbildung 56: Der Regelfall der Gebietsplanung

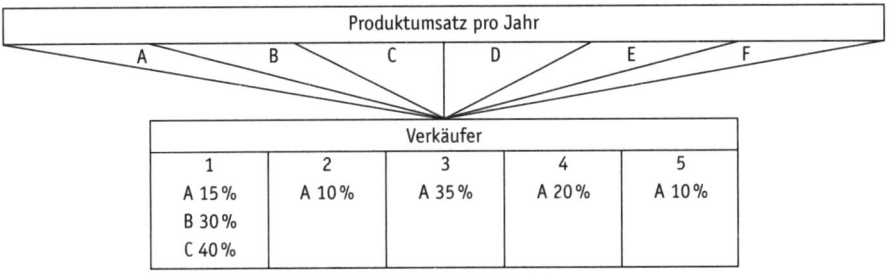

Dabei wird auf der Basis von Vorjahreszahlen und Erfahrungen geplant. Die Gefahr liegt in einer einseitigen Konzentration auf Umsatzergebnisse. Gebietsbezogene Aktivitäten finden hierbei keine Beachtung.

Nur durch ein richtiges Verhältnis zwischen kurz-, mittel- und langfristigen Aktivitäten ist ein kontinuierlicher Gebietserfolg möglich. Aktivitäten, wie etwa Neukundengewinnung und systematische Neuprodukteinführung, finden bei einer Umsatzplanung keine Beachtung. In eine sinnvolle Jahresplanung für Verkäufer sind über den Umsatz und Deckungsbeitrag hinaus gebietsbezogene und aktionsbezogene Aktivitäten mit aufzunehmen.

174. Wie kann eine richtige Gebietsplanung aussehen?

Eine Gebietsplanung sollte nicht nur Umsatzvorgaben und Deckungsbeiträge enthalten, sondern auch gebiets- und aktionsbezogene Aktivitäten.

Abbildung 57: Beispiel

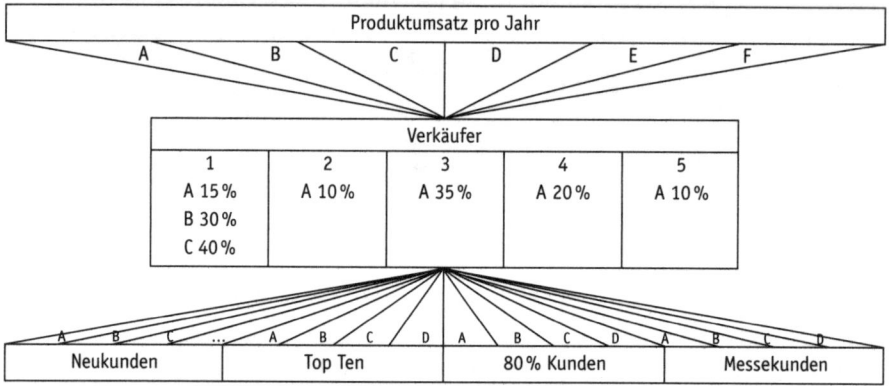

- Prüfen Sie, ob eine Neukundengewinnungsaktion für Sie sinnvoll ist. Bevor Sie eine solche Aktion starten, unterteilen Sie Ihre potenziellen Kunden in A-, B- und C-Kategorien. Sie ersparen sich damit unnötige Zeitverluste bei wenig interessanten potenziellen Kunden.
- Bei Top-Ten-Kunden mit den höchsten erzielbaren Umsätzen sollten Sie kritisch prüfen, inwieweit Sie sich dieser Kunden sicher sind. Erarbeiten Sie einzelne Aktionspläne, was wann bei diesen Kunden passiert, zum Beispiel Anwendungsseminare und vereinbarte Treffen auf Managerebene.
- Ihre 80-Prozent-Kunden, also die Kunden, die 80 Prozent Ihres Umsatzes ausmachen (teilweise mit den Top-Ten-Kunden identisch) sollten Sie entsprechend überprüfen. In der Regel handelt es sich hierbei um einen kleinen Kundenkreis. Bei Kunden im Investitionsgüterbereich sind es meistens nur 20 bis 30 Kunden. Bei gefährdeten Kunden sollten Sie Ihre Aktivitäten verstärken oder Ersatz durch Neukundenumsätze schaffen.
- Messen sollten für Sie eine aktive Verkaufsplattform sein. Deshalb müssen Messen verkaufsorientiert vorbereitet werden: Welcher Kunde schiebt seine Einkaufsentscheidung bis zur Messe auf? Gezielt einladen! Welcher verlorene Kunde ist es wert, persönlich von Ihnen eingeladen zu werden? Für welche Zielgruppe ist das auf der Messe vorzustellende Produkt besonders interessant?

175. Was ist bei einer systematischen Gebietsplanung zu beachten?

1. Was wollen Sie als Gebietsentwicklungsziel in diesem Jahr erreichen (unabhängig von der Umsatzvorgabe)?
2. Welche konkreten Einzelschritte haben Sie dafür unternommen?
3. Welche gebietsbezogenen erfolgversprechenden Aktivitäten können Sie allein durchführen?
4. Wie viele aktive Kunden haben Sie, und wie ist die Verteilung (Top-Ten der größten Umsatzträger und weitere Abstufungen)?
5. Welche Kunden haben Sie gewonnen und welche verloren? Warum? Welche der verlorenen Kunden müssen zurückgewonnen werden?
6. Wie verbessern Sie Ihre Kunden-Umsatzstruktur? (Was tun Sie dafür?)
7. Wie gewinnen Sie Neukunden?
8. Wie erhöhen Sie die Auftragsrealisierungsquote? (Verhältnis der Anfragen zu den Aufträgen)
9. Welches Umsatzpotenzial ist in Ihrem Gebiet noch möglich?
10. Wodurch können Sie Ihre aktive Verkaufszeit erhöhen?
11. Was würden Sie tun, wenn der Umsatz in Ihrem Gebiet um 40 Prozent fällt, weil zwei Großkunden jetzt beim Wettbewerber bestellen?

176. Was ist das wichtigste »Gesetz« für Verkäufer?

Es gibt keine Patentrezepte im Verkauf. Zwar sind zahlreiche sehr hilfreiche »Werkzeuge« für besseres Verkaufen vorhanden, aber sie sind abhängig von der Branche und der Person, die die Hilfsmittel einsetzt.

Trotzdem gibt es ein »Gesetz« im Verkauf, dessen Bedeutung für den Erfolg eine entscheidende Bedeutung hat: *das »Pareto-Gesetz«.*

Abbildung 58: Das Pareto-Gesetz

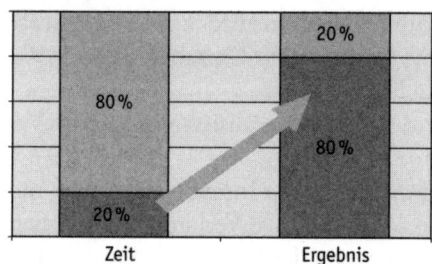

20 Prozent des Einsatzes erzielen 80 Prozent des Ergebnisses. Verblüffend ist, dass diese Regel in den meisten Unternehmensbereichen zutrifft.

Unternehmen erreichen mit 20 Prozent ihrer Produkte 80 Prozent ihres Umsatzes oder Gewinns. 20 Prozent der Kunden erzielen 80 Prozent des Umsatzes. Im persönlichen Bereich ist das Gesetz ebenfalls zutreffend: 20 Prozent der Zeit garantiert oft 80 Prozent der Ergebnisse.

Akzeptiert man, dass sehr wenig (20 Prozent) Wesentliches den Hauptteil des Erfolges (80 Prozent) ausmacht, ist ein Schlüsselgesetz für eigenes Agieren gefunden. Schärfen Sie also Ihren Blick für die wenigen wesentlichen Aktivitäten. Sie können dadurch fantastische Erfolge erreichen.

Umsatzerhöhungen und berufliche Erfolge haben meines Erachtens ihren Grund in diesem »Gesetz«. Nur tritt der Erfolg oft ein, ohne dass man sich der Ursachen bewusst ist. Man hat etwas gefühlsmäßig richtig gemacht, genauso wie ein gestandener Verkäufer viele Dinge unbewusst richtig tut. Die Entwicklung liegt aber darin, sich das, was man bisher gefühlsmäßig richtig gemacht hat, bewusst zu machen und zukünftig systematisch und bewusst einzusetzen.

Übertragen Sie das 20/80-»Gesetz« auf Ihre Situation, und arbeiten Sie Ihre wenigen wesentlichen Aktivitäten und Schwerpunkte heraus.

177. Wie können Sie Prioritäten setzen?

Die Grundregel für Zeitmanagement ist, dass man Prioritäten setzen muss. Wie kann man als Verkäufer davon profitieren? *Prüfen Sie einmal Ihre Aktivitäten:*

■ Erreichen Sie vielleicht mit 20 Prozent Ihrer Kunden 80 Prozent des Umsatzes?
■ Erreichen Sie vielleicht mit 20 Prozent Ihrer Produkte 80 Prozent des Umsatzes?
■ Erreichen Sie vielleicht mit 20 Prozent Ihres Zeiteinsatzes 80 Prozent des Ergebnisses?

Wenn Sie eine der Fragen mit Ja beantworten konnten, dann ist das eine Bestätigung für eine Gesetzmäßigkeit, die als »Pareto-Gesetz« für die Wirtschaft eine wesentliche Bedeutung hat (siehe Abbildung 58 auf der vorhergehenden Seite).

Übertragen wir diese Erkenntnis auf den Verkäuferalltag, so ist eine Konzentration insbesondere in drei Bereichen feststellbar:

Abbildung 59: Umsetzung des Pareto-Gesetzes

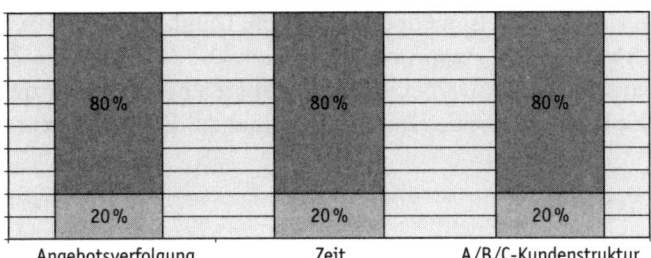

Sicherlich werden die Zahlen in den einzelnen Bereichen Ihrer eigenen Situation nicht voll entsprechen. Dennoch ist die Hebelwirkung auch bei anderen Zahlen enorm. Schon eine 20-prozentige Verbesserung der aktiven Verkaufszeit von 15 auf 18 Prozent erzielt, sinnvoll verwendet, für die richtigen A-Kunden eine deutlich nachvollziehbare Umsatzsteigerung.

178. Welche drei wesentlichen Prioritätsbereiche können Sie nutzen?

Das Setzen von Prioritäten ist notwendig bei der Angebotsverfolgung, der aktiven Verkaufszeit und bei der Kundenumsatzstruktur.

Zur Angebotsverfolgung

Die »Trefferquote«, das Verhältnis der Anfragen zu den Aufträgen schwankt erheblich, abhängig von der Branche und dem Marktanteil. Allerdings werden 10 bis 25 Prozent Auftragsrealisierung in vielen Branchen schon als sehr gut bezeichnet. Anders dargestellt: 90 bis 75 Prozent der Anfragen führen nicht zu einem Auftrag. Setzen Sie Prioritäten bei der Angebotsverfolgung durch eine A/B/C-Bewertung Ihrer Anfragen.

Zur aktiven Verkaufszeit

Die aktive Verkaufszeit (AVZ) liegt bei vielen Verkäufern um die 15 bis 25 Prozent. Eine geringere AVZ ist nicht einmal selten. Damit werden 85 bis 75 Prozent für andere Aktivitäten in Anspruch genommen. Die AVZ oder die Zeit vis-à-vis dem Kunden kommt zu kurz. Setzen Sie Prioritäten bei der Ihnen zur Verfügung stehenden Zeit. Nutzen Sie das Instrumentarium des Zeitmanagements.

Zur Kundenstruktur

20 Prozent der Kunden ergeben 80 Prozent des Umsatzes. Leider ergeben umgekehrt auch die verbleibenden 80 Prozent der Kunden nur noch 20 Prozent des Umsatzes. Man kann als Verkäufer sehr aktiv sein und sogar jeden Tag 12 Stunden arbeiten. Setzt man aber nicht auf die richtigen vorhandenen und zukünftigen A-Kunden, wird der Zeiteinsatz nicht im Verhältnis zum Ergebnis stehen. Achten Sie bei Ihrer Arbeit sehr genau darauf, ob Sie die Prioritäten bei Ihren Kunden richtig setzen.

179. Welche veränderte Situation haben Sie in fünf Jahren im Markt?

Schauen Sie einmal, wenn Sie es nicht bereits getan haben, bewusst über den Tellerrand des Tagesgeschäfts hinaus. Was wird sich bis in fünf Jahren verändern?

Abbildung 60: Beispiele für Ansatzpunkte

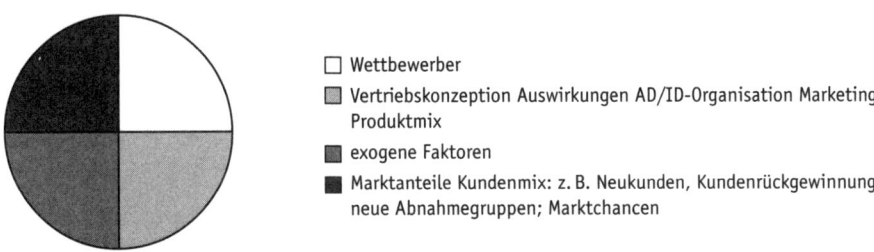

- ☐ Wettbewerber
- ▨ Vertriebskonzeption Auswirkungen AD/ID-Organisation Marketing Produktmix
- ▩ exogene Faktoren
- ■ Marktanteile Kundenmix: z. B. Neukunden, Kundenrückgewinnung, neue Abnahmegruppen; Marktchancen

Diskutieren Sie einmal mit Ihren Kollegen die einzelnen Faktoren, und fügen Sie weitere, speziell in Ihrer Situation zu beachtende Punkte hinzu. Sie werden bestätigen, dass ein Jahr sehr schnell vergeht. Strategische Überlegungen und insbesondere Aktivitäten laufen dabei Gefahr, nicht durchgeführt zu werden.

Vermeiden Sie dieses Risiko, indem Sie nach dem von Ihnen erstellten Zukunftsszenario die erforderlichen Teilschritte ableiten, die zur Einstellung auf die veränderte Situation erforderlich sind. Erarbeiten Sie dann einen Aktionsplan, der die schrittweise Anpassung unter Berücksichtigung Ihres Zeitbudgets zulässt.

Wenn Sie diese Unterlage in Ihrem Zeitplaner immer bei sich tragen und in Leerlaufzeiten konsequent in dieses Strategiepapier hineinschauen, werden Sie feststellen, wie trotz aller Tageshektik strategische Aktivitäten umsetzbar sind. Die Schritte können größer oder kleiner sein. Wichtig ist, dass ihre Umsetzung überhaupt erfolgt.

180. Wie sind 50 Prozent Umsatzsteigerung in zwei Jahren möglich?

In Wachstumsmärkten ist dies sicherlich einfacher zu realisieren als in stagnierenden oder schrumpfenden Märkten. Auch ist nicht der Umsatz der wesentliche Faktor, sondern der Gewinn. Einverstanden. Zur einfachen Verdeutlichung wird bei diesem Beispiel vom Umsatz gesprochen.

Beispiel

Wie sind 50 Prozent Umsatzsteigerung in zwei Jahren möglich? Die Grafik zeigt ein Unternehmen, das 48 Prozent Umsatzzuwachs in zwei Jahren in einem stagnierenden Markt erzielte:

Abbildung 61: Beispiel Gesamtumsatz

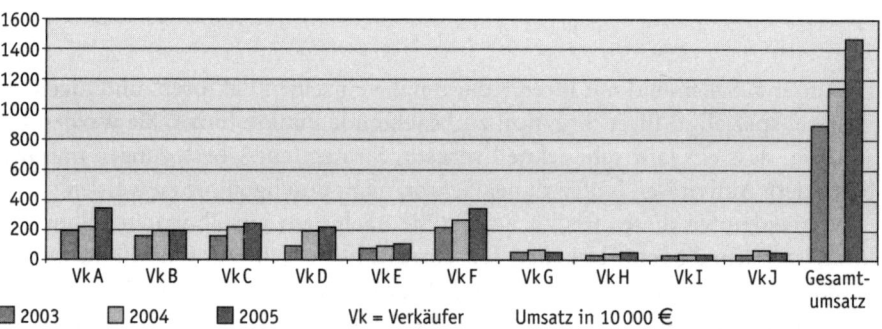

Was sind die Gründe? Ein neues Produkt, das zu diesem Zeitpunkt aus der Einführungsphase heraus war, ist einer der Gründe. Die Akzeptanz für das neue Produkt war auf der Kundenseite gewonnen. Es wurde auch von Anbeginn unter Marketinggesichtspunkten dargestellt. Zu den objektiven technischen Vorteilen wurden auch emotionale Pluspunkte betont. Der zweite wichtige Grund ist die Aktivität der Verkaufsmannschaft, ihre Gebietsbearbeitung zu ändern. Auf einen Nenner gebracht kann man sagen, dass immer mehr Umsatz mit immer weniger Kunden erzielt wurde. Das Unternehmensrisiko steigt so natürlich und die Abhängigkeit ebenfalls. Andererseits ist die zur Verfügung stehende Zeit begrenzt. Prioritäten müssen gesetzt werden. In diesem Fall beim Potenzial der Kunden. Im Verlauf der zwei Jahre fand in diesem Unternehmen eine Umstrukturierung bei den aktiven Kunden statt. Teilweise gingen beängstigend viele Kunden verloren, beachtet man nur die Anzahl verlorener Kunden. Setzt man dies dann ins Verhältnis zu den damit verlorenen Umsätzen, ist man von den geringen Zahlen überrascht. Auf der anderen Seite wurden wenige Neukunden gewonnen, die schon im ersten Jahr als bedeutende Umsatzträger eingestuft werden.

181. Welche Bedeutung hat eine Kundenumsatz-Strukturanalyse für den Verkäufer?

Als Verkäufer hat man nur ein begrenztes zeitliches Budget zur Verfügung. Die Aufgabe besteht darin, diese Zeit sinnvoll zu nutzen. In vielen Fällen steckt man dann allerdings so im Tagesgeschäft, dass man keine Zeit mehr für strategische Überlegungen hat.

Gerade in einer solchen Situation ist es erforderlich, die Ausschöpfung des Gebietes unter Berücksichtigung des eigenen Zeitbudgets zu planen. Ein Beispiel für mehr Übersicht im Verkaufsalltag und eine Unterstützung für die Festlegung der Prioritäten ist die Kundenumsatz-Strukturanalyse:

Abbildung 62: Beispiel Kundenumsatz-Strukturanalyse

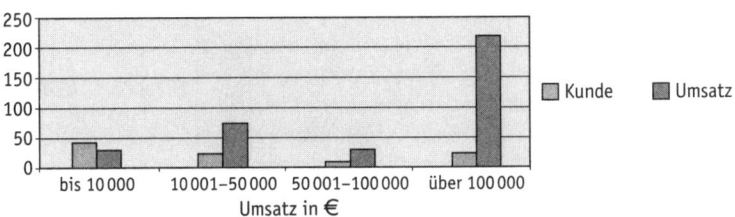

Legen Sie für Ihren Absatzbereich fest, welche Aufteilung in die einzelnen Umsatzkategorien sinnvoll ist. Alle Ihre Kunden sind jetzt den einzelnen Umsatzkategorien zuzuordnen.

Beispiel

Das Beispiel zeigt, dass der Verkäufer mit 58 seiner Kunden lediglich 350 000 Euro seines Jahresumsatzes erzielt. Auf der anderen Seite hat er acht Großkunden, die bereits 2,29 Millionen seines Umsatzes erreichen. Der »Mittelbau« (Kategorie 50 000 bis 200 000 Euro) ist es wert, näher analysiert zu werden. Hier liegen die Wachstumschancen. Welcher dieser Kunden hat noch ein weiteres Absatzpotenzial?

Sie können jetzt erkennen, in welche Kunden Sie zu viel oder zu wenig Zeit investieren. Möglicherweise wird auch offensichtlich, dass nur Sie letztendlich über die geeignete Verwendung Ihrer Zeit bestimmen können. Stellen Sie sich nur einmal vor, was passieren würde, wenn Sie jeden Kunden gleich behandelten und den Vorstellungen des Kunden in jeder Beziehung, insbesondere bei den Terminen, nachkämen. Sie hätten einen enormen Zeitdruck, und die Gefahr wäre groß, dass Sie die Zeit dann auch noch falsch investieren.

182. Wie verbessern Sie Ihre Kundenstruktur?

Ihr Jahresumsatz verteilt sich auf eine bestimmte Anzahl von Kunden, mit denen Sie Umsätze tätigen. In der Regel ergibt sich eine Konzentration, oft zum Beispiel ein 20/80-Verhältnis. Mit 20 Prozent Ihrer Kunden erzielen Sie 80 Prozent Ihres Umsatzes. Die Aufschlüsselung in festzulegende Umsatzgrößenordnungen gibt noch weitere Aufschlüsse. Die Einteilung ist abhängig von Ihrer Durchschnittsauftragsgröße.

Beispiel

Abbildung 63: Beispiel Kundenumsatz-Strukturanalyse

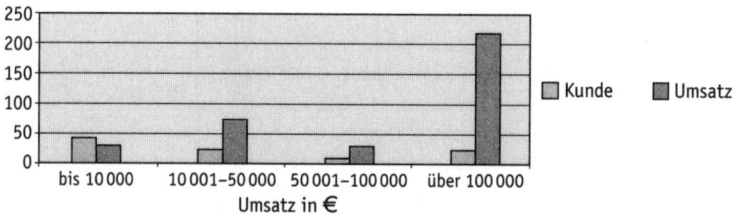

So verbessern Sie Ihre Kundenumsatzstruktur:

- Erarbeiten Sie für Ihr Gebiet ebenfalls eine Kundenumsatzstrukturanalyse. Stellen Sie fest, welche C-Kunden (1. Kategorie) sehr zeitintensiv sind, aber kaum Umsatz bringen. Reduzieren Sie die Besuchsanzahl, und betreuen Sie diese Kunden mehr per Telefon.
- Definieren Sie bei Ihren B-Kunden (2. und 3. Kategorie) diejenigen mit dem größten, bisher nicht ausgenutzten Umsatzpotenzial. Verstärken Sie Ihre Bemühungen bei diesen Firmen durch Sonderaktionen, wie zum Beispiel Seminare in der Firma und Einladungen ins eigene Werk. Erhöhen Sie die Besuchsanzahl in diesen Firmen. Man muss Ihr Engagement erkennen. Prüfen Sie bei Ihren Großkunden die Chancen für weitere hohe Umsätze in den nächsten zwei bis drei Jahren.
- Prüfen Sie, welche interessanten möglichen Abnehmer es in Ihrem Gebiet gibt. Definieren Sie nur wenige als besonders chancenreich. Sie erkennen an dem obigen Beispiel, dass nur acht Großkunden den Großteil des Umsatzes erzielen. Die möglichen Abnehmer betreuen Sie jetzt intensiv. In jeder Woche, manchmal sogar an jedem Tag, muss dort Ihre Aktivität offensichtlich sein.

183. Haben Sie Stamm- und Neukunden im richtigen Verhältnis?

Stammkunden haben Vor-, aber auch Nachteile, denn Sie binden zeitliche Kapazität und nicht selten stehen die Umsätze dazu nicht mehr im Verhältnis. Vorteil ist, dass die Umsätze kalkulierbar sind.

Die Neukundengewinnung ist sehr zeitaufwändig und risikobehaftet, weil Interessenten anfänglich oft besonders negativ reagieren. Weder der Zufriedenheit mit der Tagesarbeit noch der Zufriedenheit mit der erreichten Provision dient die Neukundengewinnung unter kurzfristigen Gesichtspunkten wesentlich.

Dennoch ist es sinnvoll, die verlorenen Kunden und Umsätze der letzten Jahre zu analysieren, um herauszuarbeiten, welche Anzahl an neuen Kunden und neuen Umsätzen erforderlich ist, um die Verluste auszugleichen. Sind Ihre Ziele hochgesteckter, dienen die gewonnenen Neukunden auch zur Ausweitung Ihres Umsatzes.

Sicherlich, man ist mit den Altkunden vertraut, und der Neukunde wird sich zuerst sehr kritisch und zurückhaltend verhalten. Eine Situation, die wir in unserer Tagesarbeit fast nicht mehr kennen, wenn wir mit Stammkunden oder ausschließlich auf Kundenanfragen hin arbeiten, da der Kunde in diesem Fall zuerst die Initiative ergriffen hat. Andererseits gibt es auch positive Aspekte, die über die reine Umsatzgewinnung hinausgehen: *Neukundengewinnung schärft alle verkäuferischen Fähigkeiten, da ein solcher Kunde erst gewonnen werden will.*

184. Welche Bedeutung haben kaufende und insbesondere nichtkaufende Kunden für Ihre Zielsetzung?

Das Verhältnis der kaufenden zu den nichtkaufenden Kunden in Ihrem Gebiet mithilfe der Zielgruppencheckliste festzustellen, kann für Sie eine wirkungsvolle Unterstützung bei Ihrer Gebietsplanung sein.

Abbildung 64: Verhältnis kaufende zu nicht kaufenden Kunden

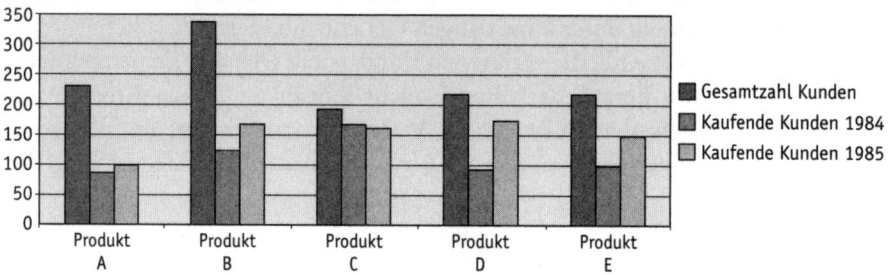

Fragen der Marktanteilserhöhung und des Gebietspotenzials sind bei Kenntnis dieser Daten besser und sicherer zu beantworten. Informationsquellen sind Adressverlage, die eigene Kartei und die Zentraldatei der eigenen Firma.

Sie können Ihre Kunden jetzt in Zielgruppen unterteilen, wie es in dem vorgenannten Beispiel gezeigt worden ist und Abnehmergruppen für Handwerksfirmen, Großhändler und Exporteure oder Wiederverkäufer bilden. Stellen Sie dann zahlenmäßig die kaufenden den nichtkaufenden Zielgruppen direkt gegenüber.

In Kenntnis weiterer Daten Ihres Gebietes, wie beispielsweise der Kundenumsatzstrukturanalyse und der A/B/C-Bewertung Ihrer Kunden, ist es möglich, weitere Gebietsaktivitäten abzuleiten, beispielsweise:

- *Kundenrückgewinnung* in einer bestimmten Zielgruppe
- *Neukundengewinnung* bei Unternehmen mit mehr als zehn Beschäftigten
- *Neuprodukteinführung* gezielt mit Sonderaktionen für eine bisher vernachlässigte Abnehmergruppe

Die Detailkenntnisse, welche Kunden in Ihrem Gebiet zu den kaufenden und nichtkaufenden Abnehmergruppen gehören, ist als Umsatz fördernde Möglichkeit anzusehen.

Ermitteln Sie bei den nichtkaufenden Kunden fünf mögliche Top-Kunden, und bearbeiten Sie diese Kunden intensiv. Sie werden für Ihren Umsatz eine wichtige Hebelwirkung erreichen.

185. Was bringt Ihnen eine A/B/C-Analyse Ihrer Kunden?

Das Ziel einer A/B/C-Analyse ist es, Prioritäten in der Gebietsbearbeitung zu setzen und die zukünftige Zusammenarbeit und die Auftragschancen bei den eigenen Kunden deutlich zu machen. Damit ist die A/B/C-Analyse ein sehr wichtiges Eigensteuerungsinstrument. Mit seiner Hilfe können Sie über den »Tellerrand« des Tagesgeschäftes hinausblicken und strategisch die Zukunft planen. Gerade bei dieser Art von Analyse helfen oft bildhafte Darstellungsformen. Eine in diesem Zusammenhang bewährte Methode ist die Darstellung in Portfolio-Feldern:

Abbildung 65: Beispiel

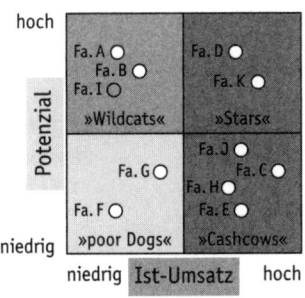

Sie können Ihre Kunden in eines dieser Felder einordnen. Sie erkennen somit auf einen Blick weitere Wachstumschancen beziehungsweise Sie sehen, dass einige Ihrer Kunden ausgeschöpft sind. Die in der Fläche »Ist-Umsätze niedrig und Potenzial ebenfalls niedrig« befindlichen Kunden können möglicherweise heute einen erheblichen Teil Ihrer Zeit blockieren. Es ist kritisch zu prüfen, ob die investierte Zeit auch im Verhältnis zu den möglichen Umsätzen steht.

Zuerst ist jedoch ein Bewertungsschema aufzubauen, damit Sie Ihre Kunden in A/B/C-Kategorien einordnen können. A/B/C-Analysen sind in Abhängigkeit von der individuellen Situation eines Unternehmens zu erstellen. Die Bewertungskriterien wie auch die Gewichtung sind variabel. Obwohl A/B/C-Analysen mit zusätzlichem Zeitaufwand verbunden sind, lohnt sich die Investition für die Zukunft.

Folgendes Beispiel zeigt, wie man eine A/B/C-Bewertung der Kunden vornimmt:

Abbildung 66: Beispiel Matrix

Kunden-nummer	Umsatz	De-ckungs-beitrag	Ver-brauchs-wert in €	Rang	mengenmä-ßiger Anteil am Gesamt-bedarf in %	wertmäßi-ger Anteil am Gesamt-wert in %	kumulier-ter Men-genanteil in %	kumulier-ter Wertan-teil in %	Klasse
1 000	2	18,41	36,82	3	10,53	15,26	10,53	15,26	A
1 001	3	19,43	58,28	2	15,79	24,16	26,32	39,43	A
1 004	2	0,21	0,42	5	10,53	0,17	100,00	100,00	C
Summen:	19		241,23		100,00	100,00			

186. Wie können Sie aus der gleichen Anzahl von Anfragen mehr machen?

Die Aufgabe besteht darin, das Beste aus den vorliegenden Anfragen zu machen. Hilfreich ist die Zergliederung in Einzelschritte zum Auftragserhalt. Das Dreieck in der folgenden Abbildung zeigt die notwendige Anzahl von Anfragen in den einzelnen Schritten. Oft ist es normal, dass man für einen Auftrag fünfmal so viele Anfragen benötigt. Betrachten Sie die einzelnen Schritte als Beispiel. In Ihrer Situation können die Teilschritte zum Auftragserhalt durchaus anders ablaufen.

Abbildung 67: Aufteilung des Vorgangs in Einzelschritten

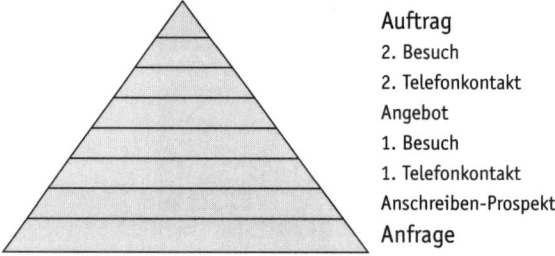

Auftrag
2. Besuch
2. Telefonkontakt
Angebot
1. Besuch
1. Telefonkontakt
Anschreiben-Prospekt
Anfrage

Anfragephase:
- Sind Namen und Firma bekannt?
- Ist sichergestellt, dass der Anfrager den Verkäuferbesuch abwartet?
- Ist von vornherein klar, wie der Anfrager zu Ihrer Firma gekommen ist?

Erster Telefonkontakt:
- Welche Muss-Informationen brauchen Sie bereits in dieser Phase?

Erster Besuch:
- Prüfen Sie vorab auch Besuche ohne Ergebnisse. Welches Resultat ziehen Sie daraus für die aktuelle Anfrage?

Angebot:
- Enthält das Angebot einen konkreten Abschlussvorschlag oder mindestens den nächsten Kontakttermin?
- Unterscheidet sich das Angebot vom Wettbewerber?

Zweiter Telefonkontakt:
- Sind Sie auf Einwände vorbereitet?

Zweiter Besuch/Auftrag:
- Ist Ihre Auftragschance zu gering? Was kann verbessert werden?

187. Verlieren Sie in einem bestimmten Angebotsbereich Umsätze?

Es ist hilfreich, Angebotssumme und Auftragsrealisierungsquote für einzelne Umsatzbereiche gegenüberzustellen. Die Auftragsrealisierungsquote ist das Verhältnis der eingehenden Anfragen zu den erhaltenen Aufträgen.

Abbildung 68: Angebotssumme gesamt

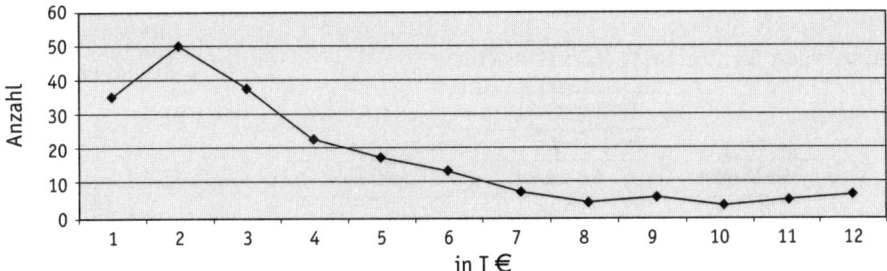

Sie erkennen deutlich, dass bei einem Angebotsvolumen über 40 000 Euro die Auftragsrealisierungsquote enorm abfällt. Andererseits steigt sie wieder bei Projekten über 100 000 Euro. Was sind die Gründe? *Ihre Ermittlung kann Ihnen und Ihrem Unternehmen helfen, Verbesserungsansätze herauszuarbeiten:*

- Möglicherweise gilt es, für den verluststarken Bereich eine gezielte Aktion durchzuführen.
- Oder es wird der bisher in der Auftragsrealisierung gut liegende Bereich weiter forciert.

Was sind mögliche Gründe für schwankende oder stagnierende Quoten?
- erhöhter Wettbewerbsdruck in diesem Umsatzbereich
- Vergleichbarkeit mit anderen Produkten ist offensichtlich, es fehlen weitere Vorteile
- ausgesprochen starker Wettbewerber in diesem Bereich mit hohem Marktanteil
- eigenes Produkt im Vergleich zur Leistung ist objektiv zu teuer
- fehlendes Kundenvertrauen in diesem Bereich
- eigenes Produkt mit unzureichender Qualität
- Kunden erhalten die Endkundenaufträge in diesem Bereich selbst nicht

Das Resultat dieses Fragenkataloges sollte die anschließende Überprüfung sein, ob eine weitere Investition in diesen verlustreichen Bereich sinnvoll ist oder ob das zur Verfügung stehende Zeitbudget doch anderweitig eingesetzt werden sollte.

188. Wie ist Ihre Marktstruktur?

Immer häufiger scheitern weitere Umsätze daran, dass die eigenen Kunden nicht mehr verkaufen können. Verkaufen Ihre Kunden hingegen mehr, werden auch Sie Ihre Umsätze steigern können. Der »Flaschenhals« zu höheren Umsätzen liegt in den Verkaufsaktivitäten Ihrer Kunden.

Hilfreich ist zunächst eine Analyse der Marktsituation, die sich folgendermaßen darstellen kann:

Abbildung 69: Beispiel Marktstruktur

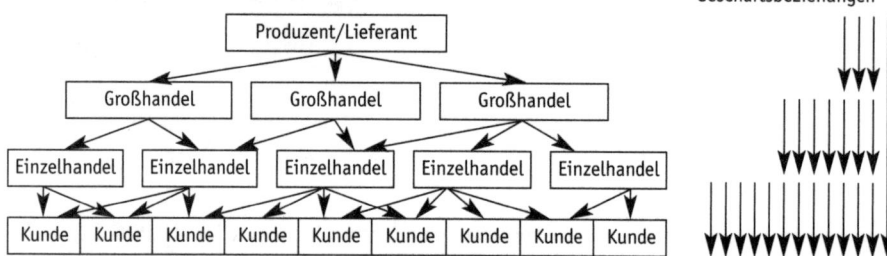

Zeichnen Sie bitte einmal Ihre eigene Marktstruktur, und überprüfen Sie, ob es diesen Engpasseffekt bei Ihren Abnehmergruppen ebenfalls gibt. *Bestätigen Sie damit, dass fehlende Umsätze aus fehlendem Verkaufsengagement Ihrer Kunden resultieren, müssen Sie zum Verkaufsförderer Ihrer eigenen Kunden werden.*

- Das kann beginnen mit Schulungsmaßnahmen der Monteure oder Techniker Ihres Kunden. Wobei es nicht nur um die Produktschulung geht, sondern auch um das Vermitteln von Verkaufswissen, das heißt, wie man diese Produkte »an den Mann« bringt. Schaffen Sie es darüber hinaus, die Mitarbeiter Ihres Kunden zum Verkauf zu motivieren, ist eine Umsatzausweitung wahrscheinlich.

- Wenn Sie das Vertrauen Ihres Kunden genießen, wird er auch bereit sein, mit Ihnen über seine Verkaufsaktivitäten zu sprechen. Sie können dann Vorschläge machen, wie eine gemeinsame Verkaufsförderungsaktion mit Werbebriefen, Telefonakquisition oder einem Tag der offenen Tür aussehen kann.

Sie müssen auf die richtigen Kunden setzen, da die Vorarbeiten sehr zeitintensiv sind. Wenn allerdings Zeit und mögliches zusätzliches Potenzial im richtigen Verhältnis zueinander stehen, ist die Investition lohnenswert.

Sie erreichen darüber hinaus noch einen weiteren Effekt: Sie werden zum Partner des Kunden!

189. Was können Sie tun, um Ihre wichtigsten Kunden zu halten?

1. Sind allen Mitarbeitern, die Kundenkontakt haben, die Top-Kunden bekannt?
2. Prüfen Sie, ob Sie mit 20 Prozent Ihrer Kunden 80 Prozent Ihres Umsatzes erreichen.
3. Existiert für den Top-Kunden eine Kartei, in der neben der Anschrift nicht nur die Umsätze enthalten sind, sondern auch das Organigramm Ihres Kunden, die Namen der Entscheidungsträger, die Geburtstage der wichtigsten Leute und mögliche Nachfolger Ihrer jetzigen Gesprächspartner?
4. Bringen Sie über Ihre Top-Kunden möglichst viele Informationen in Erfahrung, idealerweise auch die Hobbys und Angewohnheiten.
5. Informieren Sie die Geschäfts- und die Verkaufsleitung regelmäßig über die aktuelle Situation und weitere Entwicklungschancen. Die Geschäftsleitung/Verkaufsleitung sollte von Zeit zu Zeit persönlich bei diesem Kunden erscheinen.
6. Versehen Sie jeden Top-Kunden mit Ihrer persönlichen Sicherheitskennziffer, mit der Sie prozentual ausdrücken können, wie sicher Ihnen dieser Kunde im laufenden Jahr sein wird.
7. Planen Sie höhere Besuchsintervalle bei den Top-Kunden ein.
8. Verschicken Sie persönliche Einladungen zu Messen, Seminaren und Produktdemonstrationen.
9. Bauen Sie gezielt persönliche Beziehungen auf.
10. Führen Sie einen Top-Service für die Top-Kunden ein, der einen bevorzugten Kundendienst, zusätzliche Versorgung mit Arbeitsunterlagen und besondere verkaufsfördernde Aktionen, wie zum Beispiel Endkundenveranstaltungen enthält.
11. Fördern Sie Zusammenarbeit bei Neuproduktentwicklungen. Die Top-Kunden haben direkt Einfluss auf die Entwicklung der nächsten Jahre und können ihre Erfahrungen zum beidseitigen Nutzen einfließen lassen.
12. Organisieren Sie ein jährliches Treffen mit Repräsentanten des Kunden aus mehreren Abteilungen und Repräsentanten aus den Abteilungen Ihres Hauses, die mit dem Kunden zusammenarbeiten.

190. Wie gehen Sie bei der Übernahme eines neuen Gebietes vor?

Die Übernahme eines neuen Gebietes beinhaltet Chancen, die es zu nutzen gilt. Eine der wesentlichen Aufgaben in der Anfangsphase ist es, einen Überblick über das neue Gebiet zu erhalten.

Eine Möglichkeit besteht darin, zuerst einmal alle Kunden im Gebiet abzufahren und sich persönlich vorzustellen. Leider ist dies auch eine sehr zeitaufwändige Vorgehensweise.

Eine bessere Möglichkeit ist es, einen persönlichen Brief an alle Kunden im Gebiet zu schreiben, insbesondere auch an die nicht kaufenden Kunden. Wesentlich ist dabei, dass Sie einen höchstens einseitigen und acht Fragen beinhaltenden Fragebogen an die Kunden verschicken, um zu erfahren, wie sie die aktuelle Zusammenarbeit mit Ihrer Firma einschätzen.

Stellen Sie sich in diesem Brief vor, bestenfalls mit Bild, und bitten Sie um Unterstützung, damit Sie den Vorstellungen dieses Kunden in der Zukunft noch besser entsprechen können:

- Was hat ihm an der Zusammenarbeit in der Vergangenheit gefallen, und was sollte in der Zukunft weiter verbessert werden?
- Falls es keine Umsätze im letzten Jahr gegeben hat, erbitten Sie, den Grund »über den Preis hinaus« zu erfahren.
- Eine Telefonaktion bietet sich mit gleicher Aufgabenstellung an.

Welches Potenzial gibt es im neuen Gebiet? Analysieren Sie mit dem intern und extern verfügbaren Datenmaterial, welche Kunden und möglichen Umsätze es in Ihrem Gebiet gibt:

- Werten Sie interne Kundenlisten in Bezug auf Umsätze in den letzten vier Jahren aus.
- Setzen Sie Prioritäten bei der Gebietsbearbeitung. Die Gefahr liegt in der Verzettelung, dem ausschließlichen Reagieren auf Anfragen gleich welchen Ursprungs und welcher Realisierungswahrscheinlichkeit sowie der Bearbeitung wenig chancenreicher Kunden.
- Führen Sie ein Gespräch mit Ihrem Gebietsvorgänger, selbst wenn er nicht mehr Mitarbeiter Ihrer Firma ist. Von ihm erhalten Sie Hintergrundinformationen über das Gebiet und Kunden.
- Besuchen Sie Verbands- und Innungstagungen Ihrer Kunden, auch dort erhalten Sie wertvolle Informationen.
- Besuchen Sie auch Ihre Wettbewerbskollegen. Sie lernen sie und ihre Vorgehensweise kennen und erhalten möglicherweise Tipps.

Wie Sie neue Produkte oder Aktionen im Verkauf schneller und erfolgreicher in Aufträge umsetzen können

191. Wie können Sie Chancen für neue Produkte ermitteln?

1. Bilden Sie in Ihrem Unternehmen »Qualitätszirkel«, die aus drei bis fünf Personen zusammengesetzt sind und sich regelmäßig treffen. Diskutieren Sie Kundenprobleme. Arbeiten Sie Verbesserungsvorschläge aus, und leiten Sie diese an die Geschäftsleitung weiter. Wichtig ist, dass verschiedene Abteilungen miteinander über die aktuellen Probleme reden.
2. Führen Sie gemeinsam mit Ihren Kollegen im Verkauf eine Befragungsaktion bei Ihren Kunden durch. Stellen Sie fest, was Ihren Kunden an Ihren Produkten besonders gut und was ihnen weniger gut gefallen hat. Bitten Sie die Kunden um einen Verbesserungsvorschlag.
3. Analysieren Sie verlorene Aufträge genauestens. Befragen Sie den Kunden, woran die Auftragserteilung gescheitert ist. Meist sind Kunden nach der Absage bereit, Ihnen diese Informationen zu geben, wenn Sie gezielt danach fragen.
4. Betreiben Sie gezielte Öffentlichkeitsarbeit für Ihre jetzige Produktpalette in Branchenzeitschriften, deren Leser bisher weniger zu Ihrem Kundenkreis gehören. Prüfen Sie grundsätzlich vorher das Marktpotenzial und hinterher die Resonanz auf Ihre Anfrage.
5. Führen Sie einen risikolosen Zielgruppentest durch, indem Sie eine Direktwerbeaktion für eine bestimmte Branche veranstalten. Die Resonanz wird Ihnen zeigen, ob auch hier ein Bedarf für neue Produkte oder die anvisierte Produktidee vorhanden ist.

192. Welches System sollten Sie zur Einführung neuer Produkte nutzen?

Verkaufsaktionen mit tagesgeschäftsübergreifenden Aktivitäten sind beispielsweise:

- neue Produkte einführen,
- bestimmte Produkte aus einer Gesamtpalette besonders forcieren oder
- neue und verlorene Kunden gewinnen.

Diese Aktivitäten erfordern zeitliche Freiräume, die ohne eine Änderung in der bisherigen Vorgehensweise nicht oder nur schwer zu realisieren sind. Ergebnis: Manche sinnvolle Sonderaktion bleibt im Tagesgeschäft auf der Strecke!

Eine notwendige Voraussetzung muss die Entwicklung eines gemeinsamen Aktionsplanes sein, mit Festlegung der Details, wer was bis wann wie macht. Die Festlegung eines zeitlichen Ablaufplanes mit der Möglichkeit einer Gegenüberstellung zwischen Soll und Ist, ist in jeder Stufe ein Muss.

Nachfolgend finden Sie das Beispiel für eine Neukundengewinnungsaktion, bei der die einzelnen zu erreichenden Schritte die Möglichkeit der ständigen Eigenkontrolle bieten. Ohne Aktionsplanung ist die Durchführung von Verkaufsaktionen gefährdet.

Abbildung 70: Beispiel Aktionsplan

Name:

Aktionsplan:

Zeitraum:

Projektablauf SOLL	Anzahl IST	Anzahl KW	Durchf.
1. Sammeln von Adressmaterial und Verteilung auf Verkaufsingeneure			
2. Aufbereitung und Selektion – Entscheidungsträger beim Neukunden erfahren und K.o.-Kriterien abfragen			
3. Versenden des Werbebriefes/Direktanruf Anzahl x pro Woche			
4. telefonische Terminvereinbarung (selbst)			
5. erster Termin			
6. schriftliches Angebot			
7. zweiter Termin			
8. schriftliche Nachfassaktion			
9. Abschluss, Ziel: KOM			
Gesamtziel:			
Eigenziel:			

193. Was gibt es bei der Neuprodukteinführung zu beachten?

1. Für wen ist die neue Maschine oder das neue Produkt besonders interessant?
2. Wie sprechen wir diesen Kundenkreis an? Per Brief, Telefon, direkt oder mit einer Produktveranstaltung?
3. Welche Zusatzinformationen können wir erhalten, die es uns ermöglichen, den Interessenten durch von außen einwirkende Faktoren zusätzlich unter »Zugzwang« zu setzen? Beispiele: Umweltschutz, Energieersparnis, Steuerdruck, Wasserkosten.
4. Welche Unterlagen sollen wir zur Verfügung stellen?
5. Was sind die Eigenschaften und, daraus abgeleitet, die Vorteile für den Kunden beim Kauf dieser neuen Anlage?
6. Wodurch unterscheidet sich diese Anlage eindeutig vom Wettbewerb oder bisher bekannten Verfahren?
7. Mit welcher neuen Idee soll die Einzigartigkeit der Anlage herausgestellt werden?
8. Wie kann der Preis in der besten Form dargestellt werden?
9. Welchen Zusatznutzen stiften Sie, zum Beispiel Firmenvorteile, Umweltschutz, Bequemlichkeit?
10. Welche Bedenken und Einwände hat der Kunde, und wie können wir sie beseitigen?
11. Aktionsplan: Wer macht was wie bis wann?

194. Woher bekommen Sie neue Kundenadressen?

Nachfolgend sind Informationsquellen aufgeführt, die Ihnen neue Adressen zur Verfügung stellen können:

- die zentrale Datei Ihrer Firma
- Industrie- und Handelskammern
- Partner-Unternehmen
- Vereine
- Verbände
- staatliche Stellen, wie zum Beispiel die Stadtwerke oder das Umweltbundesamt
- Innungen
- Arbeitgebervereinigungen
- Gewerkschaften
- Genossenschaften
- Bundesverband der mittelständischen Wirtschaft
- Mitgliederverzeichnisse
- Seminarveranstaltungen
- Top 500, die größten Unternehmen

195. Welche Rolle spielt Ihre Überzeugung bei neuen Produkten?

Nachfolgend ein Beispiel von einem Unternehmen, dessen Verkäufer zehn Produktbereiche vertreten:

Abbildung 71: Beispiel Produktgruppe Bauelemente

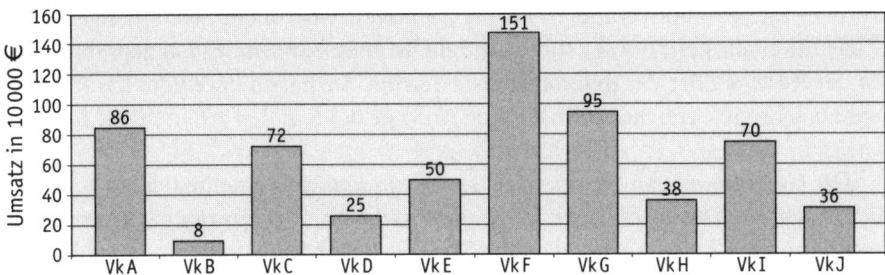

Warum werden die einzelnen Produktbereiche unterschiedlich verkauft? Es müssen unter anderem Gebietsunterschiede berücksichtigt werden und das Knowhow in den einzelnen Bereichen.

Ein weiterer wichtiger Punkt ist die eigene Überzeugung für das einzelne Produkt. Wir haben bei unseren Analysen die Erfahrung gemacht, dass der in einer Produktgruppe sehr erfolgreiche Verkäufer auch mehr Pluspunkte weiß, die für sein Produkt sprechen. Der in der gleichen Produktgruppe weniger erfolgreiche Verkäufer hingegen findet eine ganze Menge negativer Eigenschaften an einem Produkt.

Gerade bei neuen Produkten ist die Eigenüberzeugung ein wichtiger Bestandteil des Erfolges. Ist man selbst von einem neuen Produkt nicht überzeugt, wird der kritische Kunde es sehr einfach haben, die Argumentation zu zerstören. Auch für Sie bleibt dann nach der Verhandlung ein negativer Eindruck.

Was tun? Werfen Sie bei neuen Produkten Ihre Erfahrung und die Erfahrung Ihrer Kollegen in einen Topf, und erarbeiten Sie für das neue Produkt Vorteilslisten und Argumentationshilfen bei Einwänden.

Gerade bei neuen Produkten ist der Erfahrungsaustausch wichtig, weil die gewonnene praktische Erfahrung für das neue Produkt sinnvoll eingesetzt werden kann.

Sie werden an einem neuen Produkt sicherlich auch Schattenseiten finden. Stellen Sie sicher, dass die positiven Aspekte überwiegen, sonst laufen Sie sehr schnell Gefahr, ein neues Produkt noch vor der offiziellen Vorstellung zu verurteilen.

196. Welches Ziel hat ein Erstkontakt?

Wir definieren den Erstkontakt als einen Besuch bei einem neuen Kunden, den wir noch gar nicht kennen oder bei einem Altkunden, den wir vor Jahren an den Wettbewerb verloren haben.

Das Ziel für einen Erstkontakt ist es, zu definierende Informationen zu erhalten. Das können Informationen über den Wettbewerber sein, wie auch über die aktuelle Situation des Kunden. Dieses Ziel reicht aber nicht aus. Hochgesteckte Ziele für einen Erstkontakt sollten möglichst messbar sein. Ein akzeptables Ziel ist der Auftrag oder der fixierte nächste Termin. Sie haben bei einem Erstkontakt bereits sehr viel erreicht, wenn Sie eine Anfrage des Kunden erhalten, die konkret ist.

Die Gewinnung von Neukunden ist zeitaufwändig. Manchmal ist es erforderlich, über Monate oder sogar Jahre potenzielle Kunden zu besuchen, weil sich erst dann die Chance ergibt, dass der Wettbewerber Fehler macht, die in der Lieferzeit oder in der Betreuung liegen können.

Sie können den Prozess verkürzen, wenn Sie sich beim Kunden »einkaufen«, das heißt, derartig niedrige Preise bieten, dass der Kunde nicht mehr daran vorbeigehen kann. Oft verlieren Sie jedoch dann den Folgeauftrag, weil der Kunde von Ihnen ständig dieses Preisniveau erwartet und der Wettbewerber Kampfpreise bieten wird.

Gewinnen Sie den Kunden zuerst als Mensch. Auch das ist ein wichtiges Ziel für den Erstkontakt. Seien Sie in dieser Situation eher der Zuhörer und objektive Berater, der keinesfalls den Wettbewerber direkt angreift oder sogar nicht beweisbare Behauptungen aufstellt.

Beachten Sie die Allianz des Kunden mit Ihrem Wettbewerber. Sehr schnell kann man seine Chance darin sehen, mit der eigenen Stärke der Firma, ausgedrückt in Marktanteilen, Bekanntheitsgrad, Mitarbeiterzahl oder Firmenumsatz zu prahlen. Während des Erstkontaktes haben diese Punkte für Ihren Neukunden jedoch noch keine Bedeutung. Im Gegenteil, denn mit jedem Satz sagen Sie ihm, dass er falsch entschieden hat, da er beim Wettbewerber einkauft.

Besser ist, Sie ergründen systematisch, was dem Neukunden an der Zusammenarbeit mit dem Wettbewerber gefällt und zeigen Verständnis für seine Entscheidungen. Im Verlauf des Gesprächs wird dann das Interesse an Ihrer Person und an Ihren Liefermöglichkeiten steigen. Das ist der Zeitpunkt für eine wohldurchdachte Verkaufsberatung Ihrer Produkte.

197. Was sollten Sie bei einer »Kaltakquisition« beachten?

»Kaltakquisition« ist der Besuch bei einem Interessenten ohne vorherige Anmeldung. Sehr schnell wird hier auch der Begriff »Klinkenputzen« verwendet. Damit bekommt diese Form der Neukundengewinnung einen negativen Beigeschmack und wird von Verkäufern seltener als Verkaufschance gesehen.

Warum fordert gerade diese Form der Akquisition alle Fähigkeiten des Verkäufers? Ein bereits gewonnener Kunde kennt die Vorteile in der Zusammenarbeit mit Ihnen und möglicherweise auch die Nachteile, mit denen er unter dem Strich leben kann.

Besuchen Sie jetzt einen Interessenten ohne vorherige Anmeldung, können Sie zwar Zeit sparen, weil Sie Ihre Besuchsplanung mit dem auf dem Weg liegenden Interessenten optimieren können. Jedoch torpedieren Sie auf der anderen Seite das Zeitmanagement Ihres bis dahin noch unbekannten Interessenten:

1. Nachteil: Sie nehmen ihm Zeit weg, für die er erst einmal keine Gegenleistung sieht.

2. Nachteil: Er hat bereits einen Lieferanten und ist wahrscheinlich mit ihm zufrieden. Möglicherweise gibt es sogar einen sehr guten Kontakt zwischen Kunden und Wettbewerbsverkäufer.

3. Nachteil: Er wird Ihnen nur wenige Minuten Zeit geben und dann ungeduldig werden, falls sein Interesse nicht schnell geweckt werden kann.

Abbildung 72: Zwei Ziele sind für die »Kaltakquisition« notwendig

Interesse	Information

Man sollte sich darauf konzentrieren, möglichst schnell das Interesse des Gegenübers zu wecken. Da Bilder mehr sagen als Worte, ist insbesondere in einer solchen Situation jede *bildhafte Darstellung* sehr gut geeignet. Muster und Teilstücke eines Produktes bieten ebenfalls Ansatzpunkte.

Überlegen Sie sich vorher den *Aha-Effekt,* mit dem Sie Aufmerksamkeit erzeugen. Bieten Sie dem Interessenten Folgendes an: »Nach 20 Minuten können Sie entscheiden, ob es Ihnen nützlich ist.«

Das Ziel des Erstkontaktes ist die *Information über den Interessenten.* Je mehr Sie seine spezielle Situation kennen, umso mehr kann das Angebot auf seine Vorstellungen justiert werden. Bittet er um ein Angebot, ist das Ziel erreicht.

198. Wie sieht eine Checkliste zur Neukundengewinnung aus?

Hier gilt es, mögliche Neukunden systematisch zu gewinnen. Mit dieser Checkliste haben Sie die Möglichkeit, Ihre Vorgehensweise in einzelnen Schritten zu kontrollieren. Mit der Eintragung der Kalenderwochen können Sie frühzeitig prüfen, ob Sie innerhalb der von Ihnen geplanten Zeit bleiben. Sie kennen den Erfahrungswert und wissen, dass man bei der aktiven Kundengewinnung, also durch eigene Initiative, mehr Interessenten ansprechen muss, um einen Auftrag zu erhalten. Mit dieser Checkliste haben Sie die Möglichkeit, Ihr vorgegebenes Ziel – die Neukundengewinnung – innerhalb der von Ihnen vorgegebenen Zeitintervalle zu erreichen.

Abbildung 73: Checkliste zur Neukundengewinnung

Name:

Kundengruppe:

Zeitraum:

Ablauf	Status	Info	KW
Sammeln von qualifiziertem Adressmaterial			
Aufbereitung der Kontakte → kennen wir mögliche Entscheider?			
Versenden eines Infobriefes			
Versenden eines Werbebriefes mit Beipackidee			
Erstkontakt per Telefon und Terminvereinbarung			
Erster Termin			
Schriftliches Angebot			
Zweiter Termin			
Schriftliche Nachfassaktion			
Abschluss			

Ziel ist:

Ziel soll:

199. Was sollten Sie beim ersten Kontakt mit einem Interessenten tun?

Die Vorbereitung entscheidet bereits wesentlich über Erfolg oder Misserfolg. Kennen Sie Ihren Gesprächspartner bereits aus früheren Gesprächen, können Sie ihn bereits persönlich einschätzen.

Kennen Sie Ihren Gesprächspartner hingegen nicht, sollten Sie

- möglichst alle verfügbaren Vorinformationen zusammentragen. Sprechen Sie ruhig auch Kunden an, die Ihnen möglicherweise Informationen über die Person und über das Unternehmen geben könnten.
- sich bei der Vorbereitung darauf konzentrieren, was Sie dem Kunden zeigen und bieten können. Der mögliche Kunde muss sehr schnell interessiert werden. Das geht sinnvoll durch Visualisierung von Vorteilen. Darüber hinaus ist es auch für den Gesprächspartner einprägsamer.
- das Ziel eindeutig festlegen.
- das Gespräch zurückhaltend führen und dem Kunden möglichst viele »Streicheleinheiten« geben. Wesentlich ist auch zu erfahren, was er an seinem bisherigen Lieferanten besonders schätzt, da er bisher zufriedenstellend mit ihm zusammengearbeitet hat und sicherlich auch keinen Grund sieht zu wechseln. Der Erhalt von Informationen vom Kunden selbst ist deshalb ein wichtiges Ziel.
- versuchen zu erreichen, dass er Sie persönlich akzeptiert. Signalisieren Sie auch, dass Sie ihn akzeptieren und seine Leistungen schätzen.
- damit rechnen, dass viele Ihrer Produktvorteile, die Ihre eigenen Kunden bereits schätzen gelernt haben, bei Ihrem jetzigen Gesprächspartner möglicherweise zunächst nicht die gleiche Wirkung erzielen werden. Zeigen Sie Verständnis dafür, schließlich bleiben Ihnen Ihre Kunden auch über Jahre treu, obwohl dort tagein, tagaus Wettbewerbskollegen versuchen, Ihnen Umsätze wegzunehmen.

Persönliche Akzeptanz und Informationen sind die Basis für Zukunftskunden. Wenn Sie darüber hinaus eine Anfrage mitnehmen können und beide Seiten festgelegt haben, was die nächsten Schritte und Termine sind, können Sie mit dem Gespräch sehr zufrieden sein.

Übrigens, wenn Sie den Kunden fragen: »Wie hat Ihnen das Gespräch gefallen?«, erfahren Sie seine Einstellung, die Ihnen für zukünftige Verhandlungen helfen kann.

Abbildung 74: Beispiel Fragetechnik

200. Wie können Sie verlorene Kunden zurückgewinnen?

Einen verlorenen Kunden zurückzugewinnen, ist in vielen Fällen ein mühevoller Prozess, da der Kunde zuerst einmal mit dem Wettbewerber zufrieden ist. Der Wettbewerber wird in der Anfangsphase dem Kunden mit Sicherheit große Aufmerksamkeit schenken, da er den Neukunden stärker an sich binden will. Im Laufe der Zeit setzt allerdings das Alltagsgeschäft ein, und der Kunde erkennt, dass auch die vom Wettbewerber gemachten technischen Zusagen und Lieferzeitzusagen sicherlich nicht immer eingehalten werden können. Realistischerweise muss man akzeptieren, dass bis dahin zu viel Zeit vergehen kann. Sie können sich möglicherweise auch über Preiszugeständnisse beim Kunden wieder einkaufen. Das kostet allerdings Geld. Eine weitere Möglichkeit bietet sich bei Kunden, die durch eine zu hohe Reklamationsquote für eine Produktreihe verärgert worden und anschließend zum Wettbewerber gegangen sind. Der Verkäufer sollte dann gemeinsam mit dem abgesprungenen Kunden folgenden Fragebogen ausfüllen. *Wichtig ist, dass bei der Vereinbarung des Termins beim Kunden deutlich hervorgehoben wird, dass nicht ein möglicher Verkauf das Thema ist, sondern die persönliche Meinung des Kunden.*

Abbildung 75: Beispiel Fragebogen

Firma: _____

Gesprächspartner: _____

Sie als Kunde sind uns wichtig. Deshalb interessiert uns besonders Ihre Meinung.

1. Wie ist Ihre Meinung zu _____
   □ positiv   □ negativ
   Warum? _____
2. Was hat sich daraus für Sie ergeben?
   _____

3. Wie sehen Sie die Zukunft Ihrer Branche?
   □ gut   □ mittelmäßig   □ schlecht
4. Konnten Sie sich im letzten Jahr vergrößern?
   □ ja   □ nein
5. Für wie viele Mitarbeiter müssen Sie sorgen?
   □ weniger als 5   □ 5 bis 10   □ über 10
6. Ist Ihnen unsere Werbung aufgefallen?
   □ ja   □ nein

Das Resultat dieses Austausches ist, dass zum einen der verlorene Kunde das Gefühl erhält, dass er mit seiner Meinung sehr ernst genommen wird, und zum anderen können auch Sie die Auswertung für Ihre zukünftigen Kunden gegebenenfalls gewinnbringend einsetzen.

Wie Sie Beziehungen zum Kunden aufbauen können

201. Weshalb ist Beziehungs- management so wichtig?

Das *Tempo des Wandels*, das heute alle Lebensbereiche beherrscht, hat auch vor den Märkten nicht haltgemacht. Die Erwartungen und Wünsche der Kunden ändern sich schneller als je zuvor und haben diese unkalkulierbar gemacht. Was gestern noch als absolutes Erfolgsrezept galt, kann deshalb schon heute ein Unternehmen in den Ruin führen.

Die Geschwindigkeit der Veränderungen im Nachfrageverhalten stellt Unternehmen und Verkäufer vor eine besondere Herausforderung: Denn wie sollen sie einschätzen können, was der Kunde heute und in der Zukunft verlangt? Umsatzvorgaben zu erreichen, kann damit für den Verkäufer zum Roulettespiel werden.

Glücklicherweise ist dieser Trend noch nicht in vielen Branchen zu beobachten. Doch durch die Öffnung der Grenzen wird seine Verbreitung beschleunigt. Welche Lösungen gibt es für dieses schwierige Problem?

Häufig ist noch ein Frontendenken vorhanden: Hier wir, dort der Markt. *Eine enge Abstimmung auf und eine konsequente Zusammenarbeit mit den Kunden wird kaum realisiert.* Die strategische Reserve »Kunde« und eine systematische Kundenbetreuung kommen zu kurz. Dabei liegen hierin enorme Chancen. Denn ein betreuter Kunde ist ein zufriedener Kunde, der gerne bereit ist, seine Aufträge zu erhöhen und bei anderen Kunden Empfehlungen auszusprechen.

Nachweislich ist eine aktive Kundenbetreuung der schnellste und einfachste Weg, um an neue Kunden zu kommen. Deshalb sollten Unternehmen und Kunde im gemeinsamen Interesse eng zusammenarbeiten.

Wichtig ist jedoch, dass die Emotionen und die Zuwendung zum Kunden echt sein müssen und sich nicht in hohem Gerede erschöpfen dürfen. Denn wenn auch nicht sofort, so wird der Kunde Sie doch nach einiger Zeit durchschauen. Und damit haben Sie nicht nur einen, sondern mehrere wichtige Kunden verloren.

202. Was bedeutet Clienting?

Clienting ist der systematische Aufbau einer neuartigen Verschmelzung mit Kunden durch die Dimensionen Beziehungsnetzwerke und persönliche sowie elektronische Informationsnetzwerke. Damit ist die Beziehungsqualität zum Kunden der wichtigste Aktivposten zukünftiger Firmenbilanzen.

Das Clienting-Konzept geht aber noch weiter und hat als Vision die Chance, den Kunden als Verkäufer in die eigenen Lösungen zu integrieren und im Idealfall den Kunden als Verkäufer am eigenen Firmengewinn wieder zu beteiligen.

Damit wehrt sich das Clienting-Konzept gegen die aktuelle Welle der einseitigen Kundenorientierung und Kundenbindung, da dies Modelle der Vergangenheit sind, die zu linear sind. Oder soll man den Kunden vielleicht sogar mit einem Strick binden?

Ein Netzwerk mit Kunden ist nicht einseitig, sondern geprägt von gegenseitiger Partnerschaft und wechselseitigen Interessen. Bei der Lösung stehen allerdings die Kundeninteressen, noch genauer die Lebenskonzepte der Kunden, im Vordergrund und nicht die seit 40 Jahren üblichen Firmeninteressen. Das begründet den Ansatz des Kundenerfolgssteigerungsprogramms.

Clienting unterstellt, dass eine in gewissem Grad selbstlos handelnde Firma bessere Marktchancen erzielt als eine ausschließlich nach Profit strebende Firma. Clienting stellt den Kunden als Menschen und die Steigerung seines Erfolgs in den Vordergrund.

203. Was sind mögliche Instrumente des Clienting?

Der Kunde ist das beste Kapital einer Firma. Deshalb ist es sinnvoll, viel Zeit und Ideen in eine systematische Kundenbetreuung zu investieren – noch mehr als bisher. Bei nüchterner Kalkulation wird sofort ersichtlich, dass die Durchführung derartiger Aktivitäten günstiger ist als eine Neukundengewinnung über den klassischen Weg. Nachfolgend einige Ideen:

- Die Durchführung von Veranstaltungen für Kunden bietet den direkten Kontakt zum Kunden und macht die Bereitschaft deutlich, Zusatzleistungen über Produkte anbieten zu wollen. Im Rahmen einer Abendveranstaltung informieren Sie Ihre Kunden in zeitlich komprimierter Form über für sie interessante Themen.
- Gründen Sie einen Kundenclub (Geselligkeit, Sport, Fitness, Reisen, Vorzugskonditionen).
- Machen Sie Telefon-/Mailing-Aktionen (zum Beispiel Nachkaufbetreuung mit zusätzlichen Highlights wie zum Beispiel Fotos der Schlüsselübergabe bei Immobilienkäufen, Zusatzangebote, besonderes Ereignis für den Kunden).
- Bieten Sie Treueaktionen oder Zusatzgarantien.
- Bauen Sie einen regelmäßigen Informationsdienst auf in Form von Hausmessen oder einem Tag der offenen Tür.
- Bringen Sie monatlich einen Newsletter heraus, um Ihre Kunden nutzwertorientiert zu informieren. Berichten Sie über Veränderungen in Ihrem Unternehmen und aktuelle Markttrends.
- Veranstalten Sie ein Kundenseminar mit Experten als Referenten.
- Lassen Sie die Geburtstage von allen wichtigen Entscheidern im Kundenunternehmen erfassen, und gratulieren Sie persönlich oder schriftlich.
- Führen Sie Incentive-Reisen für Ihre Kunden durch, an denen diese nach Erfüllung eines bestimmten Ziels teilnehmen können. Der Vorteil hierbei ist, dass sich Incentive-Reisen gewissermaßen von selbst bezahlen, da erst bei der Erfüllung der Vorgabe mit einkalkuliertem Gewinn die Reise von Ihnen veranstaltet wird.
- Bieten Sie ein Angebot des Monats speziell für Ihre Kunden an. Dieses können Ihre Kunden zu Vorzugskonditionen erwerben.
- Bieten Sie Informationsdienste elektronischer Art.
- Geben Sie für Ihre Kunden eine Mitgliedskarte heraus, die einen bestimmten Vorteil oder einen Prestigegewinn sichert.
- Richten Sie einen 24-Stunden-Kundendienst ein.

204. Was sollte eine Clienting-Checkliste beinhalten?

Einige Beispiele:

- Was wissen Sie über Ihre Kunden wirklich?
- Haben Sie ein elektronisches Kundeninformationssystem?
- Wie oft haben Sie zu Ihren Kunden nach Auftragserhalt noch persönlichen Kontakt?
- Erfassen Sie die Daten Ihrer Kunden (Stammdaten und auch persönliche Daten wie Hobbys, Interessen oder Urlaubsziele)?
- Haben Sie diese Daten in einer elektronischen Datenbank jederzeit abrufbereit?
- Existiert in Ihrem Haus eine PC-Vernetzung? Wer hat darauf Zugriff?
- Nutzen Sie Medien wie Video, Hotline, Multimedia-Training als Präsentations- und Informationshilfe bei Ihren Kunden?
- Wie sieht Ihre persönliche Beziehungspflege zu Ihren Kunden aus?
- Wie akquirieren Sie potenzielle Kunden, die noch nie mit Ihrem Unternehmen gearbeitet haben? Über Beziehungsnetzwerke oder klassisch?
- Führen Sie Veranstaltungen für Ihre oder gemeinsam mit Ihren Kunden durch?
- Führen Sie eine gemeinsame Produktentwicklung mit Ihren Kunden durch?
- Prüfen Sie die Kundenzufriedenheit regelmäßig?
- Wie prüfen Sie die Kundenbeziehung?
- Wissen Sie, wie Ihr Kunde über Ihr Unternehmen, Ihre Leistungen, Ihren Service und Ihre Produkte denkt und spricht?
- Wie beschaffen Sie sich interessante Empfehlungen?
- Kennen Sie die größten Wünsche Ihrer Kunden, und wie gehen Sie vor, um diese zu ergründen?
- Wie sehen Ihre Beziehungen zu Ihren Lieferanten aus, und was könnten Sie verbessern?
- Welches Kundenerfolgssteigerungs-Programm wurde bisher umgesetzt?

205. Was müssen Sie tun, um die wichtigsten Kunden zu halten?

1. Sind allen Mitarbeitern, die Kundenkontakt haben, die Top-Kunden bekannt?
2. Prüfen Sie, ob Sie mit 20 Prozent Ihrer Kunden 80 Prozent Ihres Umsatzes erreichen. Existiert für jeden dieser Top-Kunden eine Kartei, in der nicht nur die Umsätze enthalten sind, sondern auch das Organigramm Ihres Kunden, die Namen der Entscheidungsträger und Beeinflusser, die Geburtstage der wichtigsten Leute und mögliche Nachfolger Ihrer jetzigen Gesprächspartner, eventuell sogar geplante Urlaube und besondere Ereignisse?
3. Bringen Sie über Ihre Top-Kunden so viel in Erfahrung, dass Sie davon ausgehen können, über wichtige Veränderungen rechtzeitig informiert zu werden. Auch die Privatsphäre, wie Kenntnis der Hobbys und der Angewohnheiten, sollte bekannt sein.
4. Informieren Sie die Geschäftsleitung regelmäßig über die aktuelle Situation und weitere Entwicklungschancen.
5. Versehen Sie jeden Top-Kunden mit einer Beziehungskennziffer. Damit wird ausgedrückt, dass Sie diesen Kunden im laufenden Jahr zu 80 Prozent, 60 Prozent oder 40 Prozent sicher haben.
6. Die Geschäftsleitung sollte eigene Besuchsintervalle bei den Top-Kunden einplanen.
7. Verschicken Sie persönliche Einladungen zu Messen, Seminaren und Produktdemonstrationen.
8. Bauen Sie gezielt persönliche Beziehungen auf.
9. Führen Sie einen Top-Service für die Top-Kunden ein, der einen bevorzugten Kundendienst, zusätzliche Versorgung mit Arbeitsunterlagen und besondere verkaufsfördernde Aktionen enthält.
10. Arbeiten Sie bei Neuproduktentwicklungen mit Ihren Top-Kunden zusammen. Diese haben direkt Einfluss auf die Entwicklungen der nächsten Jahre und können ihre Erfahrungen zum beidseitigen Nutzen einfließen lassen.
11. Veranstalten Sie ein jährliches Treffen mit Repräsentanten des Kunden aus mehreren Abteilungen und den Abteilungen im Hause, die mit dem Kunden zusammenarbeiten unter dem »Partnering-Aspekt«. (Aus beiden Firmen setzen sich Teams aus den Bereichen Logistik, Finanzen, Buchhaltung, EDV, Controlling, Marketing und natürlich dem Key Account zusammen. Dieses Team entwickelt ein Konzept, mit dem der Kunde seine Geschäftserfolge steigern kann.)
12. Entwickeln Sie eine Clienting-Checkliste.

206. Warum ist Kundenerfolgssteigerung eine neue Grundregel?

Unternehmen haben bis weit in die 90er Jahre alles oder so gut wie alles umgesetzt. Alle möglichen professionellen Instrumente sind in den Bereichen Produktion, Management, Vertrieb und Marketing, um nur einige zu nennen, bereits im Einsatz.

Mitte der 90er Jahre lautete in der Zeitschrift *Forbes* ein Artikel: »Denn sie wissen nicht, was sie tun.« Immer mehr Werbung, die immer weniger Wirkung zeigt: Weil Marketingprofis um den Erfolg ihrer Arbeit fürchten, schichten sie ihre Werbeetats jetzt um.

Von dieser Umschichtung spreche ich jedoch nicht. Ich spreche von der Umschichtung in der Gesamtstruktur einer Firma. Es geht um die Umschichtung der menschlichen Einstellung.

Bisher waren und sind Firmen immer darauf ausgerichtet, ihren eigenen Erfolg zu steigern und den Profit in den Vordergrund zu stellen. Die Devise war und ist: Alles, was zählt, ist, wie gut es uns selbst geht. Doch jetzt ist die Devise eine neue: *Was gut für den Kunden ist, ist gut für die Firma.*

Ich darf noch einmal deutlich betonen, dass ich ein humanes Konzept vertrete, allerdings aus der Überzeugung heraus, dass wirkliche Hilfsmaßnahmen auch zu mehr Erfolg der eigenen Firma führen. Es gibt damit bei diesem Ansatz auch ein ganz deutliches Kalkül. Das gebe ich zu und stehe auch dazu. Denn es ist ein faires Konzept. Beide Partner haben Vorteile davon.

Die Kernidee ist einfach und verblüffend. Da die meisten Firmen heute Produkte und Dienstleistungen anbieten, die austauschbar sind und nichts oder kaum noch etwas einbringen, müssen Sie das Lager wechseln: Denn das Lager des Kunden bietet völlig neue Ansätze für den Erfolg. Die Idee ist, einmal eindeutig und wirklich konsequent die Situation des Kunden zu hinterfragen. Welche Probleme, Motive, Träume und Wünsche hat der Kunde wirklich?

Wenn Sie intensiv genug hinterfragen, werden Sie feststellen, dass in den meisten Fällen Ihr Produkt- oder Leistungsangebot die Wünsche gar nicht oder nur ungenügend abdeckt. Das ist Ihre Chance.

Setzen Sie sich mit Ihrem Kunden zusammen, und erarbeiten Sie gemeinsam Lösungen, wie er seine Geschäfte verbessern kann. Denn das ist, was der Kunde heutzutage von Ihnen erwartet: Ansätze und Lösungen, mit denen er seine eigenen Erfolge verbessern kann.

Jetzt haben Sie allerdings einen zeitlichen Vorteil. Denn wie bei allen Dingen dauert es seine Zeit, bis sich eine gute Idee durchsetzt. Und das ist Ihre Chance, jetzt vor allen anderen die Grundregeln des eigenen Marktes zu ändern!

207. Was ist der Unterschied zwischen Verkaufssteigerung und Kundenerfolgssteigerung?

Unternehmen heute sind ohne jeden Zweifel in einer besonders schwierigen Situation, falls sie nicht in einem Wachstumsmarkt tätig sind.

Die Chancen einer Preisstrategie und einer Strategie der technologischen Überlegenheit sind praktisch kaum noch dauerhaft möglich. Selbst dort, wo sie noch funktionieren, sind die Wettbewerber bereits hart auf den Fersen. Oft haben Wettbewerber Jahrzehnte Zeit gehabt, den technologischen Vorsprung aufzuholen.

In der Regel beginnt ein Telefongespräch mit einem Interessenten für unsere Beratungsleistung so: Gehen Sie einmal davon aus, dass es noch zwei oder drei weitere Wettbewerber im Markt gibt. Wir tun uns alle schwer, uns gegenüber dem Kunden zu profilieren. Als weiterer Aspekt kommt hinzu, dass der Kunde mittlerweile so erfahren geworden ist, dass er selbst sehr gut Spreu von Weizen trennen kann.

Aus diesem Grunde ist es auch verständlich, dass man die Chancen der Sales Power als eine der wenigen Möglichkeiten erkannt hat. Die Erfahrungen aus der Vergangenheit zeigen, dass die noch so unterschiedlich genannten Aktionsprogramme klare Vorteile aufweisen.

Ob es Verkaufssteigerungs-, Umsatzsteigerungs-, Leistungssteigerungs- oder Absatzsteigerungs-Programme sind, all diese Programme haben eines gemeinsam: Sie pushen durch die eigene Sales Power eigene kurzfristige Absatzziele.

Viele Marketingleute werden jetzt zu bedenken geben, dass Promotions-Aktionen und Verkaufsförderungsmaßnahmen ihre Chancen nutzen, indem gemeinsam auf Kunden- und Verkaufsseite agiert wird.

Aber wie immer Sie die Aktionen auch nennen, im Vordergrund steht der Hineinverkauf oder Abverkauf der Produkte und Dienstleistungen.

Geholfen wird dem Kunden nur dadurch, dass die Verkaufsinteressen beider Seiten im Vordergrund stehen.

Es muss auch ausdrücklich betont werden, dass Aktionssystematik grundsätzlich eine der besten Chancen für ein Unternehmen ist, sich im Markt zu profilieren. Aktionsprogramme sollten damit zum integrierten Bestandteil jeder Jahresplanung werden. Die Frage ist jedoch, welchen Inhalt solche Aktionsprogramme haben.

Macht die Durchführung dieses Aktionsprogramms Ihr Unternehmen erfolgreicher, oder helfen Sie Ihrem Kunden, selbst erfolgreicher zu werden?

Reduzieren Sie Ihr Denken auf die Frage: *Was kann ich tun, damit mein Kunde selbst bessere Geschäfte macht?* Helfe ich ihm, erfolgreicher zu werden? Was kann ich ihm durch Netzwerkpartner zur Verfügung stellen?

208. Was gibt es bei einem Kundenerfolgssteigerungs-Programm zu beachten?

Die entscheidende erste Frage ist, wie viele Firmen bereits Kundenerfolgssteigerungs-Programme (KES) einsetzen. Obwohl es darüber keine Statistiken gibt, schätze ich den Anteil der Firmen auf unter 5 Prozent. Anders ausgedrückt: 95 Prozent beschäftigen sich zurzeit noch nicht oder nicht intensiv mit dieser neuen Grundregel. Das sollte als Erstes beachtet werden.

Zweitens gibt es noch nicht genügend verlässliches Material, um von den Erfahrungen anderer zu profitieren. Ein Teilnehmer auf einem Kundenzufriedenheits-Kongress antwortete auf die Frage, wie lange er gebraucht habe, um Kundennähe wirklich umzusetzen: »Zehn Jahre – und wir lernen jeden Tag neu hinzu.«

Weiterhin sollten Sie beachten, dass KES wirklich Grundregeln des bisherigen eigenen Geschäfts verändern – mit allen Konsequenzen. Denn Sie müssen investieren. Sie werden sich auch darauf einstellen müssen, dass Sie Fehler machen werden, da es noch Neuland ist.

In der ganzen Firma muss durchgängig die Bereitschaft vorhanden sein – von der Führungsspitze bis zum Pförtner –, wirklich neue Wege gehen zu wollen. Denn psychologische Herausforderungen gibt es genug, und auch Ihr Kunde will wirklich erst einmal überzeugt werden. Oft genug ist er von Lieferanten und Firmen enttäuscht worden, und das Vertrauenspotenzial ist im Laufe der Jahre immer weiter gesunken. Er wird vielleicht erst einmal eine Partnerschaft auf Probe eingehen wollen. Wenn also Ihr Kunde nicht sofort bei Ihrem Programm jubiliert, liegt es möglicherweise nicht an der Idee, sondern an der fehlenden Vertrauensbereitschaft.

Sie müssen neue Denkstrukturen lernen. Sie müssen lernen, in vernetzten Strukturen zu denken und zu handeln – denn ein KES-Programm hat eine erheblich höhere Komplexität als bisherige Ansätze.

Weiterhin ist die soziale Kompetenz ein immer entscheidender Faktor, der auch gelernt werden muss.

In aller Regel wird es auf ein Netzwerk mit weiteren externen Partnern hinauslaufen. Netzwerke müssen wiederum anders gemanagt werden. Das erfordert Teammitglieder, die bereit sind, im Netz zu arbeiten.

KES-Programme sind auch kreative Konzepte, oft entsteht erst gemeinsam mit dem Kunden ein bisher nicht gesehener Lösungsansatz für beide Seiten.

Die kalkulierte Zeit darf nicht zu gering angesetzt werden, da im Gegensatz zu kurzfristigen Aktionsprogrammen die Auswirkungen bei diesem Ansatz dauerhafter, aber auch langwieriger sind, denn Vertrauen können Sie nicht von einem auf den anderen Tag aufbauen.

209. Wie nutzen Sie die Chancen der Verkaufsförderung?

Kein Angebot ist so gut, dass es nicht noch weiter verbessert werden kann. Interessante Beispiele bringt in diesem Zusammenhang oft die Automobilindustrie, die immer häufiger »Special Cars« mit Komplettausstattung oder Sonderzubehör anbietet, um zusätzliche Kaufanreize zu schaffen. In den meisten Unternehmen bietet sich die Möglichkeit, den Verkauf durch *Sonderaktionen* anzukurbeln. Eine reizvolle Variante ist das Angebot des Monats, bei dem Sie Sonderkonditionen gewähren. Beispielsweise können Sie zur Erhöhung Ihrer Attraktivität Produkte von anderen Unternehmen kaufen und als *Gesamtpaket* anbieten. Ein gutes Beispiel dafür sind unsere deutschen Kaffeehersteller. Selbst wenn Sie Investitionsgüter verkaufen, sollten Sie dieses Thema nicht sofort vom Tisch wischen. Auch in Ihrem Bereich gibt es Mittel und Wege, um das »Alles aus einer Hand«-Denken beim Kunden zu verbessern. Darüber hinaus bietet sich Ihnen die Gelegenheit, durch Verbesserung Ihrer eigenen Gesamtleistung, praktisch in Form einer nicht bezahlbaren Zusatzleistung, die Attraktivität Ihres Angebots zu erhöhen. Eine weitere Alternative sind zeitbezogene Angebote mit der Argumentation, dass eine größere Stückmenge produziert oder eingekauft wurde, deren Kosteneinsparung jetzt durch geldwerte Vorteile an den Kunden weitergeleitet werde.

Sollten vorgenannte Vorschläge für Ihren Produktbereich nicht realisierbar sein, können Sie noch Folgendes tun: Bieten Sie Ihren Kunden eine *geldwerte Dienstleistung* an, für die sie nicht zu bezahlen brauchen, zum Beispiel technische Seminare oder Verkaufsseminare zu ganz bestimmten Zeiten.

Vorschlag: Nutzen Sie die Chancen der Verkaufsförderung!

- Schaffen Sie das Angebot des Monats.
- Erhöhen Sie Ihre Angebotsattraktivität.
- Führen Sie Kundenseminare durch.

210. Wann hat Ihr Kunde Sie das letzte Mal wirklich gebraucht?

Clienting stellt eine Grundthese auf den Kopf. Bisher galt in den meisten Firmen die grundsätzliche Frage: Wie steigern wir unseren eigenen Erfolg?

Das führte zu allen bekannten Auswirkungen. Der Profit wurde als einzige Messgröße auf die oberste Stufe der Firmenpriorität gesetzt. Reklamationen und unzufriedene Kunden wurden einfach ignoriert.

Hatte der Kunde einmal wirklich ein Problem, konnte er erfahren, dass dafür gerade in diesem Fall keiner zuständig war, die Versicherung in diesem Falle leider nicht eintrat oder die Gewährleistungsbestimmungen gerade auf diesen Fall nicht angewandt werden konnten. Der Kunde fühlte sich zu Recht alleingelassen und betrogen. Und so verfuhr er seinerseits genauso. Er handelte zu seinem Vorteil, nutzte Lieferanten aus, hielt Zusagen nicht ein, ignorierte den Faktor Kundentreue und kaufte dort, wo er gerade seinen größten augenblicklichen Vorteil sah.

Beide Seiten kümmerten sich überhaupt nicht um die Folgen ihres Tuns, ob es nun um die Umwelt oder um die moralische Verantwortung ging.

Hinzu kam, dass Firmen den Einfluss ihrer Mitarbeiter auf die Kundenzufriedenheit gänzlich vergessen zu haben schienen. Doch plötzlich fand ein Umdenkprozess statt. Immer mehr Firmen erkannten, dass diese Art des Handelns ins Abseits führt, dass der materielle Erfolg ein Ergebnis immaterieller Umsetzung ist, wie Kundenbeziehung, Kundenzufriedenheit und Mitarbeiterzufriedenheit.

Weltunternehmen wie Henkel, Rank Xerox, Ford Motor Company und Hewlett Packard schwenkten um und maßen der Kundenzufriedenheit höchste Bedeutung zu.

Längst aber haben meist kleinere Unternehmen oder Firmen die nächste Stufe der immateriellen Werteskala erreicht. Sie akzeptieren die Kundenzufriedenheit als Voraussetzung, um darauf aufbauend eine dauerhafte Kundenbeziehung zu entwickeln. Für diese Entwicklung stehen sicher der Porzellanhändler Kösters in Essen, das Hotel Sonnenalp im Oberallgäu und Permeke Motors, ein Ford-Händler in Belgien. Der Inhaber, Herr Permeke, erzählte mir, dass seine Kundenzufriedenheit bei 90,6 Prozent liege – die höchste in Belgien, ich glaube sogar in ganz Europa – und er darüber nachdenke, wie er 100 Prozent erreichen könne. Er hatte gerade für das Weihnachtsgeschäft 1 200 Weihnachtsbäume geordert, wohlgemerkt als Ford-Händler. Was er damit macht? Seinen Kunden eine Freude.

Das ist der völlig neue Denkansatz: *Wie können wir das Leben und den Erfolg unserer Kunden verbessern?* Der Kunde braucht Sie als Partner für seinen eigenen Erfolg, und Sie sind sein Partner, mit allen Produkten, Lösungen, Dienstleistungen und Informationsangeboten, die erforderlich sind, damit er ein besseres Leben hat.

211. Welche Gemeinsamkeiten haben Sie mit Ihrem Kunden?

Der Kunde ist nicht der Konsument, der die angebotenen Produkte und Lösungen akzeptiert, sondern er ist Partner auf dem Weg des gemeinsamen Erfolgs.

Dabei ist der Denkansatz wiederum auch nicht so, dass der Kunde unseren Erfolg zu mehren hat, sondern wir danach trachten, den Erfolg unseres Kunden zu mehren. Das ist die geänderte Grundregel. Das heißt: Clienting ist der Aufbau von Beziehungsnetzwerken und elektronischen Netzwerken mit individuellen Menschen und individuellen Firmen, zur Erzeugung von Sog statt Druck. Das Ziel ist, Lebenshilfekonzepte für Privatkunden und Überlebenshilfekonzepte für Unternehmen zu entwickeln und dadurch die Konzipierung einer gemeinsamen Zukunft und eines gemeinsamen Verantwortungskodex zu schaffen.

Sicher keine einfache, aber lohnenswerte Aufgabe in einer Welt, die immer unkalkulierbarer wird.

Nun leben Beziehungen nicht von Produktverkäufen, sondern von Gemeinsamkeiten. Erst die Summe an Gemeinsamkeiten ermöglicht es, eine Partnerschaft aufzubauen, und das wiederum ist erforderlich, um ein Beziehungsnetzwerk aufzubauen.

Auf der ersten Stufe der Gemeinsamkeiten stehen sicher zuerst einmal die persönliche Sympathie und das Vertrauen. Das führt auch dazu, dass eine Firma im Laufe der Zeit eine individuelle Interessengruppe hat – praktisch einen eigenen Typ von Interessenten. Sicher hat der Club Med andere Kunden als der Robinson Club. Jaguar hat andere Kunden als Mercedes. Ab und zu gibt es Grauzonen, aber mit denen kann man leben. Sie müssen also zuerst noch einmal hinterfragen, wer genau Ihr Partner ist, was ihn auszeichnet.

Die nächste Stufe ist die genaue Kenntnis der Dinge, die für Ihren Partner wichtiger oder weniger wichtig sind, um sein Leben oder seinen Unternehmenserfolg besser zu gestalten. Das kostet Zeit, bringt Ihnen aber den unschätzbaren Vorteil, intime Kenntnis über Ihre Partner zu gewinnen. Sie werden dabei in der Regel feststellen, dass Sie über Ihre Kunden viel zu wenig gewusst haben. Jetzt müssen Sie auf dieser Basis Gemeinsamkeiten entwickeln.

Was können Sie liefern, was nicht von Ihnen ist, Ihrem Kunden aber nützlich sein wird? Welche Informationen hat er noch nicht, die seinen Erfolg erhöhen würden? Durch welche Informationen können Sie die Kontakte zu Ihrem Kunden erhöhen, ohne dass er es als Anbiederung oder als lästig empfindet? Wovon hat er bisher geträumt, aber nicht für möglich gehalten, dass es so etwas gibt?

Finden Sie die Lösungen auf diese Fragen, und Sie werden genügend Gemeinsamkeiten haben.

212. Wie wecken Sie beim Kunden das Wir-Gefühl?

Der Kunde als Mensch im Mittelpunkt ist zwar nichts Neues und wurde bereits seit Jahren und Jahrzehnten immer wieder als zentrales Thema angesehen. Doch wer hat sich daran gehalten? Oder noch konkreter: Wer hat es denn wirklich gebraucht? Anfang der 90er Jahre und vielleicht noch 1991 waren letzte Höhepunkte des achtjährigen Konjunkturaufschwungs, und man hatte ganz andere Probleme.

Nun haben sich die Zeiten allerdings geändert, und schneller als erwartet hat der Trendbruch in Deutschland stattgefunden. Was bedeutet das für Sie?

Stellen Sie den Kunden wieder so wie früher in den Mittelpunkt aller Aktivitäten. Wecken Sie beim Kunden das Gefühl, hinter ihm zu stehen. Akzeptieren Sie seine Auffassungen und Einstellungen, und machen Sie ihm glaubhaft, dass Sie so denken wie er. Aus Verhandlungspartnern werden so Gedankenpartner, das heißt, es entsteht ein Wir-Gefühl.

Dies ist die wichtigste Voraussetzung für eine Vertrauensbasis zwischen Ihnen und Ihrem Kunden. Er fühlt sich verstanden und wird Ihnen daher weitaus mehr anvertrauen. Auf diese Art erfahren Sie mehr über seine Motive und Bedürfnisse und bekommen gegebenenfalls Einblick in weitere unternehmensinterne Abläufe. Es zählen also nur noch:

Abbildung 77: Verbundenheit und Wir-Gefühl

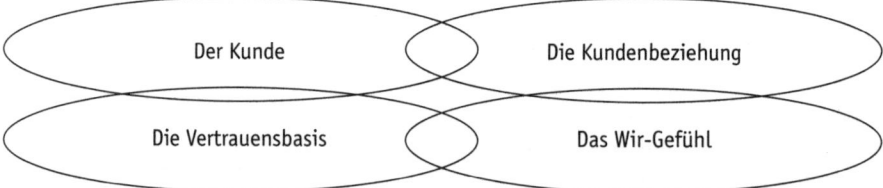

213. Wie stellen Sie den Kunden in den Mittelpunkt?

Unternehmen müssen es schaffen, ihre Kunden zu identifizieren, zu personifizieren, zu charakterisieren und zu motivieren, wie es bisher vergleichbar noch nicht getan wurde. Natürlich können Sie das nicht mit allen Kunden machen, sonst werden Sie ausgenutzt und »bleiben auf der Strecke«. Sie müssen Ihre idealen Kunden herausfiltern, denn nicht jeder passt zu jedem.

Aber Kunden im Mittelpunkt heißt auch Sog statt Druck. Das bedeutet, dass wir viel mehr über Anziehungskraft, Attraktivität und angenehme Dinge für den Kunden, sprich Bequemlichkeit und Service, nachdenken müssen. Bitte ignorieren Sie die Bedeutung dieser Sätze nicht. Es klingt wie eine Binsenwahrheit, doch wird Clienting wirklich gelebt?

Wissen Sie, wann die »Maus« als Eingabegerät für Computer entwickelt worden ist? Es war bereits 1955. Und erst nach 40 Jahren sind die meisten Computer mit dieser eindeutigen Hilfe für Benutzer ausgestattet.

Das Konzept des Clienting beinhaltet drei Stufen:

1. Stufe: Die Kundenzufriedenheit
2. Stufe: Die Kundenbeziehungsnetzwerke
3. Stufe: Die Kundenerfolgssteigerung

Erst durch diese drei Schritte stellen Sie den Kunden wirklich in den Mittelpunkt.

214. Was wissen Sie über Ihren Kunden?

Sie können gar nicht genug über Ihre Kunden wissen. Natürlich helfen Ihnen dabei Customer-Relation-Management (CRM)-Systeme.

Das ist die Planung einer Kundenaktion. Natürlich geht dies über die reine Adresserfassung hinaus, aber es reicht noch nicht. Entscheidend wird sein, welche Informationen Sie noch speichern. Welche Vorzüge, Vorlieben, Eigenschaften hat Ihr Kunde? Worauf legt er besonders Wert? Was schätzt er nicht? Welche Einstellung hat er zu bestimmten Dingen?

Sie müssen über Ihre Kunden viel mehr wissen als Alter, Name und Einkommen. Ihr Erfolg der Zukunft wird entscheidend damit zusammenhängen, wie Sie es schaffen, Ihre Informationsmacht richtig einzusetzen. Noch entscheidender ist es, die einmal gewonnenen Erfahrungen und Eindrücke dann an weitere Menschen im eigenen Unternehmen weiterzugeben. Denn oft ist es so, dass alle gesammelten Erfahrungen auf einmal verlorengehen. Damit ist auch das Managen der Informationen im eigenen Unternehmen zum Schlüsselfaktor geworden.

Beispiel

Das Hotelrestaurant Sonnenalp im Oberallgäu, sicherlich das beste seiner Art in Deutschland, schafft es, den Gast auf eine ganz persönliche Art und Weise zu begrüßen, und weiß selbst nur kurz erwähnte individuelle Details. Das Geheimnis: Selbst kleine Details des Anreisewegs werden notiert, und der Gast wird dann darauf angesprochen, ob die Anreise über diese Strecke auch so funktioniert hat. In diesem Hotel wird der Kunde nicht als Gast betrachtet, sondern wie ein Freund, der ein paar Tage zu Besuch weilt. Realisiert wird dies durch eine EDV, in der – auf den ersten Blick – nebensächliche Details eingetragen werden und eine ständige Kommunikation des Hotelpersonals über seine Gäste besteht.

215. Wie steigern Sie Ihren unsichtbaren/emotionalen Erfolg?

Was zählt, ist nicht das, was man sieht, und nicht das, was objektiv und logisch ist. Mancher Verkäufer hat schmerzlich lernen müssen, dass Entscheidungen nicht rational getroffen werden, sondern dass wir Menschen bei unseren Entscheidungen meist emotional reagieren. Legen Sie also großen Wert auf Emotionen.

Nutzen Sie die Sympathien Ihrer Kunden, indem Sie sie um Referenzen und um die Namen weiterer Interessenten bitten. Über Sympathie und Vertrauen lässt sich sehr viel schneller mehr erreichen, als über »kalte Akquisition«. Führen Sie Referenz- oder Vermittlungs-Scheck-Aktionen durch. Es gibt aber auch noch andere Möglichkeiten.

Bauen Sie informelle Kontakte auf, indem Sie zu Verbandsvorträgen gehen oder einen Erfahrungskreis für Ihre Produkte in Ihrem Gebiet aufbauen. So manche Stammtischrunde hat auch zusätzliche Kunden und Aufträge gebracht. Sicherheit, Sympathie, Vertrauen sind auftragsentscheidende Verkaufshilfsmittel. Mehr Aktivität in diesem Bereich bringt mehr Umsatz.

Es gibt noch eine weitere Möglichkeit, den Verkauf zu erleichtern und zu beschleunigen. Ihre Verkäufer sind Spezialisten in ihrem Bereich. Mittlerweile gibt es in Deutschland eine Vielzahl von Printmedien, darunter auch Fachzeitschriften. Bitten Sie jeden Ihrer Verkäufer, über sein Wissensgebiet einen Artikel zu verfassen, den Sie den Fachzeitschriften anbieten. Durch die Erhöhung der Bekanntheit des Verkäufers wird ein Vertrauensvorschuss aufgebaut.

Vorschlag: Steigern Sie Ihren unsichtbaren Erfolg durch

- die Sympathie Ihrer Kunden für Referenzen,
- die Erfahrungen Ihrer Verkäufer für höhere Bekanntheit,
- das Vertrauen Ihrer Kunden für Mund-zu-Mund-Propaganda.

216. Ist der Kunde Ihr Partner?

Es gibt vielfältige Definitionen, was man unter einem Kunden wirklich versteht. Viele bezeichnen einen Kunden beim ersten Kontakt schon als Kunden, wenn er im strengen Sinne eigentlich noch ein Interessent ist. Wiederum andere reden vom potenziellen Kunden, und zwar dann, wenn es schon einen Kontakt gegeben hat, der Kunde aber noch nicht abgeschlossen hat. Aus unserer Sicht ist das eine höchst interessante Zielgruppe, die in vielen Firmen sehr vernachlässigt wird. Aber das lässt noch eine klare Trennung zu: *Interessent – potenzieller Kunde – Kunde.* Interessant wird es auch nach der Gewinnung als Kunde. Manche Firmen reden vom Altkunden. Meinen sie damit sein Lebensalter oder seine langjährige Treue?

Oft hört man auch vom Stammkunden. Ganz selten heißt der Kunde »Partner«. Nur in den Corporate-Identity-Broschüren der Unternehmen wird der Kunde immer Partner genannt, jedoch nicht in der täglichen praktischen Umsetzung.

Wird der Kunde überhaupt als ein dauerhafter Partner betrachtet? Was machen Sie mit Ihrem Kunden, wenn er länger als ein Jahr nichts von Ihnen gekauft hat? Wird er dann überhaupt noch als Kunde eingestuft?

Vor allem Firmen, die keine Dauerkunden haben, machen oft den entscheidenden Fehler, Kunden nach einem Einmalabschluss links liegen zu lassen, weil sie sich von ihnen nichts mehr erhoffen. Darin liegt einer der größten Denkfehler heutiger Firmen. Der wichtigste Aktivposten ist die Partnerschaft und Beziehungsqualität zu Ihren Kunden, unabhängig davon, ob Sie einmal an Ihre Kunden verkaufen oder jeden Tag.

Damit geht meine Botschaft insbesondere an Firmen, die Kapitalanlagen, Massivhäuser, Fertighäuser, Maschinen und Anlagen verkaufen. Denn dort ist der Einmalcharakter gegeben. Aber selbst Automobilfirmen betrachten erst in letzter Zeit den Kunden auch als Partner während der Leasingzeit und nicht erst dann, wenn der Leasingvertrag ausläuft.

Die Botschaft ist deutlich: Clienting heißt, lebenslange Partnerschaft auf dem »Geben-und-Nehmen-Prinzip« zu Ihren Kunden aufzubauen, unabhängig davon, ob sie einmal kaufen oder immer. Nur ist Partnerschaft kein Lippenbekenntnis, sondern ein Entwicklungsprozess. Partner kann man nur werden, wenn ein beiderseitiges Interesse daran besteht, sich gegenseitig zu unterstützen.

Das schließt ein, dass nicht mehr nur der Verkauf im Vordergrund stehen kann, sondern den Erfolg des Kunden durch Lebenshilfekonzepte zu steigern eine wesentliche Rolle spielt.

Partnerschaft wird nicht geschenkt, sondern muss jeden Tag neu unter Beweis gestellt werden.

217. Was macht der Beziehungsmanager als Verkäufer anders?

Beziehungen zu managen ist fast schon ein Widerspruch in sich. Denn die Frage ist, ob sich Beziehungen überhaupt managen lassen.

Leben Beziehungen nicht gerade von Absichtslosigkeit, Spontaneität und Zufall? Ohne jeden Zweifel werden in Zukunft solche Elemente in den Verkaufsprozess mehr integriert werden müssen. Das stellt den typischen Verkäufer auch vor große Herausforderungen. Die drei genannten Begriffe waren bisher im Verkauf tabu. Dazu sitzen die Planbarkeitsideologien noch zu tief. Um es deutlich zu sagen: Ohne Systematik und damit ohne Plan geht es in Zukunft auch nicht. Nur welche Art von neuer Systematik brauchen Sie?

Ich bin nach wie vor überzeugt, dass jeder Erfolgreiche eine Strategie braucht, nur der Inhalt dieser Strategie ist richtig zu definieren.

Kommen wir zur Eingangsfrage zurück: Können Sie Beziehungen managen? In einer gewissen Form ja. Denn auch eine private Beziehung lebt von einigen Regeln: zum Beispiel die Regelmäßigkeit von Treffen oder Kontakten, immer gleiche Anlässe, an denen man miteinander telefoniert oder sich in einem Lokal trifft, die Summe an Gemeinsamkeiten, die stimmen muss, das gegenseitige genaue Kennen der Stärken und Schwächen und die gemeinsamen Interessen, von denen jeder Vorteile hat. Es kann keiner erzählen, dass eine Beziehung, in der nur einer gibt, dauerhaft funktioniert.

Was macht der Beziehungsmanager anders: Er lernt zuerst einmal den Sprung ins Netzwerkdenken. Vernetztes Denken wird einer der neuen Lernansätze sein, denn die Kausalität des vergangenen Tuns gibt es nicht mehr – also beispielsweise, dass ein Besuch X den Umsatz Y bringt, dass bei einer Anzahl A an Neukunden ein Ergebnis B an gewonnenen Kunden herauskommt oder dass bei einer Mailing-Aktion C der Rücklauf D auch wieder eine fest kalkulierbare Größe an Neukunden E bringt. So kannten wir es – Verkaufen war ein Rechenwerk.

Jetzt muss der Verkäufer lernen, möglichst viele Kontakte und Beziehungen zu schaffen. Das führt aber in der Regel überhaupt nicht zu Absatzsteigerungen. Erst zeitversetzt wandeln sich die gewonnenen Beziehungen in Anfragen und Aufträge um. Der neue Verkäufer lernt also, vom direkten, kausalen, zahlengesteuerten Verkaufen hinüberzuwechseln zum indirekten, vernetzten und beziehungsgesteuerten Handeln.

218. Warum erreichen Sie mit Sog mehr als mit Druck?

Zukünftig werden Verkäufer und Unternehmen daran gemessen, wie sie es schaffen, Kundensog zu erzeugen.

Das Ziel ist es, mit einer Sogwirkung automatisch neue Kunden zu gewinnen. Der Verkäufer bewirbt sich also nicht beim Kunden, sondern der Kunde kommt von selbst. Das ist das Traumziel der Verkäufer.

Oft hat man geglaubt, dass die klassische Werbung diesen Zweck erfüllen kann, aber auch dort sind die Grenzen des Machbaren erkennbar. Es schon immer Firmen gegeben, die über Mund-zu-Mund-Propaganda erfolgreich gewesen sind. Nur geht es jetzt um eine konzentrierte Anwendung aller Erfahrungen, die im Zusammenhang mit einer neuen Form der Kundenbeziehung gesammelt werden können. Der Leitsatz *Sog statt Druck* leitet den Neuprozess ein.

Was ist Sog? Sog ist eine ständige Erhöhung der *Anziehungskraft und Attraktivität*. Ihr Unternehmenskonzept muss darauf ausgerichtet sein, an einer ständigen Erhöhung der Anziehungskraft und der Attraktivität zu arbeiten. Wie Sie anziehender werden, wird nachfolgend erklärt.

Attraktivität ist passiver als Anziehungskraft. Sie können etwas sehr Attraktives im Markt anbieten und damit Erfolg haben. Allerdings führt dies nicht dazu, dass durch Anziehungskraft Anfragen entstehen und so ein Sog ausgelöst wird.

Sie erreichen mit einem Sogkonzept immer mehr, da dadurch ein Automatismus in der Neukundengewinnung stattfindet.

219. Wie steigern Sie Ihre Anziehungskraft?

Clienting bietet das richtige Instrumentarium, um die Anziehungskraft einer Firma und deren Verkäufer zu erhöhen. Es ist allerdings erforderlich, dass auch eine Zusammenarbeit aller Akteure in einer Firma stattfindet – kein einfacher Lernprozess, da man bei Clienting wirklich als Team denken und handeln muss, sodass alle Erfolge die Summe vernetzter Handlungen aller Beteiligten in einer Firma sind.

Clienting ist keine neue Abteilung oder Businessmethode, Clienting ist eine revolutionäre Unternehmensstrategie, die von allen akzeptiert und umgesetzt werden muss. Deshalb erwähnt man Clienting immer häufiger als Basis für einen neuen gesellschaftlichen Ansatz. Nicht der Egoismus und das isolierte Handeln des Einzelnen stehen im Vordergrund, sondern das vernetzte Handeln aller Beteiligten mit dem Ziel, dass das Ergebnis besser ist und zum Vorteil aller gereicht.

Ich erwähne das, weil es einfacher ist, die Anziehungskraft zu erhöhen, als die Einstellung der Mitarbeiter zum vernetzten Handeln zu bewegen. Immerhin sind wir fast 50 Jahre oder noch länger zu einer Gesinnung erzogen worden, die den Egoismus in den Vordergrund stellte.

Die Anziehungskraft lässt sich folgendermaßen steigern:

- Sie brauchen eine Strategie, die an Ihrem Kunden ausgerichtet ist.
- Diese Strategie erfüllt immer eine Doppelfunktion. Sie soll dem Kunden wirkliche Lebenshilfekonzepte liefern, die weit über das hinausgehen, was in Ihrer Branche üblich ist. Gleichzeitig soll sie den Absatz Ihrer Produkte und Lösungen erhöhen, und zwar über dem Branchendurchschnitt.
- Sie systematisieren Ihre Kundenbeziehungen und erfahren über Kundenteams immer von neuen Entwicklungen.
- Sie organisieren Ereignisse, bei denen die Hilfe des Kunden im Vordergrund steht.
- Sie schaffen neuartige Informations- und Kontaktsysteme.
- Die Partnerschaft zum Kunden ist ein ständiger dynamischer Prozess, der regelmäßig überprüft wird.
- Sie betrachten die Anziehungskraft als einen vernetzten Prozess, der ständig hinterfragt werden muss und der erst durch Clienting nach innen, also durch Mitarbeiter, möglich wird.

220. Haben Sie bereits Kundenteams eingesetzt?

Konsequent weitergedacht dürfte eine Kundenausrichtung letztendlich bei Kundenteams aufhören. Was sind Kundenteams?

Kundenteams sind Mitarbeiter, die intern so organisiert sind, dass der Kunde wirklich im Vordergrund steht.

In diesem Zusammenhang meine ich nicht nur die Basisgedanken, die im Marketingbereich immer häufiger durchgespielt werden. Ist ein Produktmanager vom Kernansatz richtig, oder ist es sinnvoller, eher von einem Kundenmanager oder Kundengruppenmanager zu sprechen?

Natürlich kann und sollte auf lange Sicht gesehen eine Spezialisierung in Richtung spezieller Kundengruppen stattfinden. Die Kernidee jedoch ist dieses Mal, den Kunden durch eine spezielle Organisation Tag und Nacht zu unterstützen.

Kundenteams sind so zu organisieren, dass Sie einen 24-Stunden-Dienst haben. Und mit modernen technischen Methoden ist eine Ansprechbarkeit möglich, ohne dass man selbst im Büro ist.

Hier werden also Ansprechpartner geschaffen, die jederzeit Rede und Antwort stehen können.

Aber auf die reine »Pannenhilfe« sollte sich das Kundenteam nicht beschränken. Denn dieser Bereich wird bereits in mehreren Branchen und Firmen durch Hotlines gut abgedeckt. In diesem Zusammenhang muss auch immer wieder betont werden, dass ohne Zweifel Kosten entstehen, die vorher geprüft werden müssen.

Wie gesagt: Ist die Hilfe wiederum auf die täglichen Probleme beschränkt, besteht das Risiko, dass fast alles nur Troubleshooter-Aufgaben sind. Ein Kundenteam muss aber mehr sein! Ein Kundenteam muss vorausschauend handeln, es muss durch die täglichen Kontakte Trends in Erfahrung bringen, Meinungen austauschen und Alliierte schaffen, damit auf diese Weise praktisch ein eigener Fanclub entsteht. Stellen wir eine Kunden-Fokus-Gruppe einem Kundenteam gegenüber, so spiegelt ein Kundenteam die richtige interne Organisationsform wider.

Fokus-Groups stellen eine Vernetzung mit den Kunden auf eine eher zwanglose Art und Weise dar, Kundenteams jedoch vertreten den Kunden nach innen.

Aus diesem Grund sollten Kundenteams auch aus Mitarbeitern aller für den Kundenerfolg wichtigen Abteilungen bestehen. Sich nur auf Mitarbeiter aus dem Verkauf zu beschränken würde nicht ausreichen, um den Kunden wirklich zufriedenzustellen. Die Mischung der Teams bringt es. Als Faustformel könnte eine Mindestzusammensetzung aus Außendienst, Innendienst und Service gelten.

221. Welche Chancen und Risiken haben Kundenteams?

Grundsätzlich kann man davon ausgehen, dass Kundenzentrierung auf Dauer nur funktioniert, wenn auch die Organisation kundenorientiert arbeitet. So weit mir bekannt ist, liegt der Prozentsatz der deutschen Firmen, die tatsächlich eine kundenorientierte Organisation geschaffen haben, weit unter 5 Prozent. In diesem Fall reden wir nicht von Kundenteams, sondern von einer Organisation, die es erst einmal ermöglichen muss, den Kunden in den Mittelpunkt zu stellen.

Oft sind es die kleinen Dinge, die Ärger bereiten. Das fängt bei einer Anfrage an, die überhaupt nicht oder zu spät beantwortet wird. Und das hört bei einem Produkt auf, das man gekauft hat, das aber aus irgendwelchen Gründen nicht läuft oder passt. Auf beiden Seiten entstehen Ärger und Zeitverlust. Manche Firmen reagieren darauf und schaffen für den negativen Fall ein Beschwerdemanagement. So kann man wenigstens, wenn das Kind in den Brunnen gefallen ist, daraus lernen.

Ein Kundenteam hat eine weitreichende Bedeutung. Wird es richtig verstanden, ist sein Chancenpotenzial sehr hoch, weil sein Einsatz dann nicht nur als »Feuerwehrmann« verstanden wird, der dann eingesetzt wird, wenn es wirklich brennt oder zu spät ist. Die Chancen liegen im Erkennen frühzeitiger Marktentwicklungen durch die hautnahen Gespräche, die jeden Tag geführt werden.

Das Kundenteam informiert auch nach innen: Frühzeitig können erste Diskussionen geführt werden, da die Frühwarnsignale jeden Tag aufgenommen werden und nicht nur zu gewissen Regeltreffen oder Kongressen. Und da steter Tropfen den Stein höhlt, ist die Politik der kleinen Informationen geeigneter, etwas zu bewegen, als der Paukenschlag.

Auf der anderen Seite gibt es auch Risiken: Die Kunden werden immer fordernder. In diesen Fällen gilt es abzuchecken, ob es die Meinung eines Einzelnen ist, ob dahinter ein Trend erkennbar ist und ob man damit seine Kundenposition für eine ganze Kundengruppe verbessern kann. Man sollte auch darauf achten, dass dieses Team nicht in eine gewisse Isolation gerät.

Wenn Sie alle Punkte zusammenfassen und sie abwägen, so werden Sie sich sicherlich für das Kundenteam entscheiden. Es muss ja auch keine große Mannschaft sein. Ein Team, bestehend aus drei Leuten, kann hier schon Wunder bewirken, denn die Position wird automatisch von den in diesem Bereich engagierten Mitarbeitern mit Leben gefüllt werden. Sie werden Lösungen präsentieren, die den Kunden in den Mittelpunkt stellen.

Und das ist die Herausforderung!

222. Welche Chancen bietet digitales Clienting?

Digitales Clienting sind elektronische Informationssysteme und Netzwerke mit Kunden. Das kann online sein, also mit permanentem Datenaustausch wie beispielsweise Onlinekonferenzen, oder auch durch Offline-Systeme, zum Beispiel Videopräsentationen auf CDs oder Links. Besonders das digitale Clienting entwickelte sich in den letzten Jahren immer weiter, und auch die User werden diesem Medium gegenüber immer aufgeschlossener. So glauben laut einer Studie der ENIGMA GfK und der Interactive Media erstaunliche 57 Prozent der befragten Experten, dass das Internet innerhalb der nächsten zehn Jahre zum Leitmedium wird.

In dieser Thematik stecken ungeahnte Chancen. Erstmalig kann jetzt der Endkunde, ob Verbraucher oder Patient, direkt angesprochen werden. Die Chancen sind offensichtlich: Bei einer überzeugenden Verkaufsstory werden Kunden sich mit diesem Medium vertraut machen und es gern nutzen. Sie sind damit fester Bestandteil im Wohnzimmer oder Büro.

Mut ist gefragt, jetzt die Chancen zu nutzen, die im digitalen Clienting liegen.

Sie werden feststellen, ohne die Informationstechnik geht es nicht oder nicht mehr lange gut. Also sollte man lieber im Unternehmen »Infoholicer« haben, die von den neuen Chancen begeistert sind.

223. Welchen Vorteil bringen schnelle Informationen?

Heute vollziehen sich Entwicklungen so schnell, dass scheinbar unantastbare Regeln von einem auf den anderen Tag ihre Gültigkeit verlieren können. Nur durch das rasche Anpassen an Veränderungen sichern sich Unternehmen heute die Überlebenschance. Ihr Erfolg ist davon abhängig, wie schnell Sie über Veränderungen informiert sind und wie schnell Sie diese Veränderungen in Ihre Strategie einbeziehen können.

Ihre Kunden, die genau wie Sie täglich mit der Informationsüberlastung konfrontiert werden, erwarten von Ihnen ebenfalls schnelle Informationen. Keiner hat heute mehr die Zeit, sich mit langen Texten auseinanderzusetzen. Ihre Kunden möchten innerhalb von kürzester Zeit über aktuelle Trends »just in time« informiert werden. Möglichkeiten bieten hierfür zum Beispiel ein Hotline-Service, webgesteuerte Tools oder eine Kundenzeitschrift, die knapp und präzise berichtet.

- *Schnelle Informationen bedeuten Informationsvorsprung.*
- *Informationsvorsprung bedeutet schnellere Umsetzung.*
- *Schnellere Umsetzung garantiert Erfolg.*

224. Wie können Sie einen systematischen Informationsdienst aufbauen?

Kundenbesuche oder Telefonate allein reichen für eine langfristige Kundenbindung nicht aus. Ein wirksames Instrument ist dagegen der Aufbau eines systematischen Informationsdienstes. Verstärken Sie Ihre Kundenbeziehungen durch regelmäßige Informationen über Ihr Unternehmen und Ihre Aktivitäten. Folgende Möglichkeiten bieten sich an:

- Geben Sie eine monatliche Hauszeitung heraus, in der Sie über aktuelle Markttrends berichten und Ihren Kunden nützliche Informationen bieten.
- Richten Sie einen Newsletter-Dienst ein, der – komprimiert auf zwei bis vier Seiten – Tipps und Wissenswertes vermittelt.
- Durch die Herausgabe einer DVD oder den Versand von Webbasierten Clips via Link nutzen Sie die neuen Möglichkeiten der visuellen Technik, um zum Beispiel über technisch anspruchsvolle Novitäten zu berichten.
- Eine Audio-CD hält aktuelle Tipps für alle eiligen Kunden bereit oder solche, die viel Zeit im Auto verbringen. Oder geben Sie ihm den Tipp, sich E-Mails durch ein »Onlinetool« vorlesen zu lassen.
- Richten Sie eine Hotline für telefonische Kundenfragen ein.
- Überlegen Sie, ob es sich lohnt, Fax-on-Demand zu installieren. Dabei bekommt der Kunde News zu verschiedenen Themen, die er abruft.
- Richten Sie einen Online-Dienst ein.
- Führen Sie regelmäßige Informationsveranstaltungen durch.
- Telefon- und Onlinekonferenzen bieten sowohl im Büro als auch unterwegs die Möglichkeit, über aktuelle Veränderungen informiert zu werden und gegebenenfalls Rückfragen beantwortet zu bekommen.

225. Wie können Sie das Informations-bedürfnis Ihrer Kunden nutzen?

Die Durchführung von Veranstaltungen für die Kunden ist ein erprobter Weg, ein prägnantes Unterscheidungsmerkmal gegenüber der Konkurrenz zu schaffen. Solche Veranstaltungen ermöglichen den direkten Kontakt zum Kunden und machen die Bereitschaft eines Unternehmens deutlich, Zusatzleistungen über das Produkt hinaus anzubieten. Beispiele:

- Auf einer Kundenakademie informieren Sie Ihre Kunden kostenlos oder zu Vorzugspreisen über die neuesten Entwicklungen auf einem Gebiet. Diese Variante wird häufig in der Computerindustrie praktiziert.
- Im Rahmen einer Abendveranstaltung informieren Sie Ihre Kunden in zeitlich komprimierter Form über für sie interessante Themen. Das Unternehmen Bast führt derartige Veranstaltungen mit großem Erfolg durch.
- Ein Tag der offenen Tür bietet Ihnen nicht nur die Möglichkeit, das eigene Unternehmen vorzustellen, sondern verstärkt auch die Kundenbeziehung.
- Eine Hausmesse, aus aktuellem Anlass veranstaltet, dient der Absicht, die eigenen Leistungen ungestört von der Konkurrenz zu präsentieren. Sie ist gleichzeitig eine hervorragende Chance zur Neukundengewinnung.
- In Kundenseminaren, die regelmäßig durchgeführt werden, lassen Sie Experten zu Wort kommen, stellen neue Entwicklungen vor und ermöglichen den Teilnehmern einen Erfahrungsaustausch unter Kollegen. Diese Form der Kundenbindung wird von dem amerikanischen Analysegerätehersteller Perkin-Elmer seit Jahren mit Erfolg ausgeübt.
- Mit dem Versand von webbasierten Videos verblüffen und informieren Sie Ihre Kunden zugleich.

226. Wie erreichen Sie mit CRM-Systemen Ihre Ziele schneller?

Um Unternehmen in den heutigen turbulenten Zeiten besser zu positionieren, müssen zwei Entwicklungen integriert werden, und zwar einerseits die Vernetzung mit dem Kunden (Clienting) und andererseits die Chance, die die Informationstechnologie Unternehmen bietet.

Die Informationsgesellschaft, in der Informationen auf Abruf zum wichtigsten Baustein des Erfolgs werden, löst die Industriegesellschaft ab. Informationen, elektronisch bereitgestellt, werden zu einem unverzichtbaren Ratgeber.

Wie funktionieren eine systematische Verkaufssteigerung einerseits und ein Kundenbeziehungssystem andererseits?

1. Systematisierung durch die EDV
2. Umsetzung und Steuerung der Kontakte und Aktionen pro Mann und Tag
3. Installation von Aktions-, Steuerungs- und Akzeptanzmaßnahmen

Ohne System kann heutzutage keine aktive Bearbeitung und Kontrolle mehr erfolgen. Geringfügige Steigerungen von Aktionen pro Tag lösen eine Hebelwirkung durch die zwangsläufige Steigerung des Verkaufs und gleichzeitige Reduzierung der Kosten aus.

Zukünftige Markterfolge sind nur zu erzielen, wenn Sie gleichzeitig Netzwerke, also Beziehungen zu Ihren Kunden, ausbauen und verstärken. Sie müssen immer und zu jeder Zeit wissen, was mit Ihrem Kunden passiert und wie Ihr Kunde denkt. Dadurch sichern Sie Ihren Wettbewerbsvorsprung.

Das Managen von Informationen allein reicht heute nicht mehr aus. Viel wichtiger ist es, Prozesse von Abläufen zu kennen, darauf zu reagieren und diese zu organisieren. Informationen sind der neue »Rohstoff«. Er wird zum wichtigsten Aktivposten Ihres Unternehmens. Informationen als Bindeglied zwischen Ihnen und Ihren Kunden vervielfachen Ihre Chancen.

Beispiele: Wer wird überhaupt aktiv: Sie oder der Kunde? Was passiert nach der Anfrage? Wo ist die Schnittstelle vom Innen- zum Außendienst? Funktioniert diese überhaupt?

227. Wie entwickeln Sie ein Sogkonzept?

Für Verkäufer ist es die Stunde der Entscheidung. Man kann erst darüber nachdenken, ein Sogkonzept zu entwickeln, wenn man bereit ist, diesen neuen Weg auch gehen zu wollen.

Es ist die Verabschiedung von alten traditionellen Handlungsmustern, die immer darauf ausgerichtet sind, den eigenen Vorteil in den Vordergrund zu stellen und im Sinne der Firma ausschließlich zu fragen: »Was bringt es mir jetzt, wenn ich das mache?«

Der neue Verkäufer muss akzeptieren, dass seine Handlungen erst zeitversetzt zu neuen Erfolgen führen und dass zuerst Geben und Nehmen erforderlich sind, um dorthin zu gelangen. Dies alles vorausgesetzt, ist es leicht, ein Sogkonzept zu entwickeln.

Zuerst müssen Sie Ihre Strategie erarbeiten, und dann gilt es, die Lebenshilfekonzepte für Ihre Interessengruppe umzusetzen.

Wesentlicher weiterer Bestandteil ist der persönliche und regelmäßige Kontakt zu Ihrer Gruppe. Sie brauchen also einen Aktionsplan, der Ihnen die Kontaktanzahl ermöglicht.

Dazu zählen die persönlichen, schriftlichen und telefonischen Kontakte. Achten Sie darauf, dass es genügend persönliche Kontakte gibt. Die Möglichkeiten sind auch hier vielfältig, zum Beispiel Abendveranstaltungen, Seminare, Kaminabende oder Vorträge, die sich für den Aufbau von Netzwerken gut eignen.

Da Empfehlungen und Mund-zu-Mund-Propaganda Ihr wesentliches Ziel sein dürften, ist auch dem Dreiecksaufbau Beachtung zu schenken. Jeder zufriedene Kunde empfiehlt es drei weiteren potenziellen Kunden. Haben Sie die Namen?

Der Kreis schließt sich durch den Aufbau von elektronischen Netzwerken mit interaktiven Informationssytemen.

Das alles zusammengefasst ermöglicht Ihnen, ein eigenes Sogkonzept aufzubauen.

Wie sich Kontaktsysteme als Beziehungsbasis für Kunden anbieten

228. Was entscheidet über Ihre Kundenbeziehung?

Hier geht es um die Anzahl der Kontakte. Natürlich gehört zu einer Kundenbeziehung mehr. Aber greifen wir uns den Aspekt Kontakte heraus.

Beziehungen und Kontakte stehen in einem engen Zusammenhang. Aus diesem Grund ist eine Software nicht auf Kundenkontakte, sondern auf Kundenbeziehungen auszurichten. Das System muss in der Lage sein, Beziehungshäufigkeit und damit Kontaktanzahl innerhalb eines bestimmten Zeitraums transparent zu machen. Das leuchtet sicherlich ein. Auch im Privatleben ist eine Beziehung nicht dauerhaft über das Telefon oder den Brief möglich. Irgendwann schläft auf diese Art und Weise eine noch so tiefe Freundschaft ein. Also entscheiden die Qualität der Kontakte und die Anzahl.

Leider verfügen wir noch nicht über eine abgesicherte Statistik, aus der hervorgeht, dass eine exakt zu definierende Anzahl an Jahreskontakten erforderlich ist. Aber auch hier gebe ich eine persönliche Erfahrung weiter, die sich immer um die Zahl »Sieben« dreht. Aus einer anderen Quelle habe ich gehört, dass der Kunde alle zwei Monate etwas von seinem Lieferanten erwartet. Also muss rund alle zwei Monate etwas passieren, damit sechs- bis siebenmal pro Jahr.

Wo ist Ihr Jahresprogramm für Ihren Kunden? Gibt es einen Aktionsplan, der diese Anzahl an Kontakten über die regelmäßigen Businesskontakte hinaus ermöglicht? Dann wäre bereits ein entscheidender Schritt getan.

Listet das auch Ihr Computer auf, und macht er Sie auf Defizite oder Realisierung aufmerksam? Wenn Sie dann noch eine Mischung aus persönlichen, schriftlichen und telefonischen Kontakten berücksichtigen, sind Sie auf der sicheren Seite.

229. Wie vernetzen Sie sich mit Ihren Kunden?

Um eine Vernetzung und Kontinuität zu erreichen, ist eine systematische Akquisition erforderlich, die ein Netzwerk verschiedener Einzelbausteine aus den Bereichen Marketing und Verkauf bildet, erst die optimale Kombination zwischen Verkaufsförderung, Kundenbetreuung, Empfehlungsgeschäft, Telefonakquise, Marketing, Briefwerbung und Öffentlichkeitsarbeit sowie Kooperationen mit anderen Firmen entscheiden über zukünftige Verkaufserfolge.

Die Basis dieses vernetzten Systems bildet das sogenannte 7x-Kontaktsystem, das über verschiedene Ansprechkanäle hergestellt wird. Durchschnittlich sieben Kontaktstufen sind nötig, um bei dem potenziellen Kunden Interesse zu wecken, also ein »Nein« in ein »Ja« zu verwandeln.

Diese sieben Kontaktstufen bestehen aus einer Kombination zwischen schriftlichen, telefonischen und persönlichen Kontakten.

Wie viele Kontakte nun schriftlich oder telefonisch hergestellt werden, hängt von der Art des Produktes und den tatsächlichen Rückläufen ab, sodass hier individuell reagiert wird. Durch die Kontinuität dieses Systems ist die Grundlage für einen Beziehungsaufbau geschaffen.

230. Wie erreichen Sie Umsatz mit dem 7x-Kontaktsystem?

- Erhöhen Sie die Cross-Selling-Quote. Ihre Kunden werden es Ihnen danken, wenn sie für ihre Verträge nicht zahlreiche Ansprechpartner haben.
- Sie können nicht in jedem Bereich ein Experte sein, gehen Sie Kooperationen ein.
- Führen Sie Expertenveranstaltungen durch, es finden sich täglich neue Themen, wie zum Beispiel zurzeit das Thema Abgeltungssteuer.
- Erhöhen Sie die Zahl Ihrer Kontakte am Tag, denn mit nur einem Kontakt mehr pro Tag können Sie bereits Ihren Umsatz verdoppeln.
- Mehr Kunden finden Sie auch durch Telefonpartys. Sie können nicht verlieren, keinen Termin haben Sie doch schon.
- Arbeiten Sie teamorientiert, und schaffen Sie sich damit Multiplikatoren für Ihr Geschäft.

231. Wie bringen Sie Ihre Kontakte in ein Kontaktsystem?

Wie viele »Neins« ertragen Sie oder nach welcher Kontaktstufe steigen Verkäufer in der Regel aus?

1	2	3	4	5	6	7

Bei Stufe 3/4 ist es oftmals der Fall, aber genau in dieser Stufe entwickelt sich das NEIN zu einem JEIN. Wenn Sie Ihren Kunden in dieser Stufe »allein« lassen, hat Ihre Konkurrenz leichtes Spiel.

Ein »Nein« hat viele Gründe, vielleicht ist Ihr Anruf gerade unpassend, oder der Kunde fühlt sich von der Fülle der Informationen überrumpelt. Geben Sie ihm die Möglichkeit die Information zu verarbeiten und rufen Sie Ihn erneut an.

Abhängig von Ihrem Beziehungsschlüssel reagieren Ihre Kontakte auf Ihre Kontaktaufnahme, wichtig ist es nun, diese Kontakte nach Ihrem Kontaktgrad einzustufen, damit fällt es Ihnen in Zukunft leichter mit einem »NEIN« umzugehen.

Neukunde

1	2	3	4	5	6	7

Potenzieller Kunde

			4	5	6	7

Kunde durch Empfehlung

				5	6	7

Top-Kunde

						7

Somit wissen Sie genau, wie viele Kontaktstufen Ihr Kunde maximal durchlaufen wird.

232. Welches Kontaktsystem haben Sie in Ihrem PC?

Sie erkennen durch die vorausgegangenen Themenbereiche, dass Sie einen Mix aus Beziehungen und Kontakten schaffen können. Und darum geht es. Kontakte müssen per PC gesteuert werden, abrufbereit und für alle nachvollziehbar sein.

Welche Aktionen haben Sie mit welchem Kunden bereits durchgeführt? Welche Aktionen können Sie noch mit ihm durchführen? Falls Sie eine Beziehung zu einem neuen Kunden aufbauen, in welcher Stufe befinden Sie sich jetzt gerade?

Entscheidend ist, in welcher Beziehungsstufe Sie sich bei einem neuen Kunden und in welcher Stufe Sie sich bei Ihrem Altkunden befinden.

Kontakte allein sind zu wenig, obwohl die meisten Programme sich darauf konzentrieren. Jetzt gilt es, nicht nur Kontakte zu sammeln, sondern sie in ein Beziehungssystem hineinzubringen, das auf regelmäßig festgelegten Kontakten basiert. Also ein umgekehrter Weg: erst die Planung des Beziehungsablaufs, dann die Systematisierung der Kontakte. Allerdings stelle ich oft fest, dass es in den meisten Firmen an beidem fehlt. Eher sind Adressdatenbanken anzutreffen als Beziehungssysteme. Diese sind jedoch wichtig für den Zukunftserfolg.

233. Arbeiten Sie im Kundenkontakt mit allen Wahrnehmungskanälen?

Wir alle haben unterschiedlich ausgeprägte Wahrnehmungskanäle, die es anzusprechen gilt.

- Hören (zum Beispiel: Telefon)
- Sehen (zum Beispiel: persönlicher Termin, Online-Werbung)
- Anfassen (zum Beispiel: Brief, persönlicher Termin, Katalog, Beipackidee)

Versuchen Sie alle Reize gleichermaßen anzusprechen, um im Kundenkontakt den größten Erfolg zu erzielen. Den größten Reiz erzielen Sie jedoch hauptsächlich mit der Wahrnehmung des »Anfassens«.

234. Unterschiedliche Kunden benötigen unterschiedliche Kontaktmöglichkeiten, wie kontaktieren Sie Ihre Kunden?

Bitte berücksichtigen Sie hierbei, dass die Anzahl der telefonischen (T) Kontakte auf 10 bis 20 qualifizierte Kontakte pro Tag, die persönlichen Kontakte (P) auf 3 bis 5 Kontakte pro Tag und Briefe (B) unbegrenzt, jedoch auf das Maß der abzuarbeitenden Rückläufer begrenzt ist.

Abbildung78: Hier ein typisches Beispiel eines 7x-Kontaktsystems

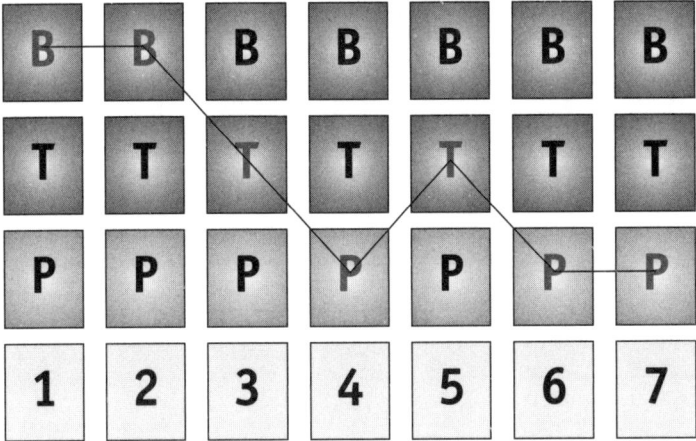

235. Welche Kontaktvarianten gibt es noch?

Sie haben natürlich die Möglichkeit, das 7x-Kontaktsystem an Ihre Gewohnheiten anzupassen, aber versuchen Sie, in dem zuvor beschriebenen Raster zu bleiben, und geben Sie nicht zu früh auf.

Abbildung 79: Weitere Beispiele

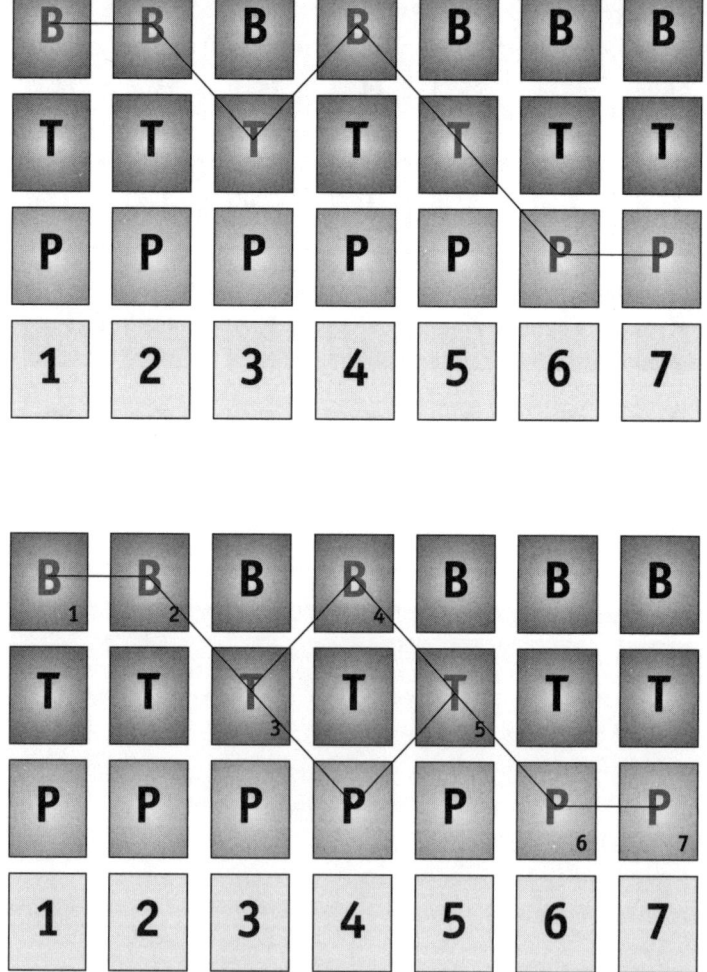

236. Was bietet Ihr Telefon als Kundenkontaktsystem?

Die Möglichkeiten des Kontaktmediums Telefon haben sich noch mehr ausgeweitet. Selbst Kleinfirmen können heute über eine Software und ein Faxsystem per Telefon bis zu zehn oder mehr Seiten verschiedenster Informationen vom Kunden abrufen lassen.

»Fax on Demand« heißt das. Selbst nachts, wenn keiner da ist, kann der Kunde über ein per Telefon gesteuertes Spracherkennungssystem verschiedene Informationen oder Produktangebote abrufen. Ein 24-Stunden-Telefonservice ist damit auch für Kleinfirmen kein Problem mehr. Das ist allerdings nur der passive, wenn auch interessantere Teil des Telefonservice.

Kunden können bei entsprechender Organisation per Telefon bestellen oder Kontobuchungen vornehmen wie beim Citibank Telebanking und neuerdings auch bei der Dresdner Bank. Das hört sich schon reizvoll an, Informationen per Telefon und Fax abfragen sowie Bestellungen per Codewort ausführen zu können.

Natürlich bietet das Telefon auch die klassischen Möglichkeiten des Kundenkontakts: Einfach den Hörer in die Hand nehmen und dem Kunden zum Geburtstag gratulieren.

Beim 7x-Akquisitionssystem zum Beziehungsaufbau mit Neukunden ist das Telefon in der Stufe 3 und 5 integrierter Bestandteil des gesamten Systems. Kundeneinladungen zu Abendveranstaltungen können so zielgerichtet durchgeführt werden.

Noch interessanter wird es bei einer systematischen Kundenbetreuung per Telefon. Durch Informationen der Verkäufer oder nach einem bestimmten Rhythmus werden Kunden angerufen und eingeladen, oder es wird ein Angebot mit besonderer Attraktivität offeriert.

Ebenfalls eine vielversprechende Variante ist die telefonische Kundenbefragung. Sie interviewen den Kunden zu bestimmten Themen, erhalten so Zusatzinformationen und können zukünftig noch zielgerichteter Ihre Lösungen anbieten.

Nicht vergessen sollten Sie auch die Möglichkeit einer Kunden-Hotline. 24 Stunden oder zu bestimmten Zeiten steht ein Expertenteam dem Kunden Rede und Antwort.

237. Mit welchen speziellen Angeboten für Ihre Kunden heben Sie sich von anderen ab?

Irgendetwas für Ihre Kunden müssen Sie tun, es sei denn, Ihre Produkte verkaufen sich gut und Sie können den Bedarf kaum noch decken. Aber selbst dann wird es eines Tages den Tag danach geben, an dem alles nicht mehr so läuft. Also müssen Sie sich auch mit Ihren Angeboten abheben.

Das geht im Grunde ganz einfach: Kein Produkt ist komplett und kein Service umfassend genug, um ihn nicht noch ein bisschen besser zu machen.

Haben Sie schon einmal über Ihr Angebot des Monats nachgedacht? Die Chance ist folgende: Einmal pro Monat stellen Sie einige interessante Angebote zusammen, indem Sie Artikel zukaufen und zu ausgesprochen günstigen Konditionen anbieten. Sie können günstig kalkulieren, weil Sie sich mit einer geringeren Spanne zufriedengeben, und Ihr Kunde kann wiederum von Ihrer Einkaufsmacht profitieren. Mit dieser Methode erzielt der Kaffeeröster Tchibo bereits wesentliche Teile seines gesamten Umsatzes.

Die Vorteile liegen auf der Hand. Sie können Ihrem Kunden einen Mehrwert bieten. Sie haben die Möglichkeit, per Telefon oder per Brief Kontakt zu ihm aufzunehmen. Sie bleiben also im Gedächtnis und bieten einen Zusatznutzen.

Das *Angebot des Monats* bedeutet nicht zwanghaft, jeden Monat ein Angebot zusammenzustellen. Quartalsangebote sind ebenfalls möglich. Sie bauen auf diese Art und Weise auch ein Netzwerk mit weiteren Lieferanten auf, die wiederum daran interessiert sind, mit Ihnen noch mehr zu kooperieren. Dieses Dreieck an Partnern ermöglicht neue Chancen.

Auf diese Art und Weise können Sie mehr bieten als nur ein Produkt, sind für den Kunden interessant, weil Sie ständig neue Ideen und Angebote liefern, und verdienen damit auch noch Geld. Das sind Ihre Vorteile, wenn Sie eine Interessengruppe besitzen, die treu zu Ihnen steht und Sie als richtigen Partner betrachtet.

238. Wie kontaktieren Sie schriftlich?

Sie sollten bei einer schriftlichen Kontaktaufnahme grundsätzlich zwei Mailings einplanen. Das erste Mailing hat nur das Ziel, sich dem Kunden vorzustellen und ein gewisses Grundinteresse zu wecken. Darüber hinaus sollten Sie bereits auf einen zweiten Brief hinweisen. Den zweiten Brief (4 bis 6 Tage später) hingegen sollten Sie aufwändiger angehen. Bei ihm sollten Sie nicht wie die Masse einen Prospekt, sondern eine Beipackidee hinzufügen. Etwas zum Anfassen, zum Fühlen, löst den maximalen Impuls bei Ihren potenziellen Kunden aus. Die Beipackidee sollte einen kreativen Bezug zu Ihrem Produkt ermöglichen. Achten Sie darauf, dass es qualitativ hochwertige Beipackideen sind, die der Kunde nicht wie einen Prospekt achtlos wegwirft. Hier lohnt in jedem Fall eine Investition. Investieren Sie auch in den Versand, und versenden Sie ein Päckchen anstatt eines Briefes. Dieses öffnet der entsprechende Ansprechpartner meist selbst, und Sie haben den Umweg über den Empfang erfolgreich hinter sich gelassen. Weisen Sie in Ihrem Brief auf ein nachfolgendes Telefonat hin. Wie ein solches Anschreiben aussehen kann sehen Sie auf der folgenden Seite.

239. Wie sehen Anschreiben für eine schriftliche Kontaktaufnahme aus?

Beispiel

a.) Tiger – Impressionen mit Understatement

Sehr geehrte/r Frau/Herr ...,

mit modernen Verfahren und Tradition werden Wagen gestaltet, die Freunde fürs Leben gewinnen. Tiger – eine Philosophie!

Seine klassische Eleganz, Schönheit und sein Komfort machen den Charme dieses exklusiven Autos aus.

Konstruktions- und Produktionstechniken präsentieren bedingungslose Top-Qualität, wobei das sichere Fahrverhalten und die Zuverlässigkeit selbstverständlich sind.

Ob Sie nun auf dem Weg zur Firma sind, mit Ihrer Familie in den Urlaub reisen, eine fröhliche Landpartie machen, oder zum Tennis-, Golf- oder Poloturnier fahren – genießen Sie das unverwechselbare Fahrgefühl und den Duft von Wallnussholz und Connely-Leder.

Es war noch nie so leicht, sich den Traum eines Tigers zu erfüllen.

Ein weiterer Brief wird Sie überraschen!

Mit freundlichen Grüßen!

b.) Tiger – und die Kunst des Lebens

Sehr geehrte/r Frau/Herr...,

wer kennt sie nicht, die feine englische Lebensart:

Die eleganten Gentlemen in ihren Clubs und Pubs.

Londoner Spezialgeschäfte zwischen Picadilly Circus und Hyde Park:

Stoffe, Antiquitäten und Accessoires – edel, edel.

Angeln, Reiten, Jagen, Golf und Polo gehören zu den ausgewählten und beliebtesten Sportarten.

Und last, but not least, das English Breakfast mit Toast, Jam, Tea und »Times«.

Stellen Sie sich einmal vor: ein dekorativ gedeckter Frühstückstisch im Mittelpunkt einer netten Gesellschaft. Und draußen wartet eine ganz besondere Spezialität auf Sie – ein Auto, das jeden Tag zum unvergesslichen Erlebnis macht: der Tiger!

Ein beachtenswerter Wagen aus England für Individualisten.

Mit freundlichen Grüßen

PS: Bitte erwarten Sie unseren Anruf.

(Diesen Brief verschicken Sie bitte mit einer für den Kunden nützlichen Beipackidee – in diesem Fall ein Glas Marmelade.)

240. Was können Sie als Beipackidee nutzen?

- Geldklammer
- Jahreslos der Klassenlotterie
- Rubbellos
- Sanduhr
- Überraschungsei
- Stehaufmännchen
- Puzzle (komplett oder unvollständig)
- Matchboxauto
- Golfball
- Geldmünze
- Lego-Stein
- Salzstreuer
- Kinokarte
- Foto
- Marmelade
- Modellhaus
- Modellflugzeug
- Holzzug

Darüber hinaus gibt es natürlich weitere unzählige Ideen. Versetzen Sie sich in Ihren Kunden, und machen Sie durch eine gezielte und kreative Idee auf sich aufmerksam.

241. Was müssen Sie beachten, damit Ihr Mailing erfolgreich ist?

Ihr Mailing muss so aufgebaut sein, dass für den Kunden innerhalb der ersten 20 Sekunden durch ein systematisch aufgebautes verstärktes Interesse alle Papierkorbrisiken entfallen.

Machen Sie sich vor Beginn Gedanken über die Denkwelt Ihrer Kunden. Ohne die Kenntnis der wirklichen Antriebsfedern für die Nachfrage nach einem Produkt ist Verkaufen ein reines Glücksspiel. Versuchen Sie, die Kaufmotive Ihrer Kunden richtig zu erkennen. Anerkannte Fachleute haben Menschen in Motivationstypen eingestuft und leiten daraus Verhaltensmuster ab.

Der Prestigetyp

Ihn spricht alles an, was andere noch nicht haben. Nur das Neuste zählt. Das Produkt muss ein Unikat oder eine Revolution sein. Ihm muss ein Produkt als etwas Einmaliges und etwas ganz Besonderes präsentiert werden. Oft erkennt man den Prestigetyp bereits an seiner Kleidung.

Der Sicherheitstyp

Er will nichts tun, was auffällt. Er kauft Bewährtes – Neuerungen gegenüber ist er wenig aufgeschlossen. Ihn überzeugen Beweise in Form von Referenzen, ein unbefristetes Rückgaberecht oder verlängerte Garantien.

Der Gewinntyp

Er ist ein Zahlenmensch. Profitabilitätsberechnungen, Return-on-Investment-Ermittlungen und so weiter sind Themen, die ihn besonders ansprechen. Von allen Motivationstypen ist er der rationalste. Er will stets ins Detail gehen und über Fakten informiert werden. Wenn Sie als Verkäufer seiner »Rechteckigkeit« entsprechen, haben Sie gute Chancen.

242. Wann sollten Sie per Telefon Kontakt aufnehmen?

Vier bis sechs Tage nach dem zweiten Mailing sollten Sie telefonisch Kontakt aufnehmen. In diesem Telefonat ist der Bezug zur Beipackidee besonders wichtig. Die Beipackidee ist Ihr Türöffner und sollte gerade deswegen nicht einfach unter den Tisch fallen. Fragen Sie Ihren Gesprächspartner, wie ihm die Beipackidee gefallen hat und wie er sie verwendet oder bereits verwandt hat.

Bieten Sie Ihrem Gesprächspartner im Laufe des Gesprächs ein Geschenk, eine Gelegenheit, ein Ereignis, wie zum Beispiel den Besuch einer Veranstaltung, einen Tag der offenen Tür oder einen Sonderbonus an.

Vergessen Sie hierbei nicht die richtige Ansprache des Kunden. Lassen Sie den Sie- und Wir-Standpunkt dominieren und meiden Sie Worte wie »doch«, »jedoch«, »aber« und so weiter.

Ihr Kunde freut sich darüber hinaus über eine persönliche Ansprache.

Und vergessen Sie niemals, sich bei jedem Telefonat Notizen zu machen. Diese werden Ihnen zusätzliche Erfolge bringen.

243. Wie halten Sie weiterhin den Kontakt, auch wenn im Telefonat kein Wunsch nach einem persönlichen Treffen geäußert wurde?

Nachdem Sie zum ersten Mal direkten Kontakt zum Kunden hatten, und bereits aus dem Telefonat einige wichtige Informationen für Ihre weitere Vorgehensweise erhalten haben, sollten Sie nun in einem weiteren Brief dem Kunden das Gespräch noch einmal kurz zusammenfassen und ihm weitere Detailinformationen bieten. Legen Sie auch diesem Schreiben eine Extra-Leistung bei, wie zum Beispiel einen Prospekt zu dem besprochenen Produkt oder eine Information, die den Kunden ganz persönlich anspricht.

Weisen Sie in diesem Brief bereits auf das kommende Gespräch hin.

Halten Sie die Spannung.

244. Wie kontaktieren Sie ein weiteres Mal telefonisch?

Beziehen Sie sich in diesem Telefonat auf die Informationen, die Sie Ihrem Kunden mit dem letzten Schreiben zugesandt haben und fragen Sie ihn nach Verständnisschwierigkeiten oder möglichen Fragen, die sich daraus ergeben haben könnten. Ziel dieses Gesprächs ist es, einen Termin mit dem Kunden abzustimmen. Fragen Sie Ihren Kunden, wann er bei Ihnen vorbeikommen möchte beziehungsweise wann Sie ihn besuchen dürfen. Bieten Sie ihm eine Sonderleistung, wie zum Beispiel eine Testfahrt oder eine andere besondere Präsentation Ihres Produktes an.

Vermitteln Sie ihm die Bilder und Emotionen, die er mit Ihrem Produkt erlangen wird. Sie verkaufen ihm nicht nur eine Ware, Sie verkaufen ihm ein neues Lebensgefühl.

Lesen Sie grundsätzlich zwischen den Zeilen, und machen Sie sich Notizen zu Ihrem Kunden.

Lassen Sie in diesem Telefonat nicht locker, geben Sie dem Ganzen die Spannung, die es braucht, um Ihren Kunden für einen persönlichen Termin zu begeistern.

245. Es ist so weit, Sie haben Ihren Kundentermin. Aber wie bereiten Sie sich darauf vor?

Wie Sie bereits vorher im Telefonat angekündigt haben, halten Sie bei Ihrem ersten persönlichen Kontakt eine spezielle Sonderleistung für Ihren Kunden bereit, um ihm Ihr Produkt auf eine extravagante Weise vertraut zu machen. Bisher waren alle Informationen über Ihr Produkt rein theoretischer Natur. Bei Ihrem ersten Besuch hat der Kunde nun zum ersten Mal die Möglichkeit, Sie und Ihr Produkt in der Praxis zu erleben. Sie sollten Ihren Besuch äußerst präzise und genau vorbereiten, damit dem Kunden die letzten Ängste genommen werden können. Bringen Sie in Erfahrung, welche Erfahrungen er bereits zu ähnlichen Produkten oder anderen Herstellern hatte. Nehmen Sie sich Ihre Notizen zur Hand und verblüffen Sie Ihren Kunden mit Details Ihrer letzten Telefonate.

Sollte die Situation sich nicht so entwickeln, dass der Kunde sofort zugreifen möchte, sprechen Sie ihn ganz bewusst darauf an, und bieten Sie Ihm die Möglichkeit sich mit der Partnerin oder dem Partner über diese Kaufentscheidung zu unterhalten. Diese offensichtliche »Wartestellung« wird Ihren Kunden verblüffen, und er wird dankbar sein, dass er Sie nicht auf eine Bedenkzeit ansprechen muss. Vereinbaren Sie zum Ende des Termins einen weiteren persönlichen Besuch, bei dem Sie dann den Auftragsabschluss tätigen werden.

Machen Sie sich auch für diesen Termin Notizen, und lassen Sie den gesamten Termin, alle Reaktionen und Worte des Kunden Revue passieren.

246. Wie sprechen Sie Ihren Kunden gezielt auf den Kauf an?

Besuchen Sie den Kunden erneut persönlich. Ziel des Besuchs ist es, den Kunden letztendlich zu überzeugen und einen Auftragsabschluss zu erreichen.

Sprechen Sie den Kunden nun ganz direkt auf das Gespräch mit seiner Partnerin/seinem Partner an, und zeigen Sie Verständnis für die eventuell aufgekommenen Fragen oder Bedenken. Erinnern Sie den Kunden an das Gefühl, dass er hatte, als er mit Ihnen zusammen das Produkt getestet hat. Erinnern Sie ihn an seine Reaktionen, zum Beispiel an das Glänzen in seinen Augen oder das Lächeln auf seinen Lippen. Gehen Sie auf die Punkte des Gesprächs bei der Präsentation ein, die Träume und Wünsche, die er sich mit diesem Kauf verwirklichen möchte, oder das gute Gefühl in der Zukunft, dass er sich mit diesem Vertrag realisieren möchte.

Zeigen Sie ihm, dass Ihnen sein Wohl und das seiner Familie am Herzen liegen, und dass Sie sich freuen, ihn und seine Familie auch in Zukunft betreuen zu dürfen.

Der Kunde wird über diese Reaktion verblüfft sein. Jetzt ist der Zeitpunkt gekommen, sprechen Sie ihn klar und direkt auf die anstehende Unterschrift an.

247. Wie wichtig ist auch nach der Unterschrift noch ein regelmäßiger Kontakt zum Kunden?

Diese Kontakte sind Gold wert! Sie kennen den Satz: »Aus den Augen aus dem Sinn«?

Ihre Aufgabe ist es, alle Adressen, die Sie kontaktiert haben, aufzubereiten. Das heißt, egal ob Ihr Kunde bei Ihnen gekauft hat oder im Moment kein Interesse hatte. Es ist wichtig, dass Sie in jedem Fall eine Beziehung zu ihm aufbauen. Halten Sie also regelmäßig Kontakt zu diesem Kunden, indem Sie ihn zu einer Abendveranstaltung einladen, ihm einen regelmäßig erscheinenden Newsletter oder Messeeinladungen zusenden. Vergessen Sie niemals Geburtstage und Firmenjubiläen, und nutzen Sie diese Termine für einen persönlichen Kontakt. Ihr Kunde wird verblüfft sein, wie gut Sie über ihn und das Unternehmen informiert sind. Eine persönliche Geste schmeichelt.

Versuchen Sie außerdem so oft wie möglich, Messeeinladungen und Ähnliches zum Anlass zu nehmen, erneut bei Ihrem Kunden persönlich nachzufassen – somit werden Sie zum ganz persönlichen Ansprechpartner Ihres Kunden, und Ihr Name wird permanent präsent sein.

Wenn der Kunde dann von einem Freund angesprochen wird, fallen Sie ihm garantiert ein. Hat er plötzlich selbst Bedarf, sind Sie es, der das als Erstes erfährt.

Empfehlungsmarketing

248. Warum sollten Sie Ihre Kunden auf Empfehlungen ansprechen?

Schnellerer und leichterer Gesprächseinstieg Sie haben bereits erste Informationen über Ihren Gesprächspartner und Ihr Gesprächspartner hat sich bereits bei Ihrem Kunden (Empfehlungsgeber) über Sie informiert. Somit besteht bereits eine Vertrauensebene, die Sie bei einem »Kaltakquise-Neukunden« erst aufbauen müssten.

Durch Zuspruch des Freundes/Bekannten (»Musst du tun«) schnellerer Abschluss Ihr Kunde (Empfehlungsgeber) hat bereits bei Ihnen gekauft und war von Ihrer Beratung beziehungsweise Leistung begeistert. Diese Begeisterung wird Ihr Kunde an seinen Freund oder Bekannten (Empfehlung) weitergeben und ihn bereits von der Wichtigkeit Ihres Angebotes überzeugen. Ihre Aufgabe besteht einzig und allein darin, diese Begeisterung aufrechtzuerhalten.

Kunde wird zum Multiplikator Ihres Unternehmens »Ein verblüffter Partner berichtet es drei weiteren potenziellen Kunden«. Nutzen Sie diese Chance und machen Sie aus jedem Kunden einen Partner für Ihren Erfolg!

249. Wann ist der richtige Zeitpunkt für das Empfehlungsgespräch?

Immer!

Den Zeitpunkt für das Empfehlungsgespräch sollten Sie von Ihrem Bauchgefühl abhängig machen. Der Zeitpunkt ist kundenabhängig und kann somit zeitlich nicht 100% festgelegt werden …

In der Regel wird das Empfehlungsgespräch jedoch nach dem Verkaufsabschluss angesetzt. Wenn der Kunde bereits dem Abschluss zugestimmt und unterschrieben hat.

Bereiten Sie Ihren Kunden bereits mit den ersten Begrüßungsworten auf die Empfehlungsfrage vor und verkaufen Sie ihm das Thema Empfehlung mindestens genauso gut wie Ihr Produkt. Aber bitte vergessen Sie nicht, dass nur ein begeisterter Kunde Ihnen einen qualifizierten Kontakt geben wird.

250. Wie fragen Sie nach Empfehlungen?

Zu Beginn des Gesprächs:

Lieber Herr Kunde, mein Ziel ist es, Sie so zufriedenstellend zu beraten, dass Sie mich weiterempfehlen.

Am Ende des Gesprächs:

Lieber Herr Kunde, Sie erinnern sich sicherlich, zu Beginn unseres Gespräches habe ich Ihnen gesagt, welches Ziel ich mir für unser heutiges Gespräch gesetzt habe, Sie mit meiner Beratung zufrieden zu stellen. Habe ich mein Ziel in Ihren Augen erreicht? Ja. Das freut mich sehr. Wer fällt Ihnen spontan als erstes ein, den ich auf Ihre Empfehlung hin beraten möchte.

Lieber Herr Kunde, wie hat Ihnen unser heutiges Gespräch gefallen? Gut.

Das freut mich sehr. Wenn Sie jetzt im Anschluss an unser Gespräch darüber nachdenken, auf wen dieses brennende Problem außerdem zutrifft, wer fällt Ihnen da spontan ein? Wäre es dann auch in Ihrem Interesse, wenn ich mich in den kommenden Tagen mit diesen Bekannten zusammensetze und Ihnen auf Ihre Empfehlung eine ebenso rentable Lösung anbieten kann, wie wir es jetzt bei Ihnen umsetzen?

Lieber Herr Kunde, diese Begeisterung, die Sie in diesen Momenten ausstrahlen, möchten Sie sicherlich auch mit Ihren Freunden und Bekannten teilen, gerne stelle ich mich zur Beratung Ihrer engsten Kontakte zur Verfügung und freue mich darauf, diese in den kommenden Tagen zu kontaktieren. Bitte geben Sie mir zu diesem Zweck doch kurz Namen und Rufnummern.

Jegliche Art von Empfehlungsfrage ist möglich, sie muss jedoch lobend und angenehm sein.

Das erfolgreichste Verkaufssteigerungsprogramm der Welt

Sehen Sie es sportlich: Wir testen drei Gruppen im 100-Meter-Lauf auf ihre Stressresistenz und geben ihnen unterschiedliche Vorgaben.

Die Läufer der ersten Gruppe bekommen die Vorgaben so schnell zu laufen, wie sie können. Sie erreichen im Schnitt eine Zeit von 14 Sekunden.

Die zweite Gruppe, die das Ergebnis der ersten Gruppe einsehen kann, bekommt die Vorgabe schneller zu laufen als die erste Gruppe. Die Läufer der Gruppe zwei erreichen durchschnittlich eine Zeit von 13 Sekunden.

Die dritte Gruppe kann sowohl die Zeit der ersten, als auch die Zeit der zweiten einsehen und bekommt die Vorgabe, auf ein Schild zu achten, das nach etwa 50 Metern am Seitenrand aufgebaut ist. Auf diesem Schild ist mit einem roten Pfeil die Zeit der Gruppe zwei vermerkt, sollte nun die dritte Gruppe schneller sein als die zweite Gruppe, wird ein grüner Pfeil oberhalb des roten Pfeils zu sehen sein, sollte sie langsamer sein unterhalb. Die Läufer der dritten Gruppe erreichen eine durchschnittliche Zeit von 11 Sekunden.

Bei allen Gruppen war ein einheitliches Stressverhalten nachzuweisen. Wie kommt es nun, dass die dritte Gruppe schneller gelaufen ist als die Gruppe eins und zwei?

Gruppe drei hatte den Vorteil sich bereits während des Laufs kontrollieren zu können und konnte somit weitere Reserven mobilisieren.

Die Konzentration auf Ihr Ziel und eine kontinuierliche Kontrolle bringen auch Sie dazu, Ihre Reserven zu mobilisieren.

Setzen Sie sich kleine, täglich zu erreichende und damit realistische Ziele. Kontrollieren Sie täglich, inwieweit Sie Ihr Tagesziel erreicht haben. Sollten Sie es nicht erreicht haben, ist die Erreichung dieses Tagesziels zusätzliche Arbeit des neuen Tages. Mit dieser Arbeiteinstellung werden Sie Ihre Ziele niemals aus den Augen verlieren und eine einhundertprozentige Zielerreichung ist garantiert.

Wir wünschen Ihnen für die Verwirklichung Ihrer Ziele viel Erfolg und ein hohes Maß an Eigenmotivation!

Register

Edgar K. Geffroy
Vorträge • Seminare • Workshops

Der Business-Guru (managementbuch.de) und Pionier mit
Gespür für das Geschäft der Zukunft ist ein anerkannter
Top-Speaker. Seine Erfahrungen und Strategien gibt er
in motivierenden Vorträgen an seine begeisterten Zuhörer
weiter. Geffroy ist Visionär, der aus Trends schnell die
Herausforderung für das Business von morgen erkennt.
Mit Kreativität und Konsequenz entwickelt er aus Ideen
Geschäfte, die nicht nur quergedacht, sondern auch
sofort umsetzbar sind. Seine Auftritte zu Themen
wie Clienting, Changement, Exnovation und Verkauf
sind ein Feuerwerk an neuen Geschäftsideen.

Sie wollen Ihre Führungskräfte und Mitarbeiter auf die
neuen Herausforderungen einschwören, Vertrieb oder
Kunden für Ihr innovatives Produkt begeistern?
Hier finden Sie eine Auswahl der motivierenden und
zukunftsorientierten Vorträge:

**Trendthesen und immer ist das Kerngeschäft
der Mensch**

- Changement – Wandel als Chance
- Schneller als der Kunde – Exnovation statt Innovation
- Der TOP-Verkäufer Code
- HighSpeed Selling
- Erfolge entstehen im Kopf
- Mit den Augen des Kunden ins Jahr 2020
- Keiner gewinnt alleine
- Das Einzige, was stört, ist der Kunde

Angekommen in der Hall of Fame
Im September 2007 wurde Edgar K. Geffroy
mit der Wahl in die German Speakers Hall of
Fame für sein Lebenswerk geehrt

Geffroy Business Akademie GmbH
Arnheimer Str. 142
40489 Düsseldorf

Telefon +49 (0) 2 11 – 40 80 97 0
Telefax +49 (0) 2 11 – 47 90 35 7
team@geffroy.com